"十三五"普通高等教育本科规划教材

工程教育创新系列教材

单片机
原理及应用

DANPIANJI YUANLI JI YINGYONG

主　编　曲辉

副主编　宣传忠　张　巍　张　永

编　写　王利娟　孙建英　刘海洋　王　健

中国电力出版社
CHINA ELECTRIC POWER PRESS

内 容 提 要

本书系统地介绍了 80C51 系列单片机的原理及应用技术。主要内容有单片机概述；80C51 单片机的硬件结构及原理；编译与仿真软件操作基础；单片机 C 语言程序设计——C51；80C51 单片机的中断系统及定时 / 计数器；80C51 单片机的串行数据通信；80C51 单片机人机接口技术；80C51 的串行总线扩展及应用；单片机应用系统设计方法与综合案例。

本书能够较好地满足应用型人才的培养需求，突出基础训练和知识的实用性，适合教师讲授、易于学生学习，可以作为高等学校"单片机原理及应用"课程教材，还可以作为工程技术人员、单片机应用爱好者的参考用书。

图书在版编目（CIP）数据

单片机原理及应用 / 曲辉主编 . —北京：中国电力出版社，2020.1
工程教育创新系列教材 "十三五"普通高等教育本科规划教材
ISBN 978-7-5198-2311-5

Ⅰ．①单⋯ Ⅱ．①曲⋯ Ⅲ．①单片微型计算机－高等学校－教材 Ⅳ．① TP368.1

中国版本图书馆 CIP 数据核字（2019）第 229194 号

出版发行：中国电力出版社
地　　址：北京市东城区北京站西街 19 号（邮政编码 100005）
网　　址：http://www.cepp.sgcc.com.cn
责任编辑：罗晓莉
责任校对：黄　蓓　朱丽芳
装帧设计：郝晓燕
责任印制：吴　迪

印　　刷：三河市百盛印装有限公司
版　　次：2020 年 4 月第一版
印　　次：2020 年 4 月北京第一次印刷
开　　本：787 毫米 ×1092 毫米　16 开本
印　　张：18.25
字　　数：442 千字
定　　价：55.00 元

序

近年来，计算机、通信、智能控制等前沿技术的日新月异给高等教育的发展注入了新活力，也带来了新挑战。而随着中国工程教育正式加入《华盛顿协议》，高等学校工程教育和人才培养模式开始了新一轮的变革。高校教材，作为教学改革成果和教学经验的结晶，也必须与时俱进、开拓创新，在内容质量和出版质量上有新的突破。

教育部高等学校自动化类专业教学指导委员会按照教育部的要求，致力于制定专业规范和教学质量标准，组织师资培训、大学生创新活动、教学研讨和信息交流等工作，并且重视与出版社合作编著、审核和推荐高水平的自动化类专业课程教材，特别是"计算机控制技术""自动检测技术与传感器""单片机原理及应用""过程控制""检测与转换技术"等一系列自动化类专业核心课程教材和重要专业课程教材。

因此，2014年教育部自动化类专业教学指导委员会与中国电力出版社合作，成立了自动化专业工程教育创新课程研究与教材建设委员会，并在多轮委员会讨论后，确定了"十三五"普通高等教育本科规划教材（工程教育创新系列）的组织、编写和出版工作。这套教材主要适用于以教学为主的工程型院校及应用技术型院校电气类专业的师生，按照中国工程教育认证标准和自动化类专业教学质量国家标准的要求编排内容，参照电网、化工、石油、煤矿、设备制造等一般企业对毕业生素质的实际需求选材，围绕"实、新、精、宽、全"的主旨来编写，力图引起学生学习、探索的兴趣，帮助其建立起完整的工程理论体系，引导其使用工程理念思考，培养其解决复杂工程问题的能力。

优秀的专业教材是培养高质量人才的基本保证之一。这批教材的尝试是大胆和富有创造力的，参与讨论、编写和审阅的专家和老师们均贡献出了自己的聪明才智和经验知识，也希望最终的呈现效果能令大家耳目一新，实现宜教易学。

前　言

　　本书为"十三五"普通高等教育本科规划教材。本书系统地介绍 80C51 系列单片机的原理及应用，可以使学生获得单片机应用系统设计的基本理论、基本知识与基本技能，掌握单片机应用系统各主要环节的设计、调试方法，熟悉单片机在测量、控制等电子技术领域的应用，具备应用单片机进行设备技术改造、产品开发的能力。

　　本书在内容的选材上注重知识点经典实用，重点突出。在重点及难点语言表述上力求易懂、易教、易学，内容组织上层次分明，每章前面配有本章要点，章节后面配有本章小结及针对重点、难点部分的练习题。本教材的特色有：

　　（1）在编写上体现理论与实践的结合、知识点与案例的呼应，在内容上突出典型开发环境、典型芯片、典型案例，在风格上力求实用，方便教师讲授、学生学习。

　　（2）满足"工程实践"需求，注重学生实践能力的培养，体现工程教育特色。每章均配有经过验证的渐进性实践案例或典型的实践项目，有助于学生形象生动地理解问题并能和工程实践结合起来，培养学生解决工程实际问题的能力与职业素养，符合就业岗位需求，可实现学生职业生涯持续发展。

　　（3）突出当前流行技术，把握单片机应用技术的发展方向。将单片机应用中的新知识、新技术、新技能、新设备引入教材。

　　（4）注意知识体系的构建与完整，强调基本原理与实际应用的联系与演变，知识点经典实用，语言平实易懂，案例典型实用，内容由浅入深、层次分明，插图清晰，图文并茂。

　　（5）在章节内容组织上，每章配有学习目标与本章要点，还配有渐进性实践内容、本章小结及练习题。

　　本书由曲辉主编，宣传忠、张巍、张永副主编，王利娟、孙建英、刘海洋、王健参编。全书共十章，其中第一章、第二章由曲辉编写，第三章、第八章由王利娟编写，第四章由张永编写，第五章、第六章由张巍编写，第七章由孙建英编写，第九章、第十章第一节～第三节由宣传忠编写，第十章第四节、附录由刘海洋编写，王健负责资料的收集与整理。曲辉负责全书内容的组织编写和统稿。

　　由于单片机应用技术发展迅速，加之编者水平有限，书中难免存在错误和不妥之处，恳请读者批评指正。

编　者

2019 年 4 月 10 日

目　录

第一章 单 片 机 概 述

学习目标

1. 掌握微型计算机基本结构与工作原理。
2. 理解微型计算机的两种应用形态。
3. 熟悉典型单片机系列的基本情况。
4. 了解单片机的发展及应用领域。
5. 熟悉单片机应用系统主要开发工具及开发流程。
6. 掌握计算机中常用的数制与编码。

本章重点

1. 微型计算机的组成。
2. 单片机与 PC 机之异同。
3. 典型单片机系列的基本情况。
4. 单片机应用系统简捷开发流程。
5. 数制与编码基础。

第一节 电子计算机的经典结构

电子计算机是 20 世纪人类最伟大的发明之一，自问世以来，对人类经济和科学技术的发展起到了巨大的推动作用。计算机系统是由硬件和软件组成的复杂的电子装置，它能够存储程序和原始数据、中间结果和最终运算结果，并自动完成运算，是一种能对各种数字化信息进行处理的"信息处理机"。利用计算机不仅能够完成数学运算，而且还能够进行逻辑运算，同时它还具有推理判断的能力，因此，又被称为"电脑"。现在科学家们正在研究具有"思维能力"的智能计算机。

1946 年，世界上第一台电子数字计算机（Electronic Numerical Integrator And Computer，ENIAC）在美国宾夕法尼亚大学制成，与当代的计算机相比，ENIAC 有许多不足，但它的问世开创了计算机科学技术的新纪元，对人类的生产和生活方式产生了巨大的影响。

在研制 ENIAC 的过程中，美籍匈牙利科学家冯·诺依曼在方案的设计上做出了重要的贡献，并提出了"存储程序控制"和"二进制运算"的思想，确定了计算机硬件系统的五大组成部分和基本工作方法。冯·诺依曼型计算机的特点是：采用二进制数的形式表示数据和计算机指令；指令和数据存储在计算机内部存储器中，能自动依次执行指令；计算机硬件由控制器、运算器、存储器、输入设备和输出设备五大基本部件组成，计算机的结构如图 1-1 所示。

计算机的发展，经历了电子管计算机、晶体管计算机、集成电路计算机、大规模集成电路计算机和超大规模集成电路计算机五个时代，但其组成仍然没有脱离这一经典结构。

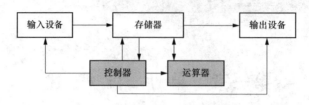

图 1-1　计算机的经典结构

第二节　微型计算机的组成、工作原理及应用形态

20 世纪 70 年代，大规模集成电路使计算机发生了巨大的变化，半导体存储器的集成度越来越高，Intel 公司推出了微处理器，诞生了微型计算机，使计算机的存储容量、运算速度、可靠性、性能价格比等方面都比上一代计算机有较大突破。微型计算机的发展，使人类社会大步跨入电脑时代，改变了社会生活的各个方面。

一、微型计算机的概念

微处理器（Micro Processor，μP，MP）是由一片或几片大规模集成电路组成的具有运算器和控制器的中央处理机部件（Central Processing Unit，CPU）。微处理器是微型计算机的中央处理器，有时为了区别大、中与小型中央处理器与微处理器，把前者称为 CPU，后者称为 MPU（Micro Processing Unit）。

微型计算机（Micro Computer，μC，MC）是指以微处理器为核心，配以内存储器、输入/输出（I/O）接口电路和系统总线所构成的计算机。

微型计算机系统（Micro Computer System，μCS，MCS）是由硬件系统和软件系统两大部分组成的。计算机硬件系统是指构成计算机的所有实体部件的集合，由电子部件和机电装置等物理部件组成，都是看得见、摸得着的，硬件是计算机系统的物质基础。软件系统是指为计算机运行工作服务的全部技术资料和各种程序，用以保证计算机硬件的功能得以充分发挥，并为用户提供一个宽松的工作环境。微型计算机系统的组成如图 1-2 所示。

二、微型计算机的硬件组成与基本功能

微型计算机的硬件系统是以微型计算机为主体，配上输入/输出设备所构成的，微型计算机的基本结构如图 1-3 所示。

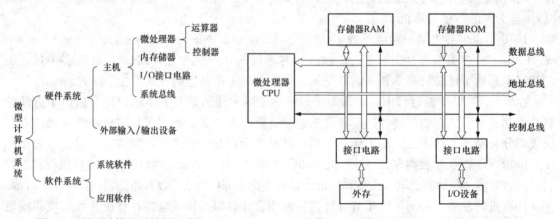

图 1-2　微型计算机系统的组成　　　　　　图 1-3　微型计算机的基本结构

1. 微处理器

微处理器是构成微型计算机的核心部件，是整个微型计算机硬件控制指挥中心，微处理器的性能与它的内部结构和硬件配置有关。典型的微处理器的内部结构主要包括：算术逻辑单元（Arithmetic and Logic Unit，ALU）、累加器、状态标志寄存器、通用寄存器组、指令寄存器（Instruction Register，IR）、程序计数器（Program Count，PC）、指令译码器（Instruction Decoder，ID）、时序和控制部件。

（1）算术逻辑单元 ALU。算术逻辑单元 ALU 主要用来完成数据的加、减、乘、除等算数运算和与、或、非、异或等逻辑运算。ALU 有两个输入端，其中一端接至累加器，接收由累加器送来的一个操作数；另一端接到寄存器阵列，以接收第二个操作数。参加运算的操作数在 ALU 中进行规定的运算，运算结束后，将结果送至累加器或指定存储单元，同时将操作结果的特征状态送标志寄存器。

（2）累加器。累加器的字长和微处理器的字长相同，具有输入、输出和移位的功能。累加器既可以用来存放参加运算的一个操作数，也可以存放运算后的结果。另外，许多指令的执行过程是以累加器为中心的。

（3）通用寄存器组。可以由用户灵活支配，用来保存参加运算的数据以及运算的中间结果，也用来存放地址的一组寄存器。

（4）程序计数器 PC。用于指明下一条要执行的指令在存储器中的地址。由于程序中的每条指令是按执行顺序存放在内存中的一个连续的区域，所以执行程序时，每取一个指令字节，程序计数器便会自动加一，以实现程序自动执行。如果程序需要转移或分支，只要把转移地址放入程序计数器即可。

（5）指令寄存器 IR。用来存放当前正在执行的指令代码。

（6）指令译码器 ID。用来对指令代码进行译码和分析，从而确定指令的操作类型和操作对象，以便找到操作数，完成相应操作。

（7）时序和控制部件。它和指令寄存器、指令译码器共同构成整个微处理器的指挥控制中心，对协调整个微型计算机有序工作极其重要。它在指令译码后产生相应的控制信号，并将控制信号送到时序和控制逻辑电路，再组合成外部电路所需要的时序和控制信号，控制微型计算机的其他部件协调工作。

2. 内存储器

内存储器又被称为主存或内存，是微型计算机的存储和记忆装置，用以存放数据和程序。它与 CPU 是直接相连的，主要用来存储当前正在使用的或者经常要用的数据和程序，因此，内存储器的存取速度较快，但是由于受到地址线数的限制，内存空间的容量有限。

内存储器要保存的数据成千上万，有数值、文字、图像、声音等类型，程序也根据用途和功能的不同而不同。如何把这些数据和程序有规律地存放好，以便存取数据和指令时方便、迅速呢？内存储器将它的存储空间分成一个一个的存储单元，每个单元存放着固定位数的二进制数据，每个单元都有一个编号与之对应，称为地址，只要找到地址，就可以按照地址找到相应的存储单元实现数据的存或取操作。图 1-4 所示为存储器单元组织及地址分配，设某存储器有 n 个存储单元，地址从 $0 \sim n-1$，每个单元存放 m 位二进制代码，即第 $0 \sim m-1$ 位。

对存储器的某个存储单元的数据进行读（取数）或写（存数）被统称为访问该地址。当计算机的 CPU 需要访问某地址时，首先要将地址码送到存储器的地址译码器选中相应的存

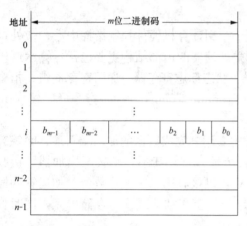

图 1-4　存储器单元组织及地址分配

储单元。读（取）数时，CPU 发出读控制信号，取出相应单元的数据供 CPU 适时取走；写（存）数时，CPU 发出写控制信号，把要写入的数据送到该选中的存储单元。

（1）存储器容量。存储器究竟能存放多少数据，是用存储容量来衡量的。存储容量是指一个存储器芯片所包含存储单元的个数或能存储的二进制信息量。而存储单元的个数是由地址线数所决定的，n 条地址线可以确定 2^n 个存储单元。一般表示存储容量的单位：

位（bit）是计算机内部存储的最小单位，音译为"比特"，习惯上用小写字母"b"表示。

字节（Byte），是计算机中数据处理的基本单位，习惯上用大写字母"B"表示。规定一个字节由 8 个二进制位构成，即 1Byte = 8bit，2^{10}（1024）字节记做 1KB，2^{20} 字节记做 1MB，2^{30} 字节记做 1GB。

（2）存取周期。存储器的存取周期是指从接收到地址，到实现一次完整的读出或写入数据的时间，是存储器进行连续读或写操作所允许的最短时间间隔。计算机的运行速度与存储器的存取周期有着直接的关系，因此它是存储器的一项重要指标。

（3）按存取方式分类。半导体存储器按存取方式可分为随机存取存储器和只读存储器。随机存取存储器（Random Access Memory，RAM）又称读写存储器，指在计算机正常工作状态下，存储器的信息既可以读出，又可以写入。另外，RAM 中的信息具有易失性，即一旦电源掉电，RAM 中的信息将全部丢失。因此，RAM 存储器可以用来存储实时数据、中间结果、最终结果或作为程序的堆栈区使用，计算机的主存都采用这种随机存储器。按照存放信息原理的不同，随机存储器又可分为静态随机存储器（Static RAM，SRAM）和动态随机存储器（Dynamic RAM，DRAM）两种。

只读存储器（Read Only Memory，ROM）存储的信息只可以读出，不可以写入。另外，ROM 中的信息具有非易失性，即掉电后再上电时存储信息不会改变。因此，ROM 通常用来存放固定不变的程序、常数以及汉字字库，甚至用于操作系统的固化。随着半导体技术的发展，只读存储器按工艺不同可分为掩模 ROM、可编程的只读存储器（Programmable ROM，PROM）、可擦除可编程只读存储器（Erasable Programmable ROM，EPROM）以及电可擦除可编程只读存储器（Electrically Erasable Programmable ROM，EEPROM）。近年来出现的快擦型存储器（Flash Memory）具有 EEPROM 的特点，除信息可以长期保持之外，也可在线擦除与重写，而速度比 EEPROM 快得多，集成度与价格已接近 EEPROM，因而有替代 EPROM 和 EEPROM 的趋势。

3. 输入/输出接口电路

外部设备是微型计算机系统与周围世界（也包括用计算机的人）实现通信联系的渠道，包括输入设备和输出设备。输入设备用于把原始信息和处理信息的程序输入到计算机中去，并且将它们转换成计算机内部能够接受和识别的二进制信息形式。常用的输入设备有键盘、鼠标、扫描仪、条形码识别装置及模/数（A/D）转换装置等。输出设备是将计算机的处理结果以人或其他设备所能接受或识别的形式输出计算机，常用的输出设备有显示器、打印机、绘图仪及数/模（D/A）转换装置等。

常用作外存储器（又称为辅助存储器）的磁盘、磁带和光盘等，既可以作输入也可以作输出，也属于外部设备。外存储器容量大，价格较低，但存取速度较慢，不能由 CPU 直接访问。一般用来存放暂时不参与运行的程序和数据，这些程序和数据在需要时可传送到主存，它是主存的补充和后援。

输入/输出接口电路，简称 I/O 接口，是 CPU 与外设进行信息交换的桥梁，它是为解决 CPU 与外设之间信息传送的匹配问题而引入的电路。现代计算机的外部设备种类繁多、形式多样、工作速度和性能各不相同，要把它们直接和 CPU 相连是不现实的，因此，必须连接接口电路，相当于一个转换器，以保证输入/输出设备（简称 I/O 设备）用计算机特性要求的形式发送或接收信息，使主机与输入/输出设备并行协调的工作。

4. 总线

微型计算机各个部件之间是用系统总线连接的，总线是多个系统功能部件之间信息传送的公共通道。总线按功能可分为：数据总线（Data Bus，DB）、地址总线（Address Bus，AB）和控制总线（Control Bus，CB）。采用总线结构有两大优点：一是各部件可通过总线交换信息，相互之间不必直接连线，减少了机器中信息传输线的根数，从而提高了微机的可靠性；二是可以方便地对存储器芯片及 I/O 接口芯片进行扩充。

（1）数据总线用来实现微处理器、存储器及 I/O 接口间的数据交换。数据总线是双向的，即数据既可以从 CPU 送到其他部件，也可以从其他部件送到 CPU。

（2）地址总线用于微处理器输出地址，以确定存储单元或 I/O 接口部件地址。由于地址总是由 CPU 送出的，因此地址总线是单向的。地址总线的位数决定了 CPU 可以直接寻址的内存空间的范围。比如，8 位微型机的地址总线一般是 16 位，则最大内存容量是 $2^{16}B=64KB$；16 位微型机的地址总线是 20 位，最大内存容量是 $2^{20}B=1MB$；32 位微型机的地址总线通常也是 32 位，最大内存容量是 $2^{32}B=4GB$。

（3）控制总线是用来传输控制信号。控制总线包括 CPU 送往存储器和输入/输出接口电路的控制信号，如读信号、写信号和中断响应信号等；以及其他部件送往 CPU 的信号，如时钟信号、中断请求信号和准备就绪等状态信号等。

三、微型计算机的软件系统

软件可分为系统软件和应用软件两大类。

1. 系统软件

系统软件通常是指负责管理、控制和维护计算机的各种硬件资源。它为用户提供一个友好的操作界面以及服务于一般目的的上机环境。它包括操作系统、语言处理程序和服务性程序。

（1）操作系统。操作系统是为用户使用计算机方便和提高计算机的使用效率而提供的一套功能较强、规模较大、比较复杂的程序的总称。它的主要作用是对系统中的软件和硬件资源统一管理，有效地组织各资源协调一致地工作以完成各种类型复杂的任务，为用户创造有效和可靠的计算机工作环境，以便充分发挥资源效益，尽力方便用户使用。

（2）语言处理程序。程序设计语言是人机交流信息的一种特定语言，在编写程序时用指定的符号来表达语义。程序设计语言可分为机器语言、汇编语言和高级语言。机器语言是二进制代码语言，能被计算机直接识别和执行，但很难为人们记忆、书写和识别。为了编程容易和上机操作简便，人们通常采用汇编语言和算法语言（如 BASIC、Fortran、C、C++、Java 等）来编程。汇编语言是一种符号语言，它采用指令助记符表示机器指令的操作码，用人们熟悉的数码及符号等表示操作数或地址。汇编语言中的指令与机器指令是一一对应的，因此，它的特点也是面向机器。算法语言是一种按实际需要规定了书写程序的一系列语句及语法规则，更接近于数学语言的程序设计语言。算法语言的特点是面向用户，它直观通用，与机器的特点属性相分离。

由于计算机只能执行机器语言程序，所有用其他语言编写的程序必须翻译成机器语言计算机才能识别并执行，这种翻译程序被称之为语言处理程序。能把汇编语言源程序翻译成用机器语言表达的目标程序的软件称为汇编程序。能把算法语言编写的程序翻译成机器码的被称为编译程序或解释程序。

（3）服务性程序。服务性程序是为计算机系统服务、辅助计算机工作的各种程序。例如，用于程序的装入、连接、编辑及调试用的装入程序、连接程序、编辑程序及调试程序，又如诊断故障程序、纠错程序、监督程序，还有为系统提供更多功能的服务性程序等。

2. 应用软件

应用软件是专业人员为解决某种应用问题而编制的程序及有关的文件和资料的总称。应用软件处于软件系统的最外层，直接面向用户，为用户服务。应用软件具有明显的针对性、专业性和专用性，如为各类生产过程编制的控制软件，为各类数据处理而编制的数据处理程序，还有为企业管理、情报检索等方面编制的程序等。随着应用软件的标准化和模块化，还有为解决多种实际问题而出现的应用组合程序，即"软件包"。如办公自动化软件、计算机辅助设计软件等。

四、微型计算机系统的主要性能指标

一个微型计算机系统的性能由它的系统结构、指令系统、外设及软件的配置等多种因素所决定，应当用各项性能指标进行综合评价，其中，微处理器的性能是一个主要的因素，最常用的性能指标有：字长、内存容量、指令系统和运算速度。

1. 字长

微型机的字长是由微处理器内部一次可以并行处理二进制代码的位数决定的。它决定着计算机内部寄存器、ALU 和数据总线的位数，反映了一台计算机的计算准确度，直接影响着计算机的硬件规模和造价。字长与微处理器内部寄存器以及 CPU 内部数据总线宽度是一致的。微型机的字长通常为 4 位、8 位、16 位、32 位和 64 位。

2. 内存容量

微机系统的内存容量越大，可运行的软件就越多，使用起来就越方便。

3. 指令系统

指令就是要计算机执行某种操作的命令。程序是一组指令的有序集合。机器指令是一组二进制代码，每条指令由指令操作码和操作数组成，指令操作码规定指令的操作类型，操作数规定指令的操作对象。CPU 能够识别的所有指令的集合称为指令系统，每一种微处理器都有自己的指令系统，一般来说，指令的条数越多，其功能就越强。

4. 运算速度

衡量 CPU 的运算速度有 3 种方法：一是根据不同类型的指令在计算过程中出现的频率，乘以不同的系数，求得统计平均值，这是平均速度；二是以执行时间最短的指令或某条特定

的指令为标准来计算速度；三是直接给出每条指令的实际执行时间和机器的主频。

此外，还有允许配置的外设数量、系统软件的配置、可靠性、兼容性、性能价格比等。

五、微型计算机的主要应用形态

微型机系统有两种主要的应用形态：桌面应用和嵌入式应用。

1. 桌面应用

将 CPU、存储器、I/O 接口电路组装在主板上，通过接口电路与键盘、显示器连接，再配上操作系统及应用软件，就形成了桌面微型计算机系统。个人计算机（PC 机）就是典型的桌面微型计算机，以 Intel 公司的 8086、80286、386、486、586、奔 II、奔 III、奔 IV、酷睿……为代表，迅速从 8 位、16 位过渡到 32 位、64 位、双核处理器……，不断完善其通用操作系统，突出发展高速海量数值计算能力，在数据处理、办公自动化、辅助设计、模拟仿真、人工智能、图像处理、多媒体和网络通信中得到广泛的应用。

2. 嵌入式应用

嵌入到仪器或设备中，实现嵌入式应用的计算机称为嵌入式计算机。嵌入式微控制器通常指单片机，以面对工业控制领域为对象，突出其控制能力，实行嵌入式应用。以 Intel 公司的 MCS-48、MCS-51（80C51）、ARM……为代表，在工业控制领域、智能仪表、智能家用电器、智能通信产品和智能终端设备等众多领域得到了广泛的应用。

PC 机（Personal Computer）系统和嵌入式系统形成了微型计算机技术发展的两大分支。PC 机系统可以实现海量高速数据处理，兼顾控制功能；嵌入式系统力求满足测控对象的测控功能，兼顾数据处理能力。两大分支之间可以串行通信，优势互补，形成网络控制系统，使功能更强大、更完善。两大分支的形成与发展，实现了近代计算机技术的突飞猛进。

第三节 单片机的概念、发展历程及产品近况

一、单片机的概念

在一片集成电路芯片上集成微处理器、存储器、I/O 接口电路，从而构成了单芯片微型计算机，即单片机。单片机再配以简单外设（按键、蜂鸣器、数码管等）就构成了嵌入式应用系统。

单片机体积小、价格低、品种多、可靠性高，其非凡的嵌入式应用形态对于满足广泛领域的嵌入式应用需求具有独特的优势。单片机技术已经成为电子应用系统设计最为常用的手段，学习和掌握单片机应用技术具有非常重要的现实意义。

二、单片机的发展历程

单片机技术发展过程可分为三个主要阶段。

1. 单芯片微机形成阶段

1976 年，Intel 公司推出了 MCS 48 系列单片机。基本型产品配置有 8 位 CPU、1KB ROM、64B RAM、27 根 I/O 线、1 个 8 位定时/计数器、2 个中断源。特点是：存储器容量较小，寻址范围小（不大于 4KB），无串行接口，指令系统功能不强。

2. 性能完善阶段

1980 年，Intel 公司推出了 MCS 51 系列单片机。基本型产品配置有 8 位 CPU、4KB ROM、128B RAM、4 个 8 位并口、1 个全双工串行口、2 个 16 位定时/计数器、5 个中断

源、2 个优先级。特点是：寻址范围扩大到 64KB，指令系统功能强大，并有控制功能较强的布尔处理器。此阶段，8 位单片机体系进一步完善，性能大大提高，面向控制的特点进一步突出，特别是 MCS-51 系列单片机在世界范围内得到广泛应用，已成为公认的单片机经典机种。

　　3. 微控制器化阶段

　　在微控制器化阶段 Intel 公司推出了 16 位 MCS-96 系列单片机，其他制造商也推出了性能优异的 16 位单片机，但由于价格较高，其应用受到一定限制。而 MCS-51 系列单片机，由于其性价比高，得到广泛应用，吸引世界许多知名芯片制造商以 80C51 为内核，扩展 I/O 接口、Flash ROM、A/D、D/A 及看门狗等功能部件，推出了许多与 80C51 兼容的 8 位单片机（统称为 80C51 系列单片机）。特点是：片上接口丰富，控制能力突出，芯片型号种类多，使单片机可以方便灵活地用于复杂的自动测控系统及设备。因此，微控制器（Micro Controller Unit，MCU）的称谓更能反映单片机控制应用的本质。

　　如今随着单片机在各个领域的深入发展与应用，世界各大半导体厂商普遍投入，高速、大寻址范围、强运算能力的单片机与小型廉价的单片机并存，百花齐放，单片机技术得到飞速发展与巨大提高。

三、单片机产品现状

　　80C51 系列单片机产品繁多，主流地位已经形成，近年来推出的与 80C51 兼容的典型产品有很多。

　　ATMEL 公司的 AT89 系列单片机，已成为使用者的首选主流机型，其突出的优点是片内的 Flash ROM 读写方便，可多次擦写，价格低廉，性价比高。

　　宏晶公司是我国的一家微处理器设计公司，其推出的 STC89/90 系列单片机（90 系列是基于 89 系列的改进产品），价格低廉、性能优越、指令执行效率高、抗干扰性强、低电磁辐射、保密性强、功耗低，且品种繁多，选择面宽，技术资料丰富，便于应用。

　　Silicon Labs 公司的 C8051F 系列单片机是 SOC（片上系统）的典型代表，片内功能模块丰富。

　　在 80C51 及其兼容产品流行的同时，一些单片机芯片生产商也推出了一些非 80C51 结构的产品，影响比较大的有：Microchip 公司推出的 PIC 系列单片机（品种多，便于选型，如汽车附属产品）；ATMEL 公司推出的 AVR 和 ATmega 系列单片机（不易解密，如军工产品）；TI 公司推出的 MSP430F 系列单片机（16 位，低功耗，如电池供电产品）。

　　虽然世界上 MCU 品种繁多，功能各异，且 16 位/32 位芯片肯定比 8 位芯片功能强大，但 80C51 系列单片机因其性价比高、开发装置多、国内技术人员熟悉、芯片功能可广泛选择等特点，在中小系统中，仍占主流地位。因此，本书选择 80C51 系列单片机为研究、分析对象，既具典型性，又不失教学内容的先进性，掌握了 80C51 系列单片机的开发技术，很容易过渡到其他系列单片机的应用与开发。

第四节　单片机的特点及应用领域

一、单片机的特点

　　1. 控制性能强、可靠性高

　　单片机实时控制功能特别强，其 CPU 可以对 I/O 端口直接进行操作，位操作能力更是其他计算机无法比拟的，特别是近期推出的单片机产品，内部集成有 Flash ROM、高速 I/O

口、满足模拟量输入转换的 A/D、满足伺服驱动的 PWM、保证程序可靠运行的"看门狗" WDT 等部件，并在低电压、微功耗、串行扩展总线和开发方式等方面有了进一步增强。另外，由于 CPU、存储器及 I/O 接口集成在同一芯片内，各部件间的连接紧凑，数据在传送时受干扰的影响较小，且不易受环境条件的影响，所以单片机的可靠性非常高。

2. 体积小、价格低、易于产品化

单片机芯片价格低廉，适用于大批量、专用场合的产品设计。单片机产品型号多，可以在众多的单片机品种间进行匹配选择，适用于广泛的应用领域。单片机引脚少（有的单片机引脚已减少到 8 个或更少）、体积小，从而使应用系统的印制板（PCB）减小、接插件减少，使产品结构精巧，安装简单方便。在当代各种电子器件中，单片机具有极高的性价比，是单片机得以广泛应用的重要原因。

二、单片机的应用领域

1. 智能仪器仪表

单片机用于各种仪器仪表，一方面提高了测试的自动化水平和准确度，使仪器仪表智能化，同时还简化了仪器仪表的硬件结构，提高性价比。如各种智能电气测量仪表、智能传感器等。

2. 机电一体化产品

单片机在机电一体化产品的开发中可以发挥巨大的作用。典型产品有机器人、数控机床、自动包装机、点钞机、医疗设备、打印机、传真机、复印机等。

3. 实时工业控制

单片机还可以用于各种物理量的采集与控制。电流、电压、温度、液位、流量等物理参数的采集和控制均可以利用单片机方便地实现。在这类系统中，利用单片机作为系统控制器，可以根据被控对象特征不同采用不同的智能算法，实现期望的控制策略，从而提高生产效率和产品质量。典型应用如电机转速控制、温度控制、自动生产线等。

4. 分布式系统的前端模块

在较复杂的工业系统中，经常要采用分布式测控系统完成大量的分布参数的采集。在这类系统中，采用单片机作为分布式系统的前端采集模块，系统具有运行可靠，数据采集方便灵活，成本低廉等一系列优点。

5. 家用电器

家用电器是单片机的又一重要应用领域，前景十分广阔。如空调器、电冰箱、洗衣机、电饭煲、微波炉、高档洗浴设备、高档玩具、数码相机等。

另外，在汽车、火车、轮船、飞机、航天器、尖端武器等均有单片机的广泛应用。如汽车自动驾驶系统、航天测控系统、宇宙飞船、智能武器装置等。单片机技术的应用遍布国民经济与人民生活的各个领域。

第五节 单片机应用系统开发方法及开发流程

一、单片机应用系统的开发

1. 应用系统开发的概念

设计单片机应用系统时，在完成硬件系统设计之后，必须配备相应的应用软件。明确无误的硬件设计和良好的软件功能设计是单片机应用系统的设计目标，完成这一目标的过程称为单片机应用系统的开发。单片机自身没有开发功能，必须借助开发工具完成开发任务：一是系统调试，以排除应用系统硬件故障和软件错误；二是程序固化，将经过调试的程序固化到单片机片内或片外 ROM 中。

2. 汇编和编译

单片机应用系统的程序设计，可以采用汇编语言完成，也可以采用 C 语言来实现。汇编语言对单片机内部资源的操作简捷直接、生成的代码紧凑。C 语言程序在可读性和可重用性上具有明显优势。把汇编语言源程序转换成机器语言的目标程序，该过程称为汇编，汇编过程由集成开放平台中的汇编器（A51. EXE）来完成；C51 语言源程序转换成目标码要由编辑器（C51. EXE）来完成。

3. 程序的连接与固化

汇编或编译后形成的目标程序虽然是二进制代码，但还不能上机运行，其形成的是浮动地址的目标码，还要由连接器（BL51. EXE）连接生成绝对地址的目标码。再由转换器（OH51. EXE）转换成编程器（烧写器）能够识别的 . HEX 格式的文件，把这种格式的文件写入到单片机的片内或片外程序存储器中，这时存有程序的单片机芯片就可以插在应用系统电路板上工作了。

二、单片机应用系统开发流程

1. 仿真工具 Proteus 软件

单片机应用系统的开发环节包括软件设计和硬件设计两个部分，单片机应用系统开发时常用的方法是先进行仿真，其目的是利用仿真软件来模拟单片机系统的 CPU、存储器和 I/O 设备的运行状态。目前较好的工程化单片机及外围器件的仿真工具为 Proteus 软件，Proteus 软件是英国 Labcenter electronics 公司发布的 EDA 工具软件，利用 Proteus 虚拟仿真技术可以在单片机应用系统设计过程中，以软件方式模拟整个系统，即通过 PC 绘制原理图，并直接在原理图上调试应用程序，配合各种虚拟仪表来展现整个单片机系统的运行过程，能看到程序运行后的输入、输出效果。

2. 单片机应用系统常用开发流程

以单片机为核心的产品或项目，虽然单片机的选型不尽相同，软件编写也千差万别，但系统研制步骤和方法是基本一致的，一般都分为总体功能设计、硬件电路原理设计、软件的编制、系统的仿真调试、制作样机、现场测试等几个阶段。

单片机应用系统常用的简捷开发流程为：①利用 Proteus 软件绘制系统仿真原理图；②利用 μ Vision 开发平台编写源程序，经过编译、连接、转换成可执行的目标程序（. HEX 格式的文件）；③将目标程序写入仿真原理图的单片机属性配置中；④运行 Proteus 软件仿真功能，观察执行效果；⑤根据执行效果修改系统软件、硬件设计，直至系统执行效果达到设计要求；⑥绘制系统 PCB 版图，制作系统电路板并装配、焊接相关元器件；⑦将经过调试的、无误的可执行目标程序写入单片机。该方法先利用 Proteus 软件成功进行虚拟仿真并获得期望结果之后，再制作实际硬件进行现场调试，减少了直接制作硬件电路出错，反复修改与制作的麻烦，减少了系统研发与调试的时间。

第六节　数制与编码基础

计算机最主要的功能是处理信息，在计算机内部，各种信息都必须采用数字化的形式被存储、加工和传送。通常计算机中的数据分为两类：一是数，用来直接表示量的多少，有大小之分，能够进行加、减等运算；二是码，通常指代码或编码，在计算机中用来描述某种信息。不论什么信息，在输入计算机内部时，都必须用基 2 码（亦称为二进制码）编码表示。这是由于基 2 码在物理上最容易实现，其编码、加减运算简单，基 2 码的"0"和"1"正好与逻辑数据"真"与"假"相对应，为逻辑运算带来方便。

一、微型计算机中常用的数制及其转换

1. 数制

所谓数制，就是数的制式，是计数的规则。数制有很多种，微型计算机中常用的数制有：十进制、二进制和十六进制。二进制数用 0、1 这两个符号来描述，计数规则是逢二进一；十进制数用 0～9 这 10 个符号来描述，计数规则是逢十进一；十六进制数用 0～9、A～F 这 16 个符号来描述，计数规则是逢十六进一。为了区分不同进制数，可以在数的结尾以一个字母标示，十进制（Decimal）数书写时结尾用字母 D（或不带字母），二进制（Binary）数书写时结尾用字母 B，十六进制（Hexadecimal）数书写时结尾用字母 H。各数制表示的数均可以写成按位权展开的多项式之和。

$$N = d_{n-1}r^{n-1} + d_{n-2}r^{n-2} + d_{n-3}r^{n-3} + \cdots\cdots d_{-m}r^{-m} = \sum_{i=-m}^{n-1} d_i \times r^i$$

式中：n——整数的总位数；m——小数的总位数；$d_{下标}$——表示该位的数码；$r_{上标}$——表示进位制的基数；$r^{上标}$——表示该位的位权。例如：

$(6543.21)_{10} = 6 \times 10^3 + 5 \times 10^2 + 4 \times 10^1 + 3 \times 10^0 + 2 \times 10^{-1} + 1 \times 10^{-2}$

$(1010.101)_2 = 1 \times 2^3 + 0 \times 2^2 + 1 \times 2^1 + 0 \times 2^0 + 1 \times 2^{-1} + 0 \times 2^{-2} + 1 \times 2^{-3}$

$(1B.E5)_{16} = 1 \times 16^1 + 11 \times 16^0 + 14 \times 16^{-1} + 5 \times 16^{-2}$

2. 各种数制之间的转换

（1）其他进制向十进制的转换

利用各种进制的通式，按权展开后再求和即为十进制数。

【例 1-1】 $(10110.101)_2 = 1 \times 2^4 + 1 \times 2^2 + 1 \times 2^1 + 1 \times 2^{-1} + 1 \times 2^{-3}$

$= 16 + 4 + 2 + 0.5 + 0.125$

$= (22.625)_{10}$

【例 1-2】 $(19B.AF)_{16} = 1 \times 16^2 + 9 \times 16^1 + 11 \times 16^0 + 10 \times 16^{-1} + 15 \times 16^{-2}$

$= 256 + 144 + 11 + 0.625 + 0.05859375$

$= (411.68359375)_{10}$

（2）十进制转换为其他进制

将十进制数的整数部分和小数部分分开，整数部分采用除基取余法，小数部分采用乘基取整法。除基取余法是将要转换的十进制数的整数部分不断除以基值，并记下余数，直到商为 0 为止，得到的余数按先后顺序其位数由低位到高位。

【例 1-3】 将十进制数 105 转换为二进制数。

解 运算过程如下：

```
2 ⌐ 105          取余数
  2 ⌐ 52          1      ←最低位
    2 ⌐ 26        0
```

$$
\begin{array}{r|l}
2 & 13 \\
\hline
2 & 6 \\
\hline
2 & 3 \\
\hline
2 & 1 \\
\hline
& 0
\end{array}
\qquad
\begin{array}{l}
0 \\
1 \\
0 \\
1 \\
1 \quad \leftarrow 最高位
\end{array}
$$

所以 105D＝1101001B

乘基取整法是将要转换的十进制数的小数部分不断乘以基值，并记下其整数部分，直到结果的小数部分为 0 为止，得到的整数按先后顺序其位数由高位到低位。

【例 1-4】 将十进制数 0.8125 转换为二进制数。

解 运算过程如下：

$$
\begin{array}{rl}
0.8125 & \\
\times \qquad 2 & \text{积的整数部分} \\
\hline
1.6250 & 1 \quad \leftarrow 最高位 \\
0.6250 & \\
\times \qquad 2 & \\
\hline
1.2500 & 1 \\
0.2500 & \\
\times \qquad 2 & \\
\hline
0.5000 & 0 \\
0.5000 & \\
\times \qquad 2 & \\
\hline
1.0000 & 1 \quad \leftarrow 最低位 \\
0.0000 & \text{余下的小数部分为 0，结束}
\end{array}
$$

所以 0.8125D＝0.1101B

（3）二进制和十六进制之间的转换

二进制数转换成十六进制数的方法为，从小数点开始分别向左或向右，将每 4 位二进制数分成 1 组，不足 4 位的补 0，然后将每组用一位十六进制数表示即可。

【例 1-5】 将二进制数 1101111100011.100101B 转换为十六进制数。

解 0001　1011　1110　0011 . 1001　0100　B＝1BE3.94H

十六进制数转换成二进制数的方法为，将十六进制数的每一位分别用四位二进制数来表示，即可转换为二进制数。

【例 1-6】 将十六进制数 3CD.6AH 转换为二进制数。

解 3　　C　　D　.　6　　A
0011　1100　1101　.　0110　1010

所以 3CD.6AH＝1111001101.0110101B

二、计算机中带符号数的表示

1. 机器数和真值

计算机中表示的数据，有些是不带符号的（比如地址的表示）。对于无符号数要把二进制的全部有效位都用来表示数的大小，没有符号位，如无符号数 01101010B 表示十进制数

106，11101001B 表示十进制数 233。

但有些数据有正、负之分，即带"＋"或"－"符号的数，称之为带符号数。而在计算机中只能表示"0"和"1"两种数码，那么"＋"、"－"符号如何表示呢？通常用数（字节、字或双字等）的最高位作为符号位，用"0"表示正，用"1"表示负，即在计算机中数的符号也数码化了。把一个数在计算机中的表示形式称为机器数。而机器数所代表的实际数被称为真值。

2. 微型计算机中的原码、反码和补码

既然一个数的数值和符号在微型计算机中全都是数码，那么对这种机器数进行运算时，符号位怎么处理？能不能同数值位一起参与运算呢？为了解决这些问题，引出了机器数的三种编码形式，即原码、反码和补码。

（1）原码

对于带符号二进制数，数的最高位是符号位，0 表示正数，1 表示负数，数值部分是真值的绝对值，这种表示方法称为原码。

【例 1-7】　设 $X_1 = +67 = +1000011B$，$X_2 = -67 = -1000011B$，请分别写出它们在 8 位微型机中的原码形式。

解　　　　　　$[X_1]_原 = [+67]_原 = \underset{\text{符号位}}{\underline{0}} \quad \underset{\text{数值位}}{\underline{1\ 0\ 0\ 0\ 0\ 1\ 1}}\text{B}$

$[X_2]_原 = [-67]_原 = \underset{\text{符号位}}{\underline{1}} \quad \underset{\text{数值位}}{\underline{1\ 0\ 0\ 0\ 0\ 1\ 1}}\text{B}$

采用原码表示简单易懂，而且与真值的转换方便。但是，用原码表示的数不便于计算机运算，因为在两原码数运算时，首先要判断它们的符号，然后再决定用加法还是用减法，致使机器的结构相应地复杂化并增加机器的运算时间。

（2）反码

对于二进制数，正数的反码与原码相同，最高位是 0，代表符号，其余位为数值位；负数的反码符号位为 1，数值位为其原码数值位逐位取反。

【例 1-8】　同例【1-7】，$X_1 = +67 = +1000011B$，$X_2 = -67 = -1000011B$，请分别写出它们在 8 位微型机中的反码形式。

解　　　　　　$[X_1]_反 = [+67]_反 = \underset{\text{符号位}}{\underline{0}} \quad \underset{\text{数值位}}{\underline{1\ 0\ 0\ 0\ 0\ 1\ 1}}\text{B}$

$[X_2]_反 = [-67]_反 = \underset{\text{符号位}}{\underline{1}} \quad \underset{\text{数值位}}{\underline{0\ 1\ 1\ 1\ 1\ 0\ 0}}\text{B}$

采用反码表示并不简单，而且运算也不方便。所以，机器中用反码表示数的情况很少见。

（3）补码

微型计算机中补码的表示是从数学中"补数"的概念引出的。对于二进制数，正数的补码和原码相同，负数的补码为其反码末位加 1 形成。

【例 1-9】 同例【1-8】，$X_1 = +67 = +1000011B$，$X_2 = -67 = -1000011B$，请分别写出它们在 8 位微型机中的补码形式。

解

$$[X_1]_{补} = [+67]_{补} = \underline{0} \quad \underline{1\ 0\ 0\ 0\ 0\ 1\ 1}B$$

符号位　　　数值位

$$[X_2]_{补} = [-67]_{补} = \underline{1} \quad \underline{0\ 1\ 1\ 1\ 1\ 0\ 1}B$$

符号位　　　数值位

在计算机中，带符号数一般都以补码形式在机器中存放和进行运算。补码的优点是可以将减法运算转换为加法运算，同时数值连同符号位可以一起参与运算。这样，负数用补码表示后，就可以和正数一样处理，运算器里只需要一个加法器就可以了。

二进制数补码加法的运算规则：两数之和的补码等于两数补码之和，机器数的字长为 n。即：

$$[X+Y]_{补} = [X]_{补} + [Y]_{补} \quad （模\ 2^n）$$

二进制数补码减法的运算规则：两数之差的补码等于 $[X]_{补}$ 与 $[-Y]_{补}$ 之和，机器数的字长为 n。即：

$$[X-Y]_{补} = [X]_{补} + [-Y]_{补} \quad （模\ 2^n）$$

所得是二进制数的补码形式，求其真值，可对该补码求补，以得到该数的原码，依该原码可知其真值。即：

$$\{[X]_{补}\}_{补} = [X]_{原}$$

以上补码加、减法公式成立有个前提条件，就是运算不能超出机器数所能表示的范围，否则会出现溢出。将几个典型的十进制数及其对应的二进制数、原码、反码和补码表示归纳如表 1-1。由表 1-1 可见，采用原码、反码时，0 有两种表示方式，即有"+0"和"-0"之分，单字节表示的范围是 $-127 \sim +127$；而采用补码时，+0 和 -0 的补码形式相同，只有一种表示形式，单字节表示的范围是 $-128 \sim +127$。

表 1-1　　　　　　　　　几个典型的带符号数据的 8 位编码表

十进制数	二进制数	原码	反码	补码
+127	+1111111B	01111111B	01111111B	01111111B
+1	+0000001B	00000001B	00000001B	00000001B
+0	+0000000B	00000000B	00000000B	00000000B
-0	-0000000B	10000000B	11111111B	00000000B
-1	-0000001B	10000001B	11111110B	11111111B
-127	-1111111B	11111111B	10000000B	10000001B
-128	-10000000B	无法表示	无法表示	10000000B

【例 1-10】 设 $X = +54 = +0110110B$，$Y = -121 = -1111001B$，试求 $X+Y$ 的值。

解 $[X+Y]_{补} = [X]_{补} + [Y]_{补} = [+54]_{补} + [-121]_{补} = [+0110110B]_{补} + [-1111001B]_{补}$

$$[X]_补 \qquad 0011\ 0110B$$
$$[Y]_补 \qquad +1000\ 0111B$$

$$[X+Y]_补 \qquad 1011\ 1101B$$

得$[X+Y]_补=10111101B$

则$[X+Y]_原=\{[X+Y]_补\}_补=[10111101B]_补=[10111101B]_反+1=11000010B+1=11000011B$

结果：$X+Y=-1000011B=-67$

与十进制数的运算结果$(+54)+(-121)=-67$完全相同。

【例 1-11】 设 $X=+85=+1010101B$，$Y=+97=+1100001B$，试求 $X-Y$ 的值。

解 $[X-Y]_补=[X]_补+[-Y]_补=[+85]_补+[-97]_补=[+1010101B]_补+[-1100001B]_补$

$$[X]_补 \qquad 0101\ 0101B$$
$$[-Y]_补 \qquad +1001\ 1111B$$

$$[X-Y]_补 \qquad 1111\ 0100B$$

得$[X-Y]_补=11110100B$

则$[X-Y]_原=\{[X-Y]_补\}_补=[11110100B]_补=[11110100B]_反+1=10001011B+1=10001100B$

结果：$X-Y=-0001100B=-12$

与十进制数的运算结果$(+85)-(+97)=-12$完全相同。

三、微型计算机中小数点的表示

任何一个二进制数 N 可以表示成：$N=\pm M\times2^{\pm E}$

其中，M 为二进制数 N 的尾数，表示了数 N 的全部有效数字；E 为二进制数 N 的阶码，指出小数点的位置，在定点表示法中，E 为固定值。计算机内表示的数，主要分为定点小数、定点整数与浮点数 3 种类型。

1. 定点表示法

所谓定点表示法，就是小数点在数中的位置是固定不变的。定点整数是小数点固定在数值最低位的后面的表示方法。定点小数是把小数点固定在符号位后面，最高数据位前面的表示方法。

定点整数的表示形式为：

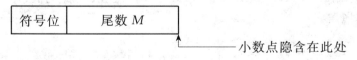

定点小数的表示形式为：

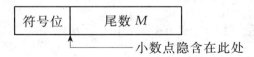

定点表示法的优点是运算规则简单，但它能表示数的范围和准确度均较小，因此在数值计算时，大多数采用浮点数。

2. 浮点表示法

浮点表示法小数点在数中的位置是浮动的，不固定的。一个浮点数由阶码和尾数两部分构成。在 $N=\pm M\times 2^{\pm E}$ 表达式中，阶码是指数部分，是一个带符号的整数，它决定了浮点数的表示范围；尾数部分表示数值的有效数字，是一个存小数，它决定了浮点数的准确度。

浮点数的存储格式为：

E_S	E（m 位）	M_S	M（n 位）
阶符	阶码	尾符	尾数

例如，设 E_f 和 S_f 各占一位，尾数为 4 位，阶码为 2 位，则二进制数 $X=0.1011\times 2^{+11}$ 浮点表示形式为：

0	11	0	1011

浮点表示法的优点是数的表示范围比相同位数的定点数大且准确度高，但浮点法的运算规则复杂。尾数的符号也是整个浮点数的符号，而阶码的符号只决定小数点的位置，通常将尾数的符号放在整个浮点数的最高位，用 S 表示。IEEE754 标准的 32 位浮点数格式为：

31	30	29		23 22		0
数符 S	阶符 E_S	阶码 E		尾数 M		

四、逻辑运算

计算机处理数据时经常要用到逻辑运算，逻辑运算是由专门的逻辑门电路完成的。下面介绍几种常用的逻辑运算。

1. 逻辑"与"运算

逻辑"与"又称逻辑乘，常用符号"·"或"∧"表示。逻辑"与"运算法则为：

$0\wedge 0=0$

$0\wedge 1=1\wedge 0=0$

$1\wedge 1=1$

两个二进制数进行逻辑"与"运算，只要按位进行逻辑"与"即可。

【例 1-12】 已知 $X=01100110B$，$Y=11110000B$，试求 $X\wedge Y$ 的值。

解　列竖式计算：

$$
\begin{array}{r}
01100110B \\
\wedge\ 11110000B \\
\hline
01100000B
\end{array}
$$

所以，$X\wedge Y=01100000B$。

逻辑"与"常用来屏蔽（置 0）字节中某些位。若清除某位，则用"0"和该位相与；若保留（不变）某位，则用"1"和该位相与。

2. 逻辑"或"运算

逻辑"或"又称逻辑加，常用符号"＋"或"∨"表示。逻辑"或"运算法则为：

$0\vee 0=0$

$$0 \vee 1 = 1 \vee 0 = 1$$
$$1 \vee 1 = 1$$

两个二进制数进行逻辑"或"运算，只要按位进行逻辑"或"即可。

【例 1-13】 已知 $X = 01010101B$，$Y = 11110000B$，试求 $X \vee Y$ 的值。

解 列竖式计算：

$$\begin{array}{r} 0\,1\,0\,1\,0\,1\,0\,1\,B \\ \vee\ 1\,1\,1\,1\,0\,0\,0\,0\,B \\ \hline 1\,1\,1\,1\,0\,1\,0\,1\,B \end{array}$$

所以，$X \vee Y = 11110101B$。

逻辑"或"常用来使字节中某些位置 1。欲置 1 的位，则用"1"和该位相或；若保留（不变）的位，则用"0"和该位相或。

3. 逻辑"非"运算

逻辑"非"运算又称逻辑取反，常用"$\bar{X}$"表示。逻辑"非"的运算法则为：

$$\bar{0} = 1, \quad \bar{1} = 0$$

某个二进制数进行逻辑"非"运算，只要按位取反即可。

【例 1-14】 已知 $X = 01010101B$，试求 $\bar{X}$ 的值。

解
$$\because X = 01010101B$$
$$\therefore \bar{X} = 10101010B$$

4. 逻辑"异或"运算

逻辑"异或"运算常用符号"$\oplus$"表示。逻辑"异或"运算法则为：

$$0 \oplus 0 = 1 \oplus 1 = 0$$
$$0 \oplus 1 = 1 \oplus 0 = 1$$

两个二进制数进行逻辑"异或"运算，只要按位进行逻辑"异或"即可。

【例 1-15】 已知 $X = 10110110B$，$Y = 11110000B$，试求 $X \oplus Y$ 的值。

解 列竖式计算：

$$\begin{array}{r} 1\,0\,1\,1\,0\,1\,1\,0\,B \\ \oplus\ 1\,1\,1\,1\,0\,0\,0\,0\,B \\ \hline 0\,1\,0\,0\,0\,1\,1\,0\,B \end{array}$$

所以，$X \oplus Y = 01000110B$。

逻辑"异或"常用来对字节中某些位进行取反操作。欲某位取反，则该位与"1"相异或；欲某位保留（不变），则该位与"0"相异或。异或还可以判断两数是否相等，若相等，异或结果为 0。

五、微型计算机中常用的编码

计算机中所要处理的数字、字母和符号等，一般用若干位二进制代码的组合来表示。

1. BCD 码（Binary Coded Decimal）

计算机内部是采用二进制数表示和处理数据的，而人们习惯使用十进制数。这就要求在计算机输入或输出数据时，完成二进制和十进制间的转换。从提高计算机的运行效率考虑，提出了比较适合于十进制系统的二进制代码的特殊形式，即将一位十进制数 0～9 分别用四位二进制编码来表示。二进制编码的十进制数，简称 BCD 码。

四位二进制数从 0000～1111 共有 16 种组合，而十进制数只有 0～9 共 10 个数码，编码有多种方案，最常见的是 8421 码。表 1-2 给出了 8421 码的编码表，8421 码用 4 位二进制数表示 1 位十进制数，且逢 10 进位，4 位二进制数，从高到低各位的权为 8、4、2、1，故称为 8421BCD 码。应当注意，当 4 位二进制码在 1010B～1111B 范围时，则不属于 8421BCD 码的合法范围，称为非法码。两个 BCD 码的运算可能出现非法码，这时要对所得结果进行调整。

表 1-2　　　　　　　　　　　　　　　　**8241BCD 编码表**

十进制数	8421BCD 码	十进制数	8421BCD 码
0	0000	5	0101
1	0001	6	0110
2	0010	7	0111
3	0011	8	1000
4	0100	9	1001

【例 1-16】 求十进制数 59.36 的 8421BCD 码。

解　　5　　9　　.　　3　　6
　　　　0101　1001　.　　0011　0110

所以，$(59.36)_{10} = (01011001.00110110)_{BCD}$

【例 1-17】 求 8421BCD 码 10010110.0111 所对应的十进制数。

解　1001　0110　.　0111
　　　　9　　6　　.　　7

所以，$(10010110.0111)_{BCD} = (96.7)_{10}$

2. 字母和字符的编码

计算机不仅要处理数值的问题，还要处理大量非数值的问题，文字、字母及某些专用的符号也必须用二进制代码来编码。目前在微型计算机中，使用最多、最普遍的是美国信息交换标准代码（American Standard Code for Information Interchange，ASCII 码）。

ASCII 码采用 7 位二进制码，共可以表示 128 个字符，其中 32 种起控制作用的称为"功能码"，其余 96 种符号（包括 10 个十进制数码 0～9、52 个英文大小写字母和 34 个专用符号）供书写程序和描述命令之用，称为"信息码"。ASCII 码如表 1-3 所列。由于计算机内部，通常以字节为单位，因此实际上每个 ASCII 字符是用 8 位表示的，将最高位置为"0"，需要奇偶校验时，最高位用做校验位。

表 1-3　　　　　　　　　　　　　　　　**ASCII 字符编码表**

$B_3 B_2 B_1 B_0$ ＼ $B_6 B_5 B_4$	000	001	010	011	100	101	110	111
0000	NUL	DLE	SP	0	@	P	`	p
0001	SOH	DC1	!	1	A	Q	a	q
0010	STX	DC2	"	2	B	R	b	r

$B_3 B_2 B_1 B_0$ ＼ $B_6 B_5 B_4$	000	001	010	011	100	101	110	111
0011	ETX	DC3	♯	3	C	S	c	s
0100	EOT	DC4	$	4	D	T	d	t
0101	ENQ	NAK	％	5	E	U	e	u
0110	ACK	SYN	&.	6	F	V	f	v
0111	BEL	ETB	'	7	G	W	g	w
1000	BS	CAN	(	8	H	X	h	x
1001	HT	EM	)	9	I	Y	i	y
1010	LF	SUB	*	:	J	Z	j	z
1011	VT	ESC	+	;	K	[	k	{
1100	FF	FS	,	<	L	\	l	|
1101	CR	GS	—	=	M	]	m	}
1110	SO	RS	.	>	N	∧	n	～
1111	SI	US	/	?	O	_	o	DEL

本章小结

　　本章从计算机的发展和应用开始，对计算机特别是微型计算机的基本概念、硬件结构、工作原理、系统组成、应用形态等各类知识作了相应的概述。通过本章的学习，要掌握微型计算机的概念，熟悉微型计算机系统组成以及工作原理，理解微型计算机硬件和软件各主要模块的功能和在系统中所处的地位，关注当前微型计算机的发展动向，以及相关软件的应用。

　　单片机是把 CPU、存储器（RAM 和 ROM）、输入/输出接口电路及定时/计数器等集成在一起的集成电路芯片，它具有体积小，价格低廉、可靠性高和易于嵌入式应用等特点，适合于智能仪器仪表和工业测控系统的前端装置。80C51 系列单片机应用广泛，在单片机领域里具有重要的影响，加上其他新型单片机产品的不断涌现，单片机世界呈现出百花齐放、日新月异的景象。

　　计算机中数据的表示方法，本章介绍了二、十、十六进制数的相关概念及各类数制之间相互转换的方法、无符号数和带符号数的机器内部表示、字符编码等。通过本章的学习，要掌握计算机内部的信息处理方法和特点，熟悉各类数制之间的相互转换，理解无符号数和带符号数的表示方法，掌握 8421BCD 码，了解字符的 ASCII 码。

练 习 题

1-1　简述微处理器、微型计算机和微型计算机系统三个概念之间的联系和区别。

1-2　微型计算机由哪几部分组成？各部分的功能是什么？

1-3　微型计算机有哪两种主要应用形态？

1-4　什么叫单片机？其主要特点有哪些？

1-5　目前市场上与 80C51 兼容的典型产品有哪些？

1-6　说明单片机主要应用在哪些领域？

1-7　简述单片机应用系统的开发过程。

1-8　完成下列数制之间的转换：

(1) 111010110.1101B＝(　　　)D＝(　　　　)H

(2) 57.75D＝(　　　)B＝(　　　)H

(3) 9A.2DH＝(　　　)D＝(　　　)B

(4) 11111111B＝(　　　)D＝(　　　)H

1-9　写出下列各数的原码、反码和补码，设字长是 8 位。

(1) ＋4　　(2) －35　　(3) －127　　(4) ＋95

1-10　写出下列各数的 8421BCD 码。

(1) 235.79D　　(2) 84D

第二章　80C51 单片机的硬件结构及原理

学习目标

1. 熟悉单片机的内部结构及典型产品的资源配置。
2. 理解单片机时钟电路与时序。
3. 掌握 80C51 单片机的复位。
4. 掌握单片机存储器的组织。
5. 掌握并行输入/输出口以及引脚的使用。
6. 掌握单片机最小系统的硬件构成。

本章重点

1. 80C51 单片机的硬件结构，引脚的名称和功能，引脚的复合功能。
2. 80C51 单片机时钟电路，时序定时单位，典型时序。
3. 80C51 单片机的复位。
4. 80C51 单片机存储空间配置与功能。
5. 80C51 单片机并行输入/输出口特点和应用。
6. 80C51 单片机最小系统的硬件构成。

第一节　80C51 单片机片内结构及典型产品的资源配置

MCS-51 单片机是 20 世纪 80 年代由 Intel 公司推出的，最初是 HMOS 制造工艺，基本型芯片根据片内 ROM 的结构，可分为 8051（片内有 4KB 掩膜 ROM）、8751（片内有 4KB EPROM）、8031（片内无 ROM），统称为 51 系列单片机。其后又有增强型 52 系列，包括 8052、8752、8032。

HMOS 工艺的缺点是功耗大，随着 CMOS 工艺的发展，Intel 公司推出了 CHMOS 工艺的单片机。CHMOS 是 CMOS 和 HMOS 的结合，既保持了 HMOS 高速度和高密度的特点，还具有 CMOS 低功耗的特点。CHMOS 工艺的单片机芯片，根据片内 ROM 结构，也有基本型 80C51、87C51、80C31 和增强型 80C52、87C52、80C32。

随后，Intel 公司将 80C51 内核使用权以专利互换或出售形式转让给世界许多著名 IC 制造厂商，在保持与 80C51 单片机兼容的基础上，这些公司融入了自身的优势，扩展了针对满足不同测控对象要求的外围电路，如使用方便且价廉的 Flash ROM、模拟量输入转换的 A/D、满足伺服驱动的 PWM、满足串行扩展要求的串行扩展总线 I²C 或 SPI、保证程序可靠运行的"看门狗"WDT 等，开发出功能各异的新品种。80C51 单片机变成了有众多芯片制造厂商支持的大家族，被统称为 80C51 系列单片机，简称为 C51 系列单片机或 51 单片机。在我国目前应用最广泛的仍然是 80C51 系列单片机。

一、80C51 单片机片内结构

图 2-1 为 80C51 单片机功能结构框图。由图可知 80C51 单片机芯片内部集成了 CPU、RAM、ROM、定时/计数器和 I/O 口等功能部件，并由内部总线把这些部件连接在一起。80C51 单片机内部包含主要功能部件有：

（1）8 位 CPU，含布尔处理器。

（2）片内振荡器和时序电路。

（3）4KB 的程序存储器（ROM）。

（4）256B 的数据存储器（RAM，包括特殊功能寄存器）。

（5）可寻址 64KB 片外 ROM 和片外 RAM 的控制电路。

（6）2 个可编程 16 位定时/计数器。

（7）21 个特殊功能寄存器。

（8）4 个 8 位并行 I/O 口，共 32 条可编程 I/O 口线。

（9）中断系统包括 5 个中断源，2 个优先级。

（10）一个全双工串行通信口。

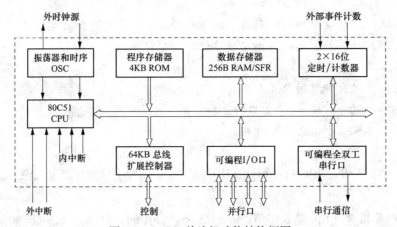

图 2-1　80C51 单片机功能结构框图

二、80C51 典型产品的资源配置

80C51 系列单片机内部组成基本相同，但不同型号的产品在某些方面仍会有一些差异。80C51 系列单片机资源配置如表 2-1 所示。

表 2-1　　　　　　　　　　　　　80C51 系列单片机资源配置

分类	型号	片内 ROM	片内 RAM	I/O 引脚	串口	定时/计数器	中断源
51 子系列基本型	80C31	无	128B	32	1	2	5
	80C51	4KB 掩膜	128B	32	1	2	5
	87C51	4KB EPROM	128B	32	1	2	5
51 子系列增强型	80C32	无	256B	32	1	3	6
	80C52	8KB 掩膜	256B	32	1	3	6
	87C52	8KB EPROM	256B	32	1	3	6

目前，在国内，应用最广泛的是具有 Flash ROM 并与 80C51 兼容的 C51 单片机，常用的芯片主要有：Atmel 公司的 AT89 系列和宏晶公司的 STC 系列单片机芯片。AT89 系列单片机是一种 8 位 Flash 单片机，可以分为标准型、低档型和高档型三大类，标准型以 AT89C51 为代表，低档型以 AT892051 为代表，高档型以 AT89S×× 系列（ISP，在系统编程）和 AT89LV×× 系列（低电压）为代表，表 2-2 为 AT89 系列单片机片内功能配置情况。

表 2-2   AT89 系列单片机片内功能配置

型号	E²PROM	片内 Flash ROM	片内 RAM	I/O 引脚	串口	定时/计数器	中断源	在系统编程	内部看门狗
AT89C51	无	4KB	128B	32	1	2	5	无	无
AT89C52	无	8KB	256B	32	1	3	6	无	无
AT89C53	无	12KB	256B	32	1	3	6	无	无
AT89C55	无	20KB	256B	32	1	3	8	无	无
AT89S2051	无	2KB	128B	15	1	2	5	√	√
AT89S4051	无	4KB	128B	15	1	2	5	√	√
AT89S51	无	4KB	128B	32	1	2	5	√	√
AT89S52	无	8KB	256B	32	1	3	6	√	√
AT89S53	无	12KB	256B	32	1	3	6	√	√
AT89S8252	2KB	8KB	256B	32	1	3	9	√	√
AT89LV51	无	4KB	128B	32	1	2	6	无	无
AT89LV52	无	8KB	256B	32	1	3	8	无	无

ATMEL 单片机型号由前缀、型号和后缀 3 个部分组成，其型号含义如图 2-2 所示。例如，AT89C××××-××××，其中"AT"是前缀，"89C××××"是型号，型号之后的"××××"是后缀。"AT"表示公司代码，"C"为 CMOS 工艺产品，"LV"表示低电压，"S"表示该器件含在系统编程功能（ISP）。

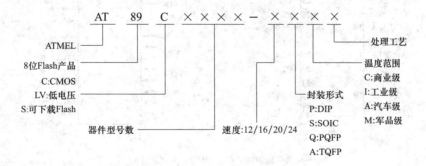

图 2-2 AT89 系列单片机型号含义

宏晶公司的 STC 系列单片机品种繁多，性能优越，限于篇幅，不详细展开，若需选用，可查阅有关技术资料，表 2-3 为 STC89 系列单片机片内功能配置。

表 2-3   STC89 系列单片机片内功能配置

型号	最高时钟频率/MHz	片内存储器			定时/计数器	P4口	数据指针	在系统编程	在应用编程	内部看门狗	A/D	降低电磁辐射	双倍速
		Flash ROM/KB	E²PROM/KB	RAM/B									
STC89C51RC	45	4	2⁺	512	3	√	2	√	√	√	—	√	√
STC89C52RC	45	8	2⁺	512	3	√	2	√	√	√	—	√	√
STC89C53RC	45	14	—	512	3	√	2	√	√	√	—	√	√
STC89C54RD+	45	16	16⁺	1280	3	√	2	√	√	√	√	√	√
STC89C55RD+	45	16	16⁺	1280	3	√	2	√	√	√	√	√	√
STC89C58RD+	45	32	16⁺	1280	3	√	2	√	√	√	√	√	√
STC89C516RD+	45	63	—	1280	3	√	2	√	√	√	√	√	√
STC89LE516RD+	90	64	—	512	3	√	2	√	—	√	√	√	—
STC89LE516X2	90	64	—	512	3	√	2	√	—	—	√	√	√

第二节 80C51 单片机的引脚功能

典型 80C51 单片机产品采用双列直插式（DIP）、方型扁平式（QFP）和无引脚芯片载体（LLC）贴片形式封装。80C51 单片机双列直插式封装，40 个引脚，图 2-3（a）为引脚排列图，图 2-3（b）为逻辑符号图，40 个引脚大致可分为四类：电源、时钟、控制和 I/O 引脚。

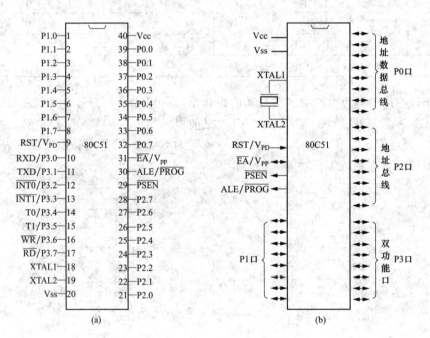

图 2-3 80C51 单片机引脚图

(a) 引脚排列；(b) 逻辑符号

1. 电源

V$_{CC}$——芯片电源，接+5V。

V_{SS}——接地端。

2. 时钟

XTAL1、XTAL2——晶体振荡电路反相输入端和输出端。使用内部振荡电路时外接石英晶体。

3. 控制线

控制线共有 4 根，其中 3 根是复用线。复用线具有两种功能，正常使用时是一种功能，在某种条件下是另一种功能。

ALE/$\overline{PROG}$——地址锁存允许/片内 EPROM 编程脉冲。

（1）ALE 功能：用来锁存 P0 口送出的低 8 位地址。

（2）$\overline{PROG}$ 功能：片内有 EPROM 的芯片，在 EPROM 编程期间，此引脚输入编程脉冲。

$\overline{PSEN}$——外 ROM 读选通信号。

$\overline{PSEN}$ 可作为外 ROM 芯片输出允许$\overline{OE}$的选通信号，在读内 ROM 或读外 RAM 时$\overline{PSEN}$无效。

RST/V_{PD}——复位/备用电源。

（1）RST（Reset）功能：复位信号输入端。

（2）V_{PD}功能：在 V_{CC} 掉电情况下，该引脚可接备用电源。由 V_{PD} 向片内 RAM 供电，以保持片内 RAM 中的数据不丢失。

$\overline{EA}/V_{PP}$——内外 ROM 选择/片内 EPROM 编程电源。

（1）$\overline{EA}$功能：正常工作时，$\overline{EA}$为内外 ROM 选择端。80C51 单片机 ROM 寻址范围为 64KB，芯片内部有 4KB 的 ROM（80C31 芯片内部没有程序存储器，应用时要在单片机外部配置一定容量的 EPROM）。当$\overline{EA}$保持高电平时，先访问内部 ROM，但当 PC（程序计数器）值超过 4KB（0FFFH）时，将自动转向执行片外 ROM 中的程序。当$\overline{EA}$保持低电平时，CPU 只能访问外 ROM。对 80C31 芯片，片内无 ROM，因此$\overline{EA}$必须接地。

（2）V_{PP}功能：片内有 EPROM 的芯片，在 EPROM 编程期间，施加编程电源 V_{PP}。

4. I/O 线

80C51 共有 4 个 8 位并行 I/O 端口，P0、P1、P2 和 P3，每口 8 位，共 32 个引脚。4 个 I/O 口，各有各的用途。其中 P3 口第二功能，用于特殊信号输入输出和控制信号（属控制总线），如表 2-4 所示。

P0.0～P0.7 功能：一般 I/O 口引脚或数据/低位地址总线复用引脚；

P1.0～P1.7 功能：一般 I/O 口引脚；

P2.0～P2.7 功能：一般 I/O 口引脚或高位地址总线引脚；

P3.0～P3.7 功能：一般 I/O 口引脚或第二功能引脚。

表 2-4　　　　　　　　　　　　　　P3 口第二功能

位编号	位定义名	功　能
P3.0	RXD	串行口输入端
P3.1	TXD	串行口输出端
P3.2	$\overline{INT0}$	外部中断 0 请求输入端
P3.3	$\overline{INT1}$	外部中断 1 请求输入端

位编号	位定义名	功　能
P3.4	T0	定时/计数器 0 外部信号输入端
P3.5	T1	定时/计数器 1 外部信号输入端
P3.6	$\overline{WR}$	外 RAM 写选通信号输出端
P3.7	$\overline{RD}$	外 RAM 读选通信号输出端

第三节　80C51 单片机的 CPU

一、CPU 的功能单元

80C51 的 CPU 是一个 8 位的高性能处理器，它的作用是读入并分析每条指令，根据各指令的功能控制各功能部件执行指令的操作。

1. 运算器

运算器以算术逻辑运算单元 ALU 为核心，包括累加器 ACC、B 寄存器、暂存器、标志寄存器 PSW 等部件，它能实现算术运算、逻辑运算、位运算、数据传输等处理。

算术运算单元 ALU 是一个 8 位的运算器，它不仅可以完成 8 位二进制数据加、减、乘、除、加 1、减 1 及 BCD 码加法的十进制调整等算术运算，还可以完成 8 位二进制数据逻辑"与"、"或"、"异或"、循环移位、取反、清零等逻辑运算。ALU 还有一个位运算器，它可以对一位二进制数据进行置位、清零、取反、测试转移及位逻辑"与"、"或"等处理。

2. 控制器

控制器包括定时和控制电路、指令寄存器 IR、指令译码器 ID、程序计数器 PC、数据指针 DPTR、堆栈指针 SP 以及信息传送控制部件等。它先以振荡信号为基准产生 CPU 的时序，从 ROM 中取出指令到指令寄存器，然后在指令译码器中对指令进行译码，产生指令执行所需的各种控制信号，送到单片机内部的各功能部件，指挥各功能部件产生相应的操作，完成对应的功能。

程序计数器 PC 是一个 16 位的地址寄存器，用于存放将要从 ROM 中读出的下一字节指令码的地址，因此也称为地址指针。PC 的基本工作方式有：①自动加 1，CPU 从 ROM 中每读一个字节，自动执行 PC+1→PC。②执行转移指令时，PC 会根据该指令要求修改下一次读 ROM 新的地址。③执行调用子程序或发生中断时，CPU 会自动将当前 PC 值压入堆栈，将子程序入口地址或中断入口地址装入 PC；子程序返回或中断返回时，恢复原有被压入堆栈的 PC 值，继续执行原顺序程序指令。

指令寄存器 IR 保存当前正在执行的一条指令，指令内容包含操作码和地址码，操作码送指令译码器并形成相应指令的微操作信号，地址码送操作数地址形成电路以便形成实际的操作数地址。

二、80C51 单片机的时钟产生方式与时序

单片机的工作过程是：取指令、译码、进行微操作，然后重复该过程，这样自动、依序完成相应指令规定的操作功能。要想使各功能部件有条不紊的工作，必须有一个统一的口令，这个统一的口令即 80C51 的时钟，CPU 总是按照一定的时钟节拍与时序工作。

1. 时钟产生方式

时钟用来为单片机芯片内部各种微操作提供时间基准。80C51单片机的时钟信号通常由两种方式产生：一是内部时钟方式，二是外部时钟方式。图2-4所示为80C51单片机时钟电路。

内部时钟方式如图2-4（a）所示，只要在单片机的XTAL1和XTAL2引脚外接晶体即可。80C51单片机内有一高增益反相放大器，按图连接即可构成自激振荡电路，振荡频率取决于石英晶体的振荡频率，晶振频率范围可取1.2MHz～12MHz，典型值为6MHz、12MHz或11.0592MHz，电容C_1、C_2的作用是稳定频率和快速起振，电容值在5～30pF，通常取30pF。

外部时钟方式是把外部已有的时钟信号引入到单片机内，如图2-4（b）所示，外部时钟由XTAL1输入，XTAL2悬空。此方式多用于多片80C51单片机同时工作，并要求单片机同步运行的场合。

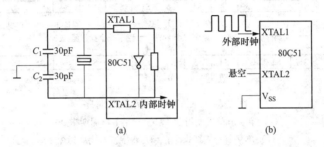

图2-4　80C51单片机时钟电路
（a）内部时钟方式；（b）外部时钟方式

实际应用中，通常采用外接石英晶体的内部时钟方式，晶振频率高一些可以提高指令的执行速度，但相应的功耗和噪声也会增加。当系统要与PC通信时，应选择11.0592MHz的晶振（有利于减小波特率误差）。

2. 80C51的时钟信号

时序就是CPU在执行指令时微操作的时间次序。单片机的时序定时单位从小到大依次为：时钟周期、状态周期、机器周期和指令周期。

时钟周期为单片机提供定时信号的振荡源的周期或外部输入时钟信号的周期，也称为振荡周期。为80C51振荡器产生的时钟脉冲频率的倒数，是最基本最小的定时信号。

状态周期是将时钟脉冲二分频后的脉冲信号，状态周期是晶振周期的两倍，状态周期又称S周期（Status）。在S周期内有两个晶振周期，即分为两拍，分别称为P1和P2，参看图2-5所示。

机器周期是80C51单片机工作的基本定时单位，一个机器周期含有6个状态周期，分别为S1、S2、……、S6，每个状态周期有两拍，分别为S1P1、S1P2、S2P1、S2P2、……、S6P1、S6P2，即一个机器周期包含12个晶振周期。当时钟频率为12MHz时，机器周期为$1\mu s$；当时钟频率为6MHz时，机器周期为$2\mu s$。

指令周期指CPU执行一条指令占用的时间（用机器周期表示）。80C51执行各种指令时间是不一样的，可分为三类：单机器周期指令、双机器周期指令和四机器周期指令。其中单机器周期指令有64条，双机器周期指令有45条，四机器周期指令只有2条（乘法和除法指令），无三机器周期指令。

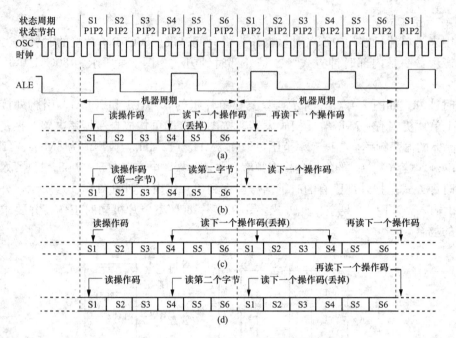

图 2-5　80C51 的取指/执行时序

（a）单字节单周期指令；（b）双字节单周期指令；

（c）单字节双周期指令；（d）双字节双周期指令

　　每一条指令的执行都包括取指令和执行指令两个阶段，从图 2-5 中可以看出，ALE 信号在一个机器周期内两次有效，第一次在 S1P2 和 S2P1 期间，第二次在 S4P2 和 S5P1 期间，ALE 信号的有效宽度为一个 S 状态。每出现一次 ALE 信号，CPU 就可以进行一次取指操作。

　　图 2-5 所示这些时序的共同特点是，每一次 ALE 信号有效，CPU 均从 ROM 中读取指令码（包括操作码和操作数），但不一定有效，读了以后再丢弃（假读），有效时 PC＋1→PC，无效时 PC 不变，其余时间用于执行指令操作功能。

　　三、复位和低功耗工作方式

　　80C51 单片机的工作方式共有四种：复位方式、程序执行方式、低功耗方式、片内 ROM 编程（包括校验）方式。

　　程序执行方式是单片机的基本工作方式，CPU 按照程序计数器 PC 所指出的地址从 ROM 中取出指令，并执行。每取出一个字节，PC＋1→PC，因此一般情况下，CPU 是依次执行指令。当调用子程序、中断或执行转移指令时，PC 相应产生新的地址，CPU 仍然根据 PC 所指出的地址取出指令并执行。

　　片内 ROM 编程（包括校验）方式一般由专门的编程器实现，用户只需使用而无需过多了解编程方法。

　　1. 复位方式

　　复位是单片机的初始化操作，可以使单片机中各部件处于确定的初始状态。在单片机工作时，上电要复位，当由于程序运行出错或操作错误使系统处于死锁状态时，为摆脱困境，也需要按复位键重新启动。

　　（1）复位条件。实现复位操作，必须使 RST 引脚（编号 9）保持两个机器周期以上的高电平。例如，若时钟频率为 12MHz，每个机器周期为 $1\mu s$，则只需持续 $2\mu s$ 以上时间的高电平；若时钟频率为 6MHz，每个机器周期为 $2\mu s$，则需要持续 $4\mu s$ 以上时间的高电平。

（2）复位电路。

实际应用中，复位操作有两种基本形式：一种是上电复位，另一种是上电和按键均有效的复位，如图 2-6 所示。

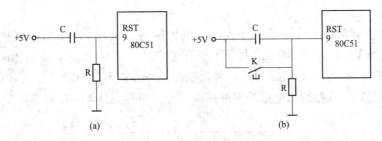

图 2-6 单片机复位电路

(a) 上电复位电路；(b) 按键与上电复位

上电复位要求接通电源后，单片机自动实现复位操作，常用的上电复位电路如图 2-6（a）所示。上电瞬间 RST 引脚获得高电平，随着电容的充电，RST 引脚的高电平将逐渐下降。RST 引脚的高电平只要保持足够的时间（2 个机器周期），单片机就可以进行复位操作了。该电路典型电容和电阻的参数为：晶振为 12MHz 时，取 $10\mu F$ 电容、$8.2k\Omega$（或 $10k\Omega$）电阻；晶振为 6MHz 时，取 $22\mu F$ 电容、$1k\Omega$ 电阻。

上电与按键均有效的复位电路如图 2-6（b）所示，上电复位原理与图 2-6（a）相同，此外在单片机运行期间，还可以利用按键完成复位操作。

（3）复位后的状态。

80C51 单片机复位后片内各寄存器状态如表 2-5 所示。

表 2-5　　　　　　　　　　　　　　　PC 与 SFR 复位状态表

寄存器	复位状态	寄存器	复位状态
PC	0000H	TMOD	00H
ACC	00H	TCON	00H
B	00H	TH0	00H
PSW	00H	TL0	00H
SP	07H	TH1	00H
DPTR	0000H	TL1	00H
P0～P3	FFH	SCON	00H
IP	××000000B	SBUF	不定
IE	0×000000B	PCON	0×××0000B

① 复位后 PC 值为 0000H，表明复位后 CPU 从 0000H 地址单元开始执行程序。

② SP 值为 07H，表明堆栈底部在 07H。对于汇编程序，要考虑到工作寄存器区（00H～1FH）和位寻址区（20H～2FH）的空间位置，对堆栈区重新设置。在汇编程序初始化中，要改变 SP 值，一般可置 SP 值为 50H 或 60H，堆栈深度相应为 48 字节和 32 字节。对于 C51 程序，编译器会自动安排堆栈，即不需要考虑堆栈如何设置。

③ P0～P3 口值为 FFH。P0～P3 口用作输入口时，必须先写入 1。80C51 在复位后，已

使 P0～P3 口每一端线为 1，为这些端线用作输入口做好了准备。

④ PSW＝00H，当前工作寄存器为 0 区。

⑤ IP、IE 和 PCON 的有效位为 0，各中断源处于低优先级且均被关断、串行通信的波特率不加倍。

⑥ 单片机启动后，片内 RAM 为随机值，运行中的复位操作不改变片内 RAM 的内容。

2. 低功耗工作方式

80C51 单片机有两种低功耗工作方式：待机休闲方式（Idle）和掉电保护方式（Power Down）。在 $V_{cc}=5V$，$f_{osc}=12MHz$ 条件下，正常工作时电流约 20mA，待机休闲方式时电流约 5mA，掉电保护方式时电流仅 75μA。这两种低功耗工作方式不是自动产生的，而是可编程的，即必须由软件来设定，其控制由电源控制寄存器 PCON 确定，PCON 格式如图 2-7 所示。

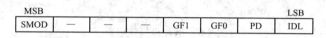

MSB							LSB
SMOD	—	—	—	GF1	GF0	PD	IDL

图 2-7　80C51 单片机 PCON 格式

其中，SMOD：波特率倍增位（在串行通信中使用）；

　　　　GF1、GF0：通用标志位；

　　　　PD：掉电方式控制位，PD＝1，进入掉电工作方式；

　　　　IDL：待机（休闲）方式控制位，IDL＝1，进入待机工作方式。

PCON 字节地址 87H，不能位寻址。读写时，只能整体字节操作，不能按位操作。

（1）待机休闲方式。

1）待机休闲方式状态

80C51 处于待机休闲方式时，片内时钟仅向中断源提供，其余被阻断。PC、特殊功能寄存器和片内 RAM 状态保持不变。I/O 引脚端口值保持原逻辑值，ALE、$\overline{PSEN}$ 保持逻辑高电平，即 CPU 不进行读写工作，但中断功能继续存在。

2）待机休闲状态进入

只要使 PCON 中 IDL 位置 1，即可进入待机休闲状态。例如执行指令（设 SMOD＝0）：MOV PCON，♯01H；可进入待机休闲状态。

3）待机休闲状态退出

一是产生中断，任一中断请求被响应都可使 PCON.0（IDL）清零，从而退出待机休闲状态；二是单片机芯片复位，但复位操作将使片内特殊功能寄存器处于复位初始状态，程序从 0000H 执行。

（2）掉电保护方式。

1）掉电保护方式状态

80C51 处于掉电保护方式时，片内振荡器停振，所有功能部件停止工作，仅保存片内 RAM 数据信息，ALE、$\overline{PSEN}$ 为低电平。V_{cc} 可降至 2V，但不能真正掉电。

2）掉电保护状态进入

只要使 PCON 中 PD 位置 1，即可进入掉电保护状态。一般情况下，可在检测到电源发生故障，但尚能保持正常工作时，将需要保存的数据存入片内 RAM，并置 PD 为 1，进入掉电保护状态。

3）掉电保护状态退出

掉电保护状态退出的唯一方法是硬件复位，复位后片内 RAM 数据不变，特殊功能寄存器内容按复位状态初始化。

第四节　80C51 单片机存储空间配置与功能

80C51 的存储器配置方式与其他常用的微机系统不同，属哈佛结构。它把程序存储器和数据存储器分开，各有自己的寻址系统、控制信号和功能。程序存储器用于存放程序和常数表；数据存储器用于存放程序运行暂时性的数据、中间结果或用作堆栈。

80C51 的存储器组织结构可以分为以下不同的存储空间，分别是：

（1）64KB 程序存储器（ROM），有片内 ROM 和片外 ROM。

（2）64KB 外部数据存储器（简称外 RAM）。

（3）256B 内部数据存储器（简称内 RAM），包括特殊功能寄存器。

图 2-8 为 80C51 存储空间配置图，不同的存储空间用不同的指令和控制信号实现读、写功能操作。

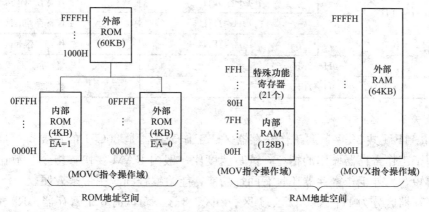

图 2-8　80C51 存储空间配置图

（1）ROM 空间用 MOVC 指令实现只读功能操作，用 $\overline{PSEN}$ 信号选通读外 ROM，$\overline{EA}$ 引脚为访问内部 ROM 或外部 ROM 的选择端。

（2）外 RAM 空间用 MOVX 指令实现读写功能操作，用 $\overline{RD}$ 信号选通读外 RAM，用 $\overline{WR}$ 信号选通写外 RAM。

（3）内 RAM（包括特殊功能寄存器）用 MOV 指令实现读、写功能操作。

一、程序存储器

80C51 系列单片机程序存储器地址范围 0000H～FFFFH，共 64KB。其中，片内 4KB，地址范围 0000H～0FFFH（80C51 和 87C51 在片内，80C31 片内无）；片外 64KB，地址范围 0000H～FFFFH。

需要指出的是，64KB 中有一小段范围是 80C51 系统专用单元，在地址 0003H～0023H 范围有 5 个中断源中断服务程序入口地址，用户不能安排其他内容。80C51 复位后，PC＝0000H，CPU 从地址为 0000H 的 ROM 单元中读取指令和数据。从 0000H 到 0003H 只有 3 个字节，根本不可能安排一个完整的系统程序，而 80C51 又是依次读 ROM 字节的。因此，这 3 个字节只能用来安排一条跳转指令，跳转到其他合适的地址范围去执行真正的主程序。

读外 ROM 的过程：CPU 从 PC（程序计数器）中取出当前 ROM 的 16 位地址，分别由 P0 口（低 8 位）和 P2 口（高 8 位）同时输出，ALE 信号有效时由地址锁存器锁存低 8 位地址信号，地址锁存器输出的低 8 位地址信号和 P2 口输出的高 8 位地址信号同时加到外部 ROM16 位地址输入端，当 $\overline{PSEN}$ 信号有效时，外部 ROM 将相应地址存储单元中的数据送至数据总线（P0 口），CPU 读入后存入指定单元。

二、内部数据存储器

从广义上讲，80C51 内 RAM（128B）和特殊功能寄存器（128B）均属于片内 RAM 空间，读写指令均用 MOV 指令。但为加以区别，内 RAM 通常指 00H～7FH 的低 128B 空间。80C51 内 RAM 又可分成三个物理空间：工作寄存器区、位寻址区和数据缓冲区。80C51 内部 RAM 结构如表 2-6 所示。

表 2-6　　　　　　　　　　　　　　80C51 内部 RAM 结构

地址区域		功能名称
00H～1FH	00H～07H	工作寄存器 0 区
	08H～0FH	工作寄存器 1 区
	10H～17H	工作寄存器 2 区
	18H～1FH	工作寄存器 3 区
20H～2FH		位寻址区
30H～7FH		数据缓冲区

1. 工作寄存器区

从 00H～1FH 共 32 字节属工作寄存器区。工作寄存器是 80C51 的重要寄存器，指令系统中有专用于工作寄存器操作的指令，读写速度比一般内 RAM 要快，指令字节比一般直接寻址指令要短，另外工作寄存器还具有间址功能，能给编程和应用带来方便。

工作寄存器区分为 4 个区：0 区、1 区、2 区、3 区。每区有 8 个寄存器：R0～R7，寄存器名称相同。但当前工作的寄存器区只能有一个，由程序状态字寄存器 PSW 中的 RS1、RS0 位决定，可以对这两位进行编程，以选择不同的工作寄存器区。

2. 位寻址区

从 20H～2FH，共 16 字节，属位寻址区。16 字节（Byte，缩写为 B），每字节有 8 位（bit，缩写为 b），共 128 位。16 个字节，有字节地址，字节中每一位均有位地址。位地址与字节地址的关系如表 2-7 所示。

表 2-7　　　　　　　　　　　　　　80C51 单片机位地址表

字节地址	位地址							
	D7	D6	D5	D4	D3	D2	D1	D0
2FH	7FH	7EH	7DH	7CH	7BH	7AH	79H	78H
2EH	77H	76H	75H	74H	73H	72H	71H	70H
2DH	6FH	6EH	6DH	6CH	6BH	6AH	69H	68H
2CH	67H	66H	65H	64H	63H	62H	61H	60H

字节地址	位地址							
	D7	D6	D5	D4	D3	D2	D1	D0
2BH	5FH	5EH	5DH	5CH	5BH	5AH	59H	58H
2AH	57H	56H	55H	54H	53H	52H	51H	50H
29H	4FH	4EH	4DH	4CH	4BH	4AH	49H	48H
28H	47H	46H	45H	44H	43H	42H	41H	40H
27H	3FH	3EH	3DH	3CH	3BH	3AH	39H	38H
26H	37H	36H	35H	34H	33H	32H	31H	30H
25H	2FH	2EH	2DH	2CH	2BH	2AH	29H	28H
24H	27H	26H	25H	24H	23H	22H	21H	20H
23H	1FH	1EH	1DH	1CH	1BH	1AH	19H	18H
22H	17H	16H	15H	14H	13H	12H	11H	10H
21H	0FH	0EH	0DH	0CH	0BH	0AH	09H	08H
20H	07H	06H	05H	04H	03H	02H	01H	00H

位寻址区的每一位有位地址，可位寻址、位操作，即按位地址对该位进行置1、清0、求反或判转等。位寻址区的主要用途是存放各种标志位信息和位数据。需要注意，位地址00H～7FH和内RAM字节地址00H～7FH编址相同，初学者容易混淆，怎么区别呢？在80C51指令系统中，有位操作指令和字节操作指令，位操作指令中的地址是位地址，字节操作指令中的地址是字节地址。

3. 数据缓冲区

内RAM中30H～7FH为数据缓冲区，属一般内RAM，用于存放各种数据和中间结果，起到数据缓冲的作用。这一区域的操作指令非常丰富，数据处理方便灵活。

在实际应用中，堆栈一般设在30H～7FH的范围内，栈顶的位置由堆栈指针SP指示。复位时，SP的初值为07H，在系统初始化时通常要进行重新设置，目的是留出低端的工作寄存器和位寻址空间以便完成更重要的任务。

三、特殊功能寄存器（SFR）

80C51系列单片机内的锁存器、定时器、串行口、数据缓冲器及各种控制寄存器、状态寄存器都以特殊功能寄存器（Special Flag Register，缩写为SFR）的形式出现，共有21个，它们离散地分布在高128B片内RAM80H～FFH的地址空间中。字节地址能被8整除的（即十六进制的地址码尾数为0或8的）单元是具有位地址的寄存器。对于80C51基本型单片机，SFR地址空间有效的位地址共有83个。

表2-8为特殊功能寄存器地址映像表，表中罗列了特殊功能寄存器的名称、符号和字节地址。可位寻址的特殊功能寄存器每一位都有位地址，有的还有位定义名，如PSW.0是位编号，代表程序状态字PSW最低位，它的位地址为D0H，位定义名为P，编程时三者均可使用。有的特殊功能寄存器有位定义名，却无位地址，不可位寻址、位操作，如TMOD每一位都有位定义名：GATE、C/$\overline{\text{T}}$、M1、M0，但无位地址，只有字节地址。

表 2-8　特殊功能寄存器地址映像表

SFR 名称	符号	位地址/位定义名/位编号								字节地址
		D7	D6	D5	D4	D3	D2	D1	D0	
I/O 端口 0	P0	87H	86H	85H	84H	83H	82H	81H	80H	80H
		P0.7	P0.6	P0.5	P0.4	P0.3	P0.2	P0.1	P0.0	
堆栈指针	SP									81H
数据指针（低字节）	DPL									82H
数据指针（高字节）	DPH									83H
电源控制及波特率选择	PCON	SMOD	—	—	—	GF1	GF0	PD	IDL	87H
定时/计数器控制寄存器	TCON	8FH	8EH	8DH	8CH	8BH	8AH	89H	88H	88H
		TF1	TR1	TF0	TR0	IE1	IT1	IE0	IT0	
定时/计数器方式选择	TMOD	GATE	C/$\overline{\text{T}}$	M1	M0	GATE	C/$\overline{\text{T}}$	M1	M0	89H
定时/计数器 0（低字节）	TL0									8AH
定时/计数器 1（低字节）	TL1									8BH
定时/计数器 0（高字节）	TH0									8CH
定时/计数器 1（高字节）	TH1									8DH
I/O 端口 1	P1	97H	96H	95H	94H	93H	92H	91H	90H	90H
		P1.7	P1.6	P1.5	P1.4	P1.3	P1.2	P1.1	P1.0	
串行控制寄存器	SCON	9FH	9EH	9DH	9CH	9BH	9AH	99H	98H	98H
		SM0	SM1	SM2	REN	TB8	RB8	TI	RI	
串行数据缓冲器	SBUF									99H
I/O 端口 2	P2	A7H	A6H	A5H	A4H	A3H	A2H	A1H	A0H	A0H
		P2.7	P2.6	P2.5	P2.4	P2.3	P2.2	P2.1	P2.0	
中断允许控制寄存器	IE	AFH	AEH	ADH	ACH	ABH	AAH	A9H	A8H	A8H
		EA	—	—	ES	ET1	EX1	ET0	EX0	
I/O 端口 3	P3	B7H	B6H	B5H	B4H	B3H	B2H	B1H	B0H	B0H
		P3.7	P3.6	P3.5	P3.4	P3.3	P3.2	P3.1	P3.0	
中断优先级控制寄存器	IP	BFH	BEH	BDH	BCH	BBH	BAH	B9H	B8H	B8H
		—	—	PS	PT1	PX1	PT0	PX0		
程序状态字寄存器	PSW	D7H	D6H	D5H	D4H	D3H	D2H	D1H	D0H	D0H
		CY	AC	F0	RS1	RS0	OV	—	P	
		PSW.7	PSW.6	PSW.5	PSW.4	PSW.3	PSW.2	PSW.1	PSW.0	
累加器 A	ACC	E7H	E6H	E5H	E4H	E3H	E2H	E1H	E0H	E0H
		ACC.7	ACC.6	ACC.5	ACC.4	ACC.3	ACC.2	ACC.1	ACC.0	
寄存器 B	B	F7H	F6H	F5H	F4H	F3H	F2H	F1H	F0H	F0H

下面对部分特殊功能寄存器进行介绍，其余部分将在后续章节中叙述。

1. 累加器 ACC（Accumulator）

累加器 ACC 用于向 ALU 提供操作数和存放运算的结果，它是 CPU 中使用最频繁的寄存器。许多指令的操作数取自于累加器 ACC，运算的结果也通常送回累加器 ACC。

2. B 寄存器

在 80C51 乘除法指令中要用到寄存器 B，此外，B 可作为普通的寄存器使用。乘法运算时，累加器 A 和寄存器 B 在乘法运算前存放被乘数和乘数，运算后通过寄存器 B 和累加器

A 存放乘积；除法运算时，运算前累加器 A 和寄存器 B 存入被除数和除数，运算后用于存放商和余数。

3. 程序状态字寄存器 PSW

程序状态字寄存器 PSW 是状态标志寄存器，它用于保存指令执行结果的状态，以供程序查询和判别。80C51 单片机 PSW 结构和定义如表 2-9 所示。

表 2-9　　　　　　　　　　　　　　　　PSW 结构和定义

位地址	D7H	D6H	D5H	D4H	D3H	D2H	D1H	D0H
位定义名	CY	AC	F0	RS1	RS0	OV	—	P

CY——进位、借位标志。在累加器 A 执行加、减法运算时，若 ACC.7 有进位或借位，CY 置 1，否则清 0。在进行位操作时，CY 是位操作累加器，用 C 表示。

AC——辅助进位、借位标志。在累加器 A 执行加、减法运算时，若低半字节 ACC.3 向高半字节 ACC.4 有进位或借位，AC 置 1，否则清 0。

F0——用户标志，由用户自己定义。

RS1、RS0——工作寄存器区选择控制位。工作寄存器区有 4 个，但当前工作寄存器区只能打开一个，RS1、RS0 的编号用于选择当前工作的寄存器区。

RS1、RS0=00——0 区(00H~07H)；

RS1、RS0=01——1 区(08H~0FH)；

RS1、RS0=10——2 区(10H~17H)；

RS1、RS0=11——3 区(18H~1FH)。

OV——溢出标志。用于表示 ACC 在有符号数算术运算中的溢出，即运算结果超出－128~＋127 范围。发生溢出时 OV 置 1，否则清 0。

P——奇偶标志。表示 ACC 中"1"的个数的奇偶性。存于 ACC 中的运算结果有奇数个 1 时 P=1，否则 P=0。

例如：若(A)=49H，(R0)=6BH，

执行指令：ADD A,R0；(A)←(A)+(R0)

$$\begin{array}{r} (A): \quad 0100 \quad 1001B \\ +(R0): \quad 0110 \quad 1011B \\ \hline 1011 \quad 0100B \end{array}$$

结果为：(A)=B4H，CY=0，OV=1，AC=1，P=0。

该结果说明：若为两个无符号数相加，运算结果正确；若为带符号正数相加，则运算结果出错。因此，使用加法指令是进行有符号数还是无符号数相加，以及相加后结果是否正确，均要由用户定义和判断。

4. 数据指针 DPTR（Data Pointer）

数据指针 DPTR 为 16 位寄存器，也可按两个 8 位寄存器使用，DPH 是 DPTR 高 8 位，DPL 是 DPTR 低 8 位。DPTR 主要用于存放一个 16 位地址，利用间接寻址（MOVX @DPTR，A 或 MOVX　A，@DPTR 指令）可以对片外 RAM 或 I/O 接口的数据进行访问。利用变址寻址（MOVC　A，@A+DPTR 指令）可以对 ROM 单元中存放的常量数据进行读取。

5. 堆栈指针 SP

堆栈是按先入后出、后入先出的原则进行管理的一段存储区域。MCS-51 单片机中，堆栈是用片内数据存储器的一段区域，在具体使用时应避开工作寄存器、位寻址区，一般设在 2FH 以后的单元，如工作寄存器和位寻址区未用，也可开辟为堆栈。

为实现堆栈的先入后出、后入先出的数据处理，专门设置了一个堆栈指针 SP，MCS-51 单片机的堆栈是向上生长型的，存入数据是从地址低端向高端延伸，取出数据是从地址高端向低端延伸。入栈和出栈数据是以字节为单位。入栈时，SP 指针的内容先自动加 1，然后再把数据存入到 SP 指针指向的单元；出栈时，先把 SP 指针指向的单元的数据取出，然后再把 SP 指针的内容自动减 1。复位时，SP 的初值为 07H，因此堆栈实际上从 08H 开始存放数据。

四、外部数据存储器

80C51 系列单片机外部数据存储器地址范围 0000H～FFFFH，共 64KB，读写外 RAM 用 MOVX 指令，控制信号是 P3 口中的 $\overline{RD}$ 和 $\overline{WR}$。外部数据存储器主要用于存放数据和运算结果。一般情况下，只有在内 RAM 不能满足应用要求时，才外接 RAM。外 RAM 存储空间还可以用来扩展 I/O 口，扩展 I/O 口与扩展外 RAM 统一编址。

1. 读外 RAM 的过程

外 RAM16 位地址分别由 P0 口（低 8 位）和 P2 口（高 8 位）同时输出，ALE 信号有效时由地址锁存器锁存低 8 位地址信号，地址锁存器输出的低 8 位地址信号和 P2 口输出的高 8 位地址信号同时加到外 RAM 16 位地址输入端。当 $\overline{RD}$ 信号有效时，选通外 RAM 读允许控制，外 RAM 将相应地址存储单元中的数据送至数据总线（P0 口），CPU 读入后存入指定单元。

2. 写外 RAM 的过程

外 RAM16 位地址分别由 P0 口（低 8 位）和 P2 口（高 8 位）同时输出，ALE 信号有效时由地址锁存器锁存低 8 位地址信号，地址锁存器输出的低 8 位地址信号和 P2 口输出的高 8 位地址信号同时加到外 RAM 16 位地址输入端。然后 CPU 将需要写入的 8 位数据放在 P0 口上，此时 P0 口已变为数据总线。当 $\overline{WR}$ 信号有效时，选通外 RAM 写允许控制，P0 口上的数据写入外 RAM 相应地址存储单元中。

因此，写外 RAM 的过程与读外 RAM 的过程相同，只是控制信号不同。

第五节　80C51 单片机并行口

80C51 单片机有 4 个 8 位并行 I/O 端口，称为 P0、P1、P2 和 P3 口，每个端口都各有 8 条 I/O 口线，各口除可以作为字节输入输出外，它们的每一条口线也可以单独地用作位输入输出线。P0 口的负载能力为 8 个 LSTTL 门电路，P1～P3 口的负载能力为 4 个 LSTTL 门电路。在不需要外部总线扩展（不在片外扩展存储器芯片或其他接口芯片）时，这四个 I/O 口都可以作为通用的 I/O 口使用；当需要外部总线扩展（在片外扩展外存储器或其他接口芯片）时，P2 口送出高 8 位地址，P0 口分时送出低 8 位地址和 8 位数据，P3 口还有第二功能。各个端口的功能有所不同，源于它结构的不同。下面分别介绍各个端口的结构、功能和使用方法。

一、P0 口的结构

P0 口的一位结构图如图 2-9 所示。其中锁存器起输出锁存作用，8 个锁存器构成了特殊功能寄存器 P0；场效应管 VT1、VT2 组成输出驱动器，以增大带负载能力；三态门 1 用于读锁存器端口；三态门 2 是引脚输入缓冲器；与门、反相器及模拟转换开关 MUX 构成输出控制电路。

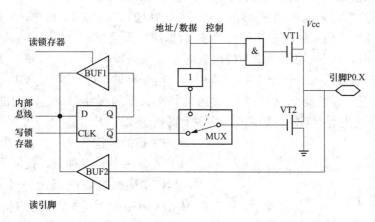

图 2-9　P0 口的位结构

1. P0 口用作通用 I/O 口

P0 口用作通用 I/O 口时，CPU 令"控制"端信号为低电平，MUX 开关与锁存器的 $\overline{Q}$ 端接通，与门输出为 0，VT1 截止，输出驱动级就工作在需外接上拉电阻的漏极开路方式。

（1）P0 口用作输出口。当 P0 口用作输出口时，因输出级处于开漏状态，必须外接上拉电阻。当"写锁存器"信号加在锁存器的时钟端 CLK 上，此时 D 触发器将"内部总线"上的信号反相后输出到 $\overline{Q}$ 端，若 D 端信号为 0，$\overline{Q}=1$，VT2 导通，P0.X 引脚输出"0"；若 D 端信号为 1，$\overline{Q}=0$，VT2 截止，虽然 VT1 截止，因 P0.X 引脚已外接上拉电阻，P0.X 引脚输出"1"。

（2）P0 口用作输入口。当 P0 口用作输入时，数据可以读自端口的锁存器，也可以读自端口的引脚，这要看输入操作执行的是"读锁存器"指令还是"读引脚"指令。

方式 1：读引脚。CPU 在执行"MOV"类输入指令时，例如，执行 MOV　A，P0 指令，内部产生的操作信号是"读引脚"。P0.X 引脚上的数据经过缓冲器 2 读入到内部总线。注意，在读引脚时，必须先向电路中的锁存器写入 1，$\overline{Q}=0$，使 VT2 截止，P0.X 引脚处于悬浮状态，可作为高阻抗输入。否则，若在作为输入方式之前曾向锁存器输出过 0，则 VT2 导通会使引脚箝位在 0 电平，使输入高电平 1 无法读入。所以，P0 口在作为通用 I/O 时，属于准双向口。

方式 2：读锁存器。CPU 在执行"读—修改—写"类输入指令时，例如，执行 ANL　P0，A 指令，内部产生的操作信号是"读锁存器"，锁存器中的数据经过缓冲器 1 送到内部总线，然后与 A 的内容进行逻辑"与"，结果送回 P0 的端口锁存器并出现在引脚。读口锁存器可以避免因外部电路原因使原口引脚的状态发生变化造成的误读。除了 MOV 类指令外，其他的读口操作指令都属于这种情况。

2. P0 口用作地址/数据总线

当系统进行片外总线扩展时（即扩展存储器或接口芯片），这时 P0 口用作地址/数据总线。在这种情况下，单片机内硬件自动使"控制"端信号为 1，MUX 开关接反相器的输出端，这时与门的输出由地址/数据线的状态决定。

作地址/数据输出时，若地址/数据线的状态为 1，则场效应管 VT1 导通，VT2 截止，P0 口输出为 1；反之，若地址/数据线的状态为 0，则场效应管 VT1 截止，VT2 导通，P0 口输出为 0。可见 P0.X 引脚的状态正好与地址/数据线的信息相同。

作数据输入时，与 P0 用作通用 I/O 输入时情况相同，CPU 自动地使转换开关 MUX 拨向锁存器，并向 P1 口写入 FFH，同时"读引脚"信号有效，即 CPU 使 VT1、VT2 均截止，读引脚脉冲打开三态缓冲器 2，使引脚上输入的外部数据经缓冲器 2 进入内部数据总线。由此可见，P0 作为地址/数据总线使用时是一个真正的双向口。

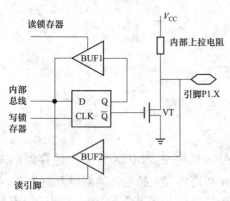

图 2-10　P1 口的位结构

二、P1 口的结构

P1 口是唯一的单功能口，仅能作为通用 I/O 口使用，其位结构如图 2-10 所示。与 P0 口相比，P1 口的位结构图中少了地址/数据的传送电路和多路开关，上面一只 MOS 管改为上拉电阻。

P1 口作为一般 I/O 口的功能和使用方法与 P0 口相似，当用作输入口时，须先向锁存器写"1"，使场效应管 VT 截止，故 P1 口是通用的准双向口。它也有读引脚和读锁存器两种方式，所不同的是当输出数据时，由于内部接有上拉电阻，故可以直接输出而无需外接上拉电阻。

三、P2 口的结构

P2 口能用作通用 I/O 口或地址总线高 8 位，其一位结构图如图 2-11 所示，由一个输出锁存器、一个转换开关 MUX、两个三态输入缓冲器、一个反相器和输出驱动电路组成，内置了上拉电阻。

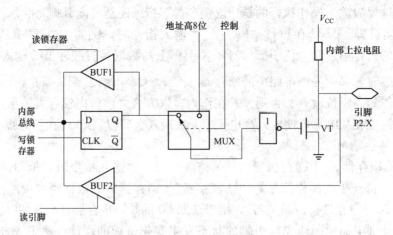

图 2-11　P2 口的位结构

（1）P2口作为通用I/O口。当"控制"端信号为低电平时，转换开关接左侧，P2口作为准双向通用I/O口使用。其工作原理与P1口相同，用作输入时，也需先写入1，负载能力也与P1相同。只是P1口输出端由锁存器Q接场效应管VT，而P2口是由锁存器Q端经反相器接场效应管VT。

（2）P2口作为地址总线。当"控制"端信号为高电平时，转换开关接右侧，高8位地址信号经反相器和场效应VT二次反相后从引脚输出。P2口用作高8位地址总线使用时，访问片外存储器的高8位地址A15～A8由P2口输出。如系统扩展了ROM，由于单片机工作时一直不断地取指令，因而P2口将不断的送出高8位地址，P2口将不能作通用I/O口用。如系统仅仅扩展RAM，这时分两种情况，当片外RAM容量不超过256B，在访问RAM时，只须P0口送低8位地址即可，P2口仍可作为通用I/O口使用；当片外RAM容量大于256B时，需要P2口提供高8位地址，这时P2口就不能作通用I/O接口使用。

四、P3口的结构

P3口其一位结构图如图2-12所示，由一个输出锁存器、三个输入缓冲器（其中两个为三态）、一个与非门和输出驱动电路组成，输出驱动电路与P2口、P1口相同。

（1）P3口作为通用I/O口时，"第二功能输出"端信号为高电平，与非门输出取决于锁存器Q端信号。用作输出时，引脚输出信号与内部总线信号相同；用作输入时，也需先向口锁存器写入1，使引脚处于高阻输入状态。输入的数据在"读引脚"信号的作用下，进入内部数据总线。因此，P3口作为通用I/O口时，也是一个准双向口。

（2）P3口用作第二功能。

当P3口作为第二功能输出时，锁存器的Q端必须为高电平，否则场效应管VT导通，引脚将被箝位在低电平，无法实现第二功能。当锁存器Q端为高电平，P3口的状态取决于"第二功能输出"端的状态，"第二功能输出"信号经与非门和场效应管VT二次反向后输出到该位引脚上。

当P3口作为第二功能输入时，该位的"第二功能输出"端和锁存器自行置1，场效应管VT截止，P3口第二功能中输入信号RXD、T0、T1、$\overline{INT0}$、$\overline{INT1}$经缓冲器3输入，送入"第二功能输入"端。

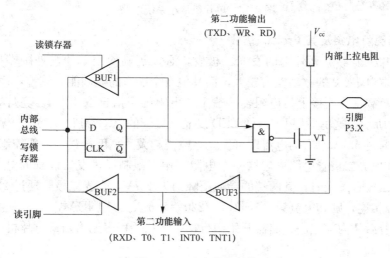

图2-12 P3口的位结构

第六节　实践项目——P1 口亮灯电路及其 Proteus 仿真

一、80C51 单片机最小系统

80C51 单片机内部包含了 CPU、存储器和 I/O 接口，即包含了微型计算机的基本部件。要想构建一个单片机的应用系统，尚需扩展一些辅助的部件，如复位电路、晶振电路等。单片机芯片加上复位电路及晶振电路就构成了单片机最小系统。单片机最小系统是构成单片机应用系统的基本硬件单元。可以根据实际需要，在最小系统的基础上，进行灵活地扩充，以适应不同应用系统的特殊需要。最小系统的构成如图 2-13 所示。

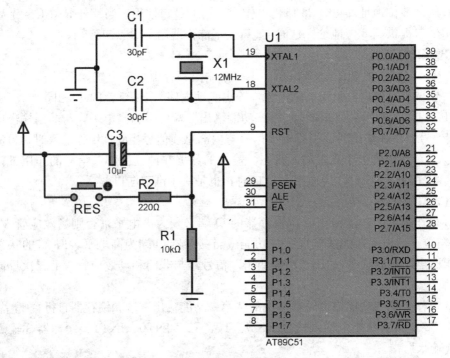

图 2-13　单片机最小系统电路

二、P1 口亮灯电路及其 Proteus 仿真

要想让单片机能够点亮外部的发光二极管，必须正确使用单片机外围端口。AT89C51 单片机的输出端口中 P0 的驱动能力较大，而其他 3 个端口的驱动能力较差，而 P0 口在使用时，如果要接负载常需要接上拉电阻，一般上拉电阻的阻值选取 10kΩ。亮灯电路的硬件电路图如图 2-14 所示，这里采用 P1 口做 LED 发光二极管的驱动端口。发光二极管具有单向导电性，只需要通过 5mA 左右的电流即可发光，电流越大，亮度越强，一般控制其电流在 5～20mA，因此在发光二极管电路中串联一个电阻，用来限制通过发二极管的电流。如图 2-14 所示，当发光二极管发光时，其两端的导通压降约为 1.7V，发光二极管通过 220Ω 的限流电阻与+5V 电源相连，则其电流为（5-1.7)/220＝15mA。31 脚 $\overline{EA}$ 端与+5V 相连，以保证单片机上电复位后从内部程序存储器开始运行程序。相关程序见第四章单片机 C 语言程序设计基础。

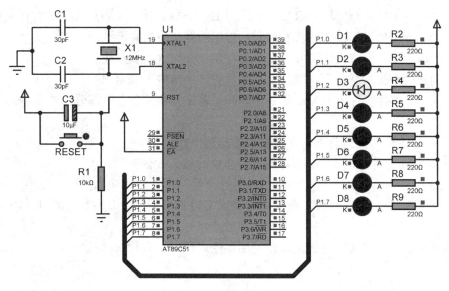

图 2-14　P1 口亮灯电路

本章小结

MCS-51 是 Intel 的一个单片机系列名称，芯片制造厂商以 80C51 为内核开发出的单片机产品统称为 80C51 系列单片机。

80C51 单片机由微处理器、存储器、I/O 口以及特殊功能寄存器 SFR 构成。

80C51 单片机的时钟信号有内部时钟方式和外部时钟方式两种。内部的各种微操作都以晶振周期为时序基准。一个机器周期包含 12 个晶振周期。指令的执行时间称作指令周期。

单片机的复位操作使单片机进入初始化状态。

80C51 单片机的存储器在物理上设计成程序存储器和数据存储器两个独立的空间。片内程序存储器容量为 4KB，片内数据存储器为 128B。在 80C51 基本型中设置了与片内 RAM 统一编址的 21 个特殊功能寄存器，它们离散的分布在 80H～FFH 的地址空间中。

80C51 单片机有 4 个 8 位的并行口。各口均由锁存器、输出驱动器和输入缓冲器组成。P1 口是唯一的单功能口，仅能用作通用的数据输入输出口。在需要外部程序存储器和数据存储器扩展时，P0 口为分时复用的低 8 位地址/数据总线，P2 口为高 8 位地址总线。P3 口除具有数据输入输出功能外，每一条口线还具有不同的第二功能。

练习题

2-1　80C51 单片机的片内都集成了哪些功能部件？各个功能部件的主要功能是什么？

2-2　说明 80C51 单片机的引脚 $\overline{EA}$ 的作用，该引脚接高电平和低电平时各有何种功能？

2-3　80C51 单片机的时钟振荡周期和机器周期之间有何关系？

2-4　80C51 单片机晶振频率分别为 6MHz、12MHz、11.0592MHz 时，机器周期分别为多少？

2-5　在读外 ROM 和读写外 RAM 中，ALE、$\overline{\text{PSEN}}$、$\overline{\text{EA}}$、$\overline{\text{RD}}$、$\overline{\text{WR}}$各有什么作用？

2-6　80C51 单片机复位后的状态如何？常用的复位方法有哪些？

2-7　80C51 单片机待机休闲方式有什么作用？如何进入和退出？

2-8　简述掉电保护状态下，80C51 片内状态，如何进入和退出？

2-9　80C51 单片机片内 RAM 低 128 个单元划分为哪 3 个主要部分？各部分的主要功能是什么？

2-10　80C51 单片机当前工作寄存器组如何选择？

2-11　80C51 单片机的 PSW 寄存器各标志位的意义如何？

2-12　80C51 单片机的程序存储器低端的几个特殊单元的用途如何？

2-13　80C51 单片机在并行扩展外存储器或 I/O 口情况下，P0 口、P2 口、P3 口各起什么作用？

2-14　P0～P3 口负载能力各是多少？用作输入口时，有什么前提？

第三章 编译与仿真软件操作基础

学习目标

1. 熟悉虚拟仿真平台 Proteus ISIS 的编辑环境。
2. 熟练掌握虚拟仿真平台 Proteus ISIS 的使用。
3. 熟悉软件开发工具 Keil μ Vision 的编辑环境。
4. 熟练掌握软件开发工具 Keil μ Vision 的使用。

本章重点

1. Proteus ISIS 编辑环境下的单片机应用系统的原理图绘制。
2. Keil μ Vision 编辑环境下的 C51 源程序的设计与开发。
3. Keil μ Vision 编辑环境下的 C51 源程序的编译与调试。

第一节 虚拟仿真平台 Proteus ISIS 的界面与操作

Proteus 是由英国 Labcenter Electronics 公司于 1989 年推出的 EDA 工具软件，该软件完全采用软件手段对单片机应用系统进行设计、开发、调试与虚拟仿真。Proteus 为各种实际的单片机应用系统设计开发提供了功能强大的虚拟仿真功能。下面对 Proteus 的基本功能进行简单介绍。

一、Proteus 功能概述

Proteus 不仅具有模拟电路、数字电路及数模混合电路的原理电路图的设计与仿真功能，而且能为单片机应用系统提供方便的软、硬件设计和系统运行的虚拟仿真，这是 Proteus 最具特色的功能，因此，目前已在全球数千所高校以及世界各大研发公司得到广泛的应用。

Proteus 的特点为：①能够对模拟电路、数字电路及数模混合电路进行电路原理图的设计与仿真。②支持嵌入式微控制器的虚拟仿真，除了可仿真 8051 单片机外，还可仿真 68000 系列、AVR 系列、PIC10/12/16/18 系列、Z80 系列、8086、HC11、MSP430 等其他各主流系列单片机，此外还支持 ARM7、ARM9 以及 TI 公司的 2000 系列某些型号的 DSP 仿真。③支持通用外设模型，如 RAM、ROM 总线驱动器、各种可编程外围接口芯片、LED 点阵、LED 数码管显示、LCD 液晶显示模块、键盘、直流/步进/伺服电机、RS232 虚拟终端、实时时钟芯片及多种 D/A 和 A/D 转换器等。④提供了丰富的虚拟仿真仪器，如示波器、逻辑分析仪、信号发生器、直流电压/电流表、交流电压/电流表、数字图案发生器、频率计/计数器、逻辑探头、虚拟终端、SPI 调试器、I²C 调试器等。⑤具有丰富的调试功能，在虚拟仿真中可进行全速、单步、设置断点等调试，同时可观察各变量、寄存器的当前状态。⑥可以与第三方集成编译环境结合，进行高级语言的源代码级仿真和调试，如 Keil μ Vision5、

IAR 等。

本书介绍的案例是采用 C51 编程，并在 Proteus 环境下对单片机应用系统进行虚拟仿真。对于 Proteus 的其他各种功能，如对模拟电路、数字电路以及数模混合电路的设计与仿真，高级 PCB 布线编辑功能，不是本书涉及的内容，感兴趣的读者可参阅相关书籍。

二、Proteus ISIS 的虚拟仿真

Proteus ISIS（智能原理图输入）界面不仅可用来绘制单片机应用系统的电路原理图，还可用来进行单片机应用系统的虚拟仿真，这是 Proteus 软件最具特色的功能。当电路原理图正确连接后，将调试、编译后生成的 .hex 文件加载到虚拟单片机芯片中，单击仿真运行按钮，即可实现声、光及各种动作等形象逼真的效果，已检验电路硬件及软件设计是否达到了设计要求，非常直观。

图 3-1 为一个单片机应用系统仿真的实例，采用 AT89C52 单片机控制的十字路口交通灯控制系统。该单片机应用系统的程序是在 Keil μ Vision4 软件平台编辑、调试、编译并生成可执行的 .hex 文件后，通过鼠标双击电路原理图中的 AT89C52 虚拟芯片，把 .hex 文件载入来完成的。在智能原理图设计界面窗口中单击仿真运行按钮，便会出现仿真运行结果，如图 3-1 所示，在运行的电路原理图上，可以看到每个元器件的引脚显示一个红色或蓝色方点，其作用是表示该引脚此时的电平高低。红色表示高电平，蓝色表示低电平。还有灰色方点表示无效。

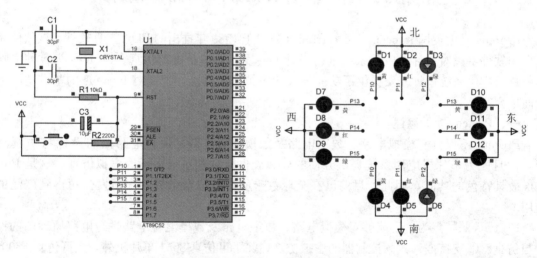

图 3-1 "模拟交通灯"电路原理图及仿真

图 3-1 所示的单片机应用系统仿真运行的电路原理图是在 Proteus ISIS 环境下绘制的，本章将在后续各节中介绍 Proteus ISIS 环境下各操作命令的功能及电路原理图的绘制步骤与过程。

三、Proteus ISIS 环境简介

Proteus ISIS 启动后进入 Proteus 8 Professional 窗口，如图 3-2 所示。它由主菜单栏、主工具栏、工具箱、预览窗口、原理图编辑窗口、对象选择窗口、仿真工具栏等组成。下面分别对窗口内各部分进行简单介绍。

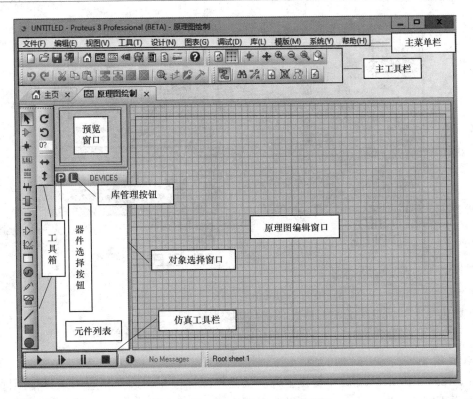

图 3-2　Proteus 8 Professional 窗口

1. 主菜单栏

Proteus 8 Professional 的主菜单栏包括文件（File）、编辑（Edit）、视图（View）、工具（Tools）、设计（Design）、图表（Gragh）、调试（Debug）、库（Library）、模板（Template）、系统（System）和帮助（Help）菜单。

2. 主工具栏

Proteus 8 Professional 的主工具栏包括文件（File）工具栏、视图（View）工具栏、编辑（Edit）工具栏、库（Library）工具栏、工具（Tools）工具栏和设计（Design）工具栏等。

3. 预览窗口

预览窗口中可对选中的元器件对象或原理图编辑窗口进行预览。它可显示两项内容：

（1）显示元器件符号。如果单击元器件列表中的某个元件时，预览窗口会显示该元件的符号，如图 3-3（a）所示。

（2）显示整张原理图的缩略图。当鼠标焦点落在原理图编辑窗口时（即放置元件到原理图编辑窗口后或在原理图编辑窗口中单击鼠标后），它会显示整张原理图的缩略图，并显示一个绿色方框和一个蓝色方框，绿色方框里面的内容就是当前原理图窗口中显示的内容。单击绿色方框中的某一点，就可拖动鼠标来改变绿色方框的位置，从而改变原理图的可视范围，最后在绿色方框内单击，绿色方框就不再移动，原理图的可视范围也就固定了；蓝色方框内是可编辑的缩略图，如图 3-3（b）所示。

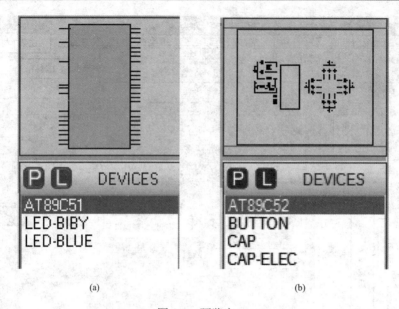

(a)   (b)

图 3-3 预览窗口

(a) 预览窗口显示元器件符号；(b) 预览窗口显示整张原理图的缩略图

4. 工具箱

在 Proteus 8 Professional 中提供了许多工具箱图标按钮，选择相应的工具箱图标按钮，系统将提供不同的操作工具。对象选择器根据不同的工具箱图标决定当前状态显示的内容。显示对象的类型包括：元器件、终端、引脚、图形符号、标注和图表等。

下面介绍工具箱中各图标按钮对应的功能。

1) 模型工具栏各图标的功能

▶：选择模式按钮，用于选中元器件。

▶：元件模式按钮，用来拾取元器件。

▦：结点模式按钮，用于放置电路的连接点。

LBL：连线标号模式按钮，用于标注线标签或网络标号。

▤：文本脚本模式按钮，用于在电路中添加说明文本。

╫：总线模式按钮，用于绘制总线。

▯：子电路模式按钮，用于绘制子电路块。

▤：终端模式按钮，对象选择列出各种终端。

▷：元件管脚模式按钮，用于绘制各种引脚。

▨：图标模式按钮，对象选择列出各种仿真分析所需的图表。

▭：调试弹出模式按钮。

◉：激励源模式按钮，对象选择列出各种激励源。

✐：探针模式按钮，可显示各探针处的电压值或电流值。

▨：虚拟仪器模式按钮，对象选择列出各种虚拟仪器。

2) 2D 图形模式各图标按钮功能

╱：二维直线模式按钮，用于创建元件或标示图表时绘制直线。

▮：二维方框图形模式按钮，用于创建元件或标示图表时绘制方框。

⬤：二维圆形图形模式按钮，用于创建元件或标示图表时绘制圆。

◗：二维弧形图形模式按钮，用于创建元件或标示图表时绘制弧线。

∞：二维闭合图形模式按钮，用于创建元件或标示图表时绘制任意形状的曲线。

Ａ：二维文本图形模式按钮，用于插入各种文本。

▣：二维图形符号模式按钮，用于选择各种符号。

✦：二维图形标记模式按钮，用于产生各种坐标标记。

3）旋转或翻转的图标按钮

C：元件顺时针方向旋转，角度只能是 90°的整数倍。

⟲：元件逆时针方向旋转，角度只能是 90°的整数倍。

↔：元件水平镜像旋转。

↕：元件垂直镜像旋转。

5. 原理图编辑窗口

原理图编辑窗口用于放置元件，进行连线，绘制电路原理图，如图 3-2 所示。在该窗口中，蓝色方框内部为可编辑区，电路设计需要在此窗口内完成。需要注意的是，该窗口没有滚动条，设计者和用户可以在预览窗口通过拖动鼠标来移动预览窗口中的绿色方框，从而改变原理图的可视范围。

其操作特点为：①利用鼠标中间滚轮实现放大或缩小原理图；②利用鼠标左键实现元件的放置及连线；③利用右键来选择元件；④双击鼠标左键或先单击鼠标右键后单击左键，可编辑元件属性；⑤双击鼠标右键可以删除元件、连线；⑥按住鼠标右键或左键拖出方框，都可选中方框中的多个元件及连线；⑦先单击鼠标右键选中对象，再按住左键移动，可拖动元件、连线。

6. 仿真工具栏

仿真工具栏中各快捷按钮的功能如下。

▶：全速运行程序。

▶|：单步运行程序。

‖：暂停程序的运行。

■：停止运行程序。

7. 器件选择按钮

在"工具箱"中单击元件模式按钮时，会出现器件选择按钮"P"。"L"为"库管理"按钮。通过器件选择按钮选取到的元器件就被加入对象选择窗口，形成元件列表。

四、Proteus ISIS 的基本操作

1. 创建或打开一个工程文件

（1）Proteus 软件的安装与运行。目前的微计算机性能与配置都能满足 Proteus 软件运行时的要求。

按照安装要求把 Proteus 8 Professional 软件安装在计算机上后，单击桌面上的 Proteus 8 Professional 运行界面图标，即可出现 Proteus 8 Professional 运行时的界面，然后就打开了 Proteus 8 Professional 主页，如图 3-4 所示。再点击主工具栏的原理图设计按钮，便进入了 Proteus 8 Professional 电路原理图绘制界面，如图 3-2 所示。

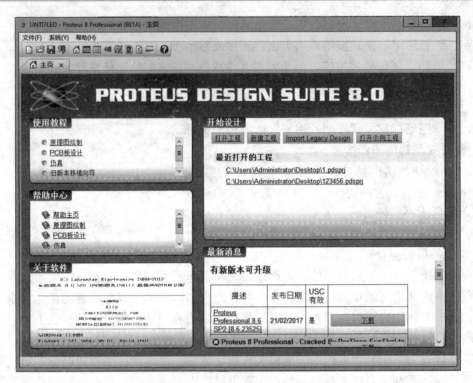

图 3-4　Proteus 8 Professional 主页

（2）创建工程。单击主菜单栏【文件】→"新建工程"选项（或单击主工具栏的快捷按钮 ）来新建一个工程文件，会弹出"新建工程向导"窗口，在系统默认状态下，单击"下一步"，在弹出的"新建工程向导"窗口选择"从选中的模块中创建原理图"选项，在该选项下提供了多种模板选择，如果直接单击"下一步"按钮，选用系统默认的"DEFAULT"模板，接着连续单击"下一步"按钮，最后单击"完成"按钮，即建立一个该模板的空白工程文件。

（3）保存工程。通过上面的操作，为案例建立了一个新的工程文件，在第一次保存该工程文件时，选择菜单栏【文件】→"另存为"选项，在"保存 Proteus 工程"窗口选择工程文件的保存路径和文件名后，单击"保存"按钮，则完成了工程文件的保存。

如果不是第一次保存，可单击主菜单栏【文件】→"保存工程"选项，或直接单击主工具栏的快捷按钮 。

（4）打开已创建的工程。单击主菜单栏【文件】→"打开工程"，或直接单击主工具栏的快捷按钮 ，将弹出"加载 Proteus 工程文件"窗口，单击需要打开的文件名后，再单击"打开"按钮即可。

2. 选取元器件到对象选择窗口

在绘制电路原理图时，需要将电路原理图中所需要的元器件选取到对象选择窗口。单击工具箱中元件模式按钮 ，再单击器件选择按钮 ，会弹出"选择元器件"窗口，如图 3-5 所示。在该窗口的"关键字（d）"栏中输入元器件名称，与关键字匹配的元器件显示在元器件列表中，并在窗口右侧的"原理图预览"窗口和"PCB 预览"窗口对该器件进行预览。双击选中的元器件，便将所选元器件加入对象选择窗口。同样的方法选取其他元器件，所有元器件选取完成后，关闭"选择元器件"窗口，回到原理图编辑窗口进行原理图绘制。

图 3-5　"选择元器件"窗口

3. 放置元器件并连接电路

（1）放置、调整与编辑元器件。

1）放置元器件。①放置对象选择窗口中的元器件。单击对象选择窗口中的元器件，蓝色条出现在该元件名上，再在原理图编辑窗口中单击一下，就会在鼠标处出现一个粉红色的元器件，此时移动鼠标到合适的位置，再单击一下左键，元器件就被放置到了原理图编辑窗口。②放置终端。在单片机应用系统的原理图设计中，除了元器件还需要电源和地等终端，单击工具箱中的终端模式按钮圖，便会出现终端列表，单击终端列表的某一项，蓝色条出现在该终端，并在预览窗口看到该终端的符号，如图 3-6 所示。此后可以将该终端放置到原理图中合适的位置，其操作步骤与放置元器件完全一致。

2）调整元器件。①调整元器件的位置。在原理图编辑窗口，左键单击需要调整位置的元器件，此时该器件变为红色，再次单击并移动鼠标到合适位置，松开鼠标即可。②调整元器件的角度。右键单击需调整角度的元器件，出现如图 3-7 所示的菜单，左键单击菜单中的对应调整命令即可；或者，在对象选择窗口中，单击需要调整的元器件，再单击工具栏上的相应旋转按钮，实现调整元器件的角度之后，再进行放置元器件。

3）编辑元器件。①删除元器件。在要删除的元器件上双击右键，便可删除该元器件；或者右键单击要删除的元器件出现如图 3-7 所示菜单，操作菜单中"删除对象"命令选项即可。②元件参数设置。右键单击元器件出现如图 3-7 所示菜单，操作菜单中"编辑属性"命令选项（或左键双击需要参数设置的元器件），会出现"编辑属性"窗口，如图 3-8 所示，其中的基本选项如下：

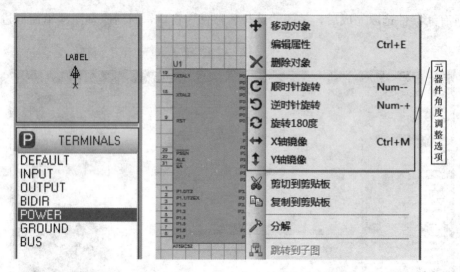

图 3-6　终端列表　　　　　　　　图 3-7　调整元器件角度的命令选项

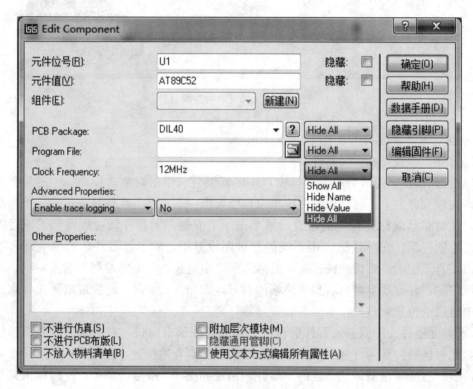

图 3-8　"编辑属性"窗口

- 元件位号 U1，选中隐藏选项，可隐藏 U1。
- 元件值 AT89C52，选中隐藏选项，可隐藏 AT89C52。
- Clock Frequency 可设置单片机的晶振频率，默认 12MHz。
- 隐藏选择可以对某些项进行显示设置，单击下拉列表，可选择将要隐藏的选项。

设计者可以根据设计的需要，对各元器件的参数进行设置。

（2）电路元器件的连接。

1）两个元器件间绘制导线。两个元件导线的连接步骤为：①将光标靠近一个元件的某个引脚末端，便会出现一个红色方点，单击左键。②移动鼠标，此时会在连接点引出一根导线。如果是自动绘出直线路径，只需移动鼠标到另一个元件的引脚末端，出现红色方点后单击左键即可。如果是设计者自己设计走线路径，只需在期望的拐点处单击鼠标左键即可。需要注意的是，在"自动布线"快捷按钮按下时，拐点处导线的走线只能是直角，只有在"自动布线"快捷按钮松开时，导线可按任意角走线。

2）添加导线连接处的圆点。单击工具箱中的"结点模式"按钮，会在两根导线连接处或两根导线交叉处添加一个圆点，表示它们是连接的。

3）调整导线位置。对已绘制的导线，想要进行位置调整时，可用鼠标右键单击导线，此时导线颜色变红，并出现一个下拉菜单，如图 3-9 所示。单击"移动对象"命令选项，即可拖曳导线到指定的位置，若选择其他命令选项，可做相应调整，即完成了导线的位置调整。

4）绘制总线与总线分支。①绘制总线。单击工具箱中的"总线模式"按钮，将鼠标光标移动到绘制总线的起始位置，单击鼠标左键，移动鼠标便可引出一条总线，在期望的拐点处单击鼠标左键，再在总线的终点处双击鼠标左键，即可完成总线的绘制。"自动布线"快捷按钮在此处起到相同的作用。②绘制总线分支。总线绘制完成后，通常需要与元器件引脚相连接，此时就需要绘制总线分支。将鼠标光标靠近某个

图 3-9　调整导线位置的菜单

元器件的引脚末端，出现红色方点时单击左键，移动鼠标引出导线，拖动鼠标，放到与总线期望的连接处，出现红色方点时再单击左键，此时就完成了一条总线分支的绘制。为了原理图设计美观，总线分支与总线通常成 45°角的一簇平行线。因此需要"自动连线"快捷按钮成松开状态。

5）放置连线标号。从图 3-10 中可看到与总线相连的导线上都有连线标号，如 P00、P01、…、P07。单击工具箱中的"连线标号模式"按钮，将鼠标光标移到需要放置连线标号的导线上，出现红色方点和一个错号时单击左键，弹出"编辑连线标号"窗口，将连线标号填入"字符串"一栏（例如填写"P00"等），单击"确定"按钮即可。与总线相连的导线必须要放置连线标号，这样具有相同连线标号的导线才能够导通。

6）在电路原理图中添加文字。如果在电路原理图中需要添加文字进行说明。单击工具箱中的"二维文本图形模式"按钮 A，然后单击电路原理图中要书写文字的位置，弹出"Edit 2D Graphics Text"窗口，在该窗口的"文本字符串"一栏中写入文字，然

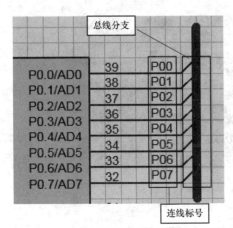

图 3-10　总线与总线分支及线标

后对字符的"方位"、字符的"字体属性"等栏目进行相应的设置。单击"确定"按钮后，完成了文字的添加。

第二节　Keil μ Vision 开发环境简介与基本操作

　　C51 语言是近年来在 8051 单片机开发中普遍使用的程序设计语言，它能直接对 8051 单片机硬件进行操作，既有高级语言的特点，又有汇编语言的特点，已得到非常广泛的使用。

　　C51 源程序的设计、开发与调试，大多是在集成化开发环境 Keil μ Vision 下进行的。熟练掌握开发工具 Keil μ Vision 的使用，将大大提高编写和调试 C51 源程序的效率。

　　本章在假设读者已经掌握 C51 编程语言的基础上，介绍集成化开发环境 Keil μ Vision 的使用。

一、Keil μ Vision 开发环境简介

　　Keil C51 语言（简称 C51 语言）是德国 Keil software 公司（现已被并入美国 ARM 公司）开发的用于 8051 单片机的 C51 语言开发软件。目前，Keil C51 已被完全集成到一个功能强大的全新集成开发环境 IDE（Intergrated Development Eviroment）Keil μ Vision 中。Keil μ Vision 是一款用于 8051 单片机的集成开发的工具软件，它支持众多 8051 架构的芯片，同时集编辑、编译、仿真等功能于一体，并具有强大的软件调试功能。Keil μ Vision 增加了很多与 8051 单片机硬件相关的编译特性，使得应用程序的开发更为方便和快捷，生成的程序代码运行速度快，所需要的存储器空间小，完全可以和汇编语言相媲美，是目前 8051 单片机应用开发软件中最优秀的软件开发工具之一。在该开发环境下集成了文件编辑处理、编译链接、工程（Project）管理、窗口、工具引用和仿真软件模拟器以及 Monitor5l 硬件目标调试器等多种功能，所有这些功能均可在 Keil μ Vision 环境中极为简便地进行操作。

　　下面介绍 Keil μ Vision4 开发环境下的 C51 源程序的设计、开发与调试。

二、Keil μ Vision4 的基本操作

1. Keil μ Vision4 的软件安装与启动

　　在 Windows 中安装 Keil C51 软件包，软件安装完成后，会在桌面和开始菜单中自动生成 "Keil μ Vision4" 软件的快捷图标。双击该快捷图标，即可启动该软件，会出现如图 3-11 所示的 Keil μ Vision4 软件开发环境界面。

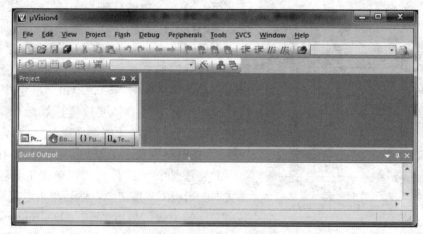

图 3-11　Keil 软件开发环境界面

2. 创建工程

Keil μ Vision4 中有一个工程管理器，用于对工程文件进行管理。它包含了程序环境变量和编辑有关的全部信息，为单片机程序管理提供了很大的方便。创建一个新工程的操作步骤如下：

① 启动 Keil μ Vision4 软件将打开"Keil 软件开发环境界面"窗口。

② 在图 3-11 所示窗口中单击菜单栏【Project】→"New Project.."选项，便会弹出"Create New Project"窗口。在该窗口中，需要在"保存在（I）"一栏的下拉列表中选择工程文件的保存目录，并在"文件名（N）"一栏中输入新建工程文件的名字，然后单击"保存（S）"按钮即可。

③ 单击"保存（S）"按钮后，便会弹出"Select Device for Target"（选择 MCU）窗口，在该窗口中，按照界面的提示选择相应的 MCU。然后单击"确定"按钮。

④ 单击"确定"按钮后，在弹出的对话框中，如果选择单击"是"按钮，将会复制启动代码到新建的工程文件；若单击"否"按钮，将不会进行上面的操作。初学者通常单击"否"按钮，即完成了创建工程文件。

三、添加用户源程序文件

当工程文件创建完成后，还需要将用户源程序文件添加到创建的工程文件中，添加用户源程序文件常有两种方式：一种是添加一个新建文件；另一种是添加一个已创建文件。

1. 新建文件

（1）单击菜单栏【File】→"New.."选项，（或工具栏中的快捷按钮□），会弹出"新建文件"窗口，在该窗口中，出现了一个空白的可编辑的文本文件，用户可以在该文本文件中进行程序源代码的编写。

（2）单击菜单栏【File】→"Save"选项（或工具栏中的快捷按钮🖫），即保存文本文件，将会弹出"Save As"窗口。在该窗口中，需要在"保存在（I）"一栏的下拉列表中选择新建文件的保存目录，通常将这个新建的文件与前面创建的工程文件保存在同一个文件夹下，并在"文件名（N）"一栏中输入新建文件的名字，若使用 C 语言编程，此时文件名的扩展名应为".c"；如果使用汇编语言编程，则文件名的扩展名应为".asm"。然后单击"保存"按钮即可，完成了新建文件。接下来就可以将此文件添加到前面创建的工程文件中，其操作步骤与下面的"添加已创建文件"相同。

2. 添加已创建文件

在创建的工程文件窗口中，右键单击"Source Group1"，左键单击"Add File to Group 'Source Group1'"选项，便会出现"Add File to Group 'Source Group1'"窗口。

在该窗口中，单击需要添加的".c"文件，再单击"Add"按钮，然后单击"Close"按钮，完成添加文件，此时的工程文件窗口"Source Group1"目录下出现了所添加的".c"文件。

四、程序的编译与调试

通过前面的操作，在文件编辑窗口建立了".c"文件，并且将该文件添加到工程中，然后在".c"文件中编写源程序，源程序编写完成后，还需要对源程序进行编译和调试，发现并修改源程序中的语法错误和逻辑错误，最终目标是要生成能够执行的 .hex 文件，具体操作如下：

1. 程序编译

单击菜单栏【Project】→"Translate"选项（或工具栏中的快捷按钮📄），对当前源程序进行编译，在输出窗口中会出现相应的提示信息。根据提示信息提供的出现错误的位置及造成错误的原因，认真检查程序找出错误并做修改，修改后再次进行编译，直到提示信息显示没有错误为止。

2. 程序调试

程序编译通过后，就可以进行调试与仿真。单击菜单栏【Debug】→ "Start/Stop Debug Session" 选项（或工具栏中的快捷按钮 ），进入程序调试状态，同时出现了如图 3-12 所示的 "程序调试界面" 窗口。在程序调试界面窗口中的 "工程窗口" 列出了常用的寄存器 R0-R7 以及累加器 A，堆栈指针 SP，数据指针 DPTR，程序指针 PC，程序状态字 PSW 等特殊功能寄存器的值，这些值会随着程序的执行过程发生相应的变化。

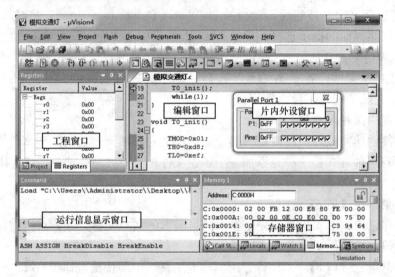

图 3-12　"程序调试界面" 窗口

在程序调试界面窗口中的 "存储器窗口" 的地址栏处输入 "C：0000 H" 后回车，可以查看单片机内程序存储器的内容，单元地址前有 "C:"，表示程序存储器。如要查看单片机片内数据存储器的内容，在 "存储器窗口" 的地址栏处输入 "D：00H" 后回车，则可以看到数据存储器的内容。单元地址前有 "D:"，表示数据存储器。

进入程序调试状态后，可运用用于调试的快捷按钮对程序进行调试，同时可以观察单片机资源的状态，例如程序存储器、数据存储器、特殊功能寄存器、变量寄存器及 I/O 端口的状态。

在程序调试界面窗口中新出现的一组用于调试的快捷按钮，如图 3-13（a）所示。还有几个原来就有的用于调试的快捷按钮，如图 3-13（b）所示。常用的快捷按钮的功能如下。

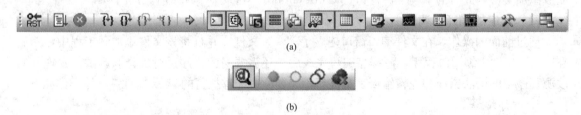

(a)

(b)

图 3-13　调试快捷按钮

(a) 调试界面窗口新增的调试快捷按钮；(b) 原有的调试快捷按钮

⊕：“Start/Stop Debug Session”按钮，用于进入/退出调试状态。

●：“Insert/Remove Breakpoint”按钮，用于插入/清除断点。

○：“Enable/Disable Breakpoint”按钮，用于使能/禁止断点。

○：“Disable All Breakpoint”按钮，用于禁止所有断点。

●：“Kill All Breakpoint”按钮，用于清除所有的断点设置。

RST：“Reset CPU”按钮，用于复位 CPU。

▣：“Go”按钮，用于全速运行，直到遇到一个活动断点。

⊗：“Halt Execution”按钮，用于停止程序运行。

⋔：“Single step into”按钮，用于单步跟踪，如果当前是函数，会进入函数。

⋔：“Step Over”按钮，用于单步运行，如果当前是函数，会将函数一直运行过。

⋔：“Step Out”按钮，用于执行返回，运行直到跳出函数，或遇到活动断点。

⋔：“Run to cursor line”按钮，用于运行到光标所在行。

⇨：“Show next statement”按钮，用于显示下一条执行语句或指令。

▣：“Command window”按钮，用于显示或隐藏命令窗口。

▣：“Disassembly window”按钮，用于显示或隐藏反汇编窗口。

▣：“Symbol window”按钮，用于显示或隐藏符号窗口。

▣：“Registers window”按钮，用于显示或隐藏特殊功能寄存器窗口。

▣：“Call Stack window”按钮，用于显示或隐藏调用堆栈窗口。

▣▾：“Watch window”按钮，用于显示或隐藏变量寄存器窗口。

▣▾：“Memnory window”按钮，用于显示或隐藏寄存器窗口。

▣▾：“Serial window”按钮，用于显示或隐藏串口窗口。

▣▾：“Analysis window”按钮，用于显示或隐藏分析窗口。

▣▾：“Trace window”按钮，用于显示或隐藏跟踪窗口。

▣▾：“System Viewer window”按钮，用于显示或隐藏系统查看窗口。

✕▾：“Toolbox”按钮，用于显示或隐藏工具箱。

▣▾：“Debug Restore Views”按钮，用于配置调试还原视图。

五、工程的设置

工程创建完成后，为满足要求，还需要对工程进行相应的设置。右键单击工程窗口的“Target 1”，选择“Options for Target‘Target1’”选项，即会出现“Options for Target‘Target1’”窗口，如图 3-14 所示。

工程的编译设置内容较多，通常可以采用默认设置。但下面内容必须确认或修改。

① Device 标签，单片机型号的选择，例如 AT89C52。

② Target 标签，晶振频率的设置，如 11.0592MHz。

③ Output 标签，输出文件选项 Create HEX File 上要打勾。

④ Debug 标签，软件模拟方式与硬件仿真方式的选择，如 Use Simulator（软件模拟）。

当完成上述设置后，在进行程序编译时，单击快捷按钮▣，就会在命令窗口产生如图 3-15 所示的提示信息。提示信息中说明程序占用片内 11B RAM，片外 0B RAM，占用 260B 程序存储器。最后生成了目标代码“.hex”文件。到此为止，程序编译的全部过程就结束了，将生成的.hex 文件载入 Proteus 环境下仿真电路的虚拟单片机中，就可以实现单片机应用系统的虚拟仿真。

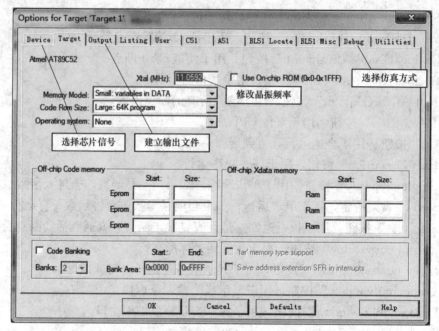

图 3-14　"Options for Target 'Target1'" 窗口

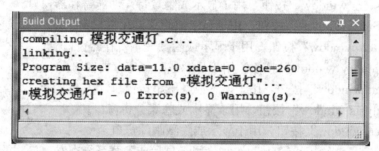

图 3-15　.hex 文件生成的提示信息

下面对用于编译、链接时的快捷按钮▦与▦的做简要说明：

① ▦："Build Target" 按钮，汇编/编译当前工程，生成可执行的目标代码文件（例如 .hex 文件），并建立链接。

② ▦："Rebuild all Target Files" 按钮，不管文件是否修改过，全部重新汇编/编译工程，生成可执行的目标代码文件（例如 .hex 文件），并建立链接。

第三节　实践项目——利用 Keil μ Vision 平台生成可执行目标程序

本实践项目的目的是掌握利用 Keil μ Vision4 平台生成可执行目标程序的操作过程。在 3.2 节已对 Keil μ Vision4 的开发环境和基本操作作了介绍，下面以生成 "模拟交通灯 .hex" 文件为例来学习可执行目标程序生成的操作过程。其操作步骤如下：

① 启动 Keil μ Vision4 软件，进入环境界面。

② 在任意盘下新建一个文件夹，例如文件夹命名为 "模拟交通灯"。

视频 3-1

再新建一个工程文件，例如"模拟交通灯"（默认生成工程扩展名），存放在新建的"模拟交通灯"文件夹中。

③ 单击菜单栏【File】→New 选项（或工具栏中的快捷按钮），打开一个文本文件 Text1，以"模拟交通灯 . c"文件名保存到"模拟交通灯"文件夹下。

④ 在工程窗口加入源文件。右击工程窗口的 Source Group 1 处，选择 Add File to Group 'Source Group 1'选项，弹出文件类型选择窗口，选择 C 文件类型及显示出的文件"模拟交通灯 . c"单击 Add 按钮加入，并在 C 文件下编写"模拟交通灯"源程序，点击保存。

⑤ 选择菜单栏【Project】→"Options for Target 'Target1'"选项（或工具栏中的快捷按钮），在弹出的窗口中完成相关设置。

⑥ 选择菜单栏【Project】→"Rebuild all Target Files"选项（或工具栏中的快捷按钮），进行编译，如果出现图 3-16 所示的文件编译信息，需要对程序进行修改，直到出现图 3-15 所示的提示信息。至此可执行文件"模拟交通灯 . hex"已经生成。以下为仿真调试过程。

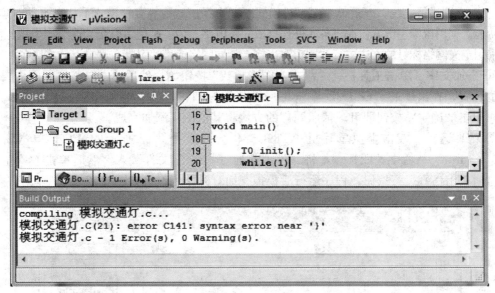

图 3-16　文件编译信息

⑦ 选择菜单栏【Debug】→"Start/Stop Debug Session"选项（或工具栏中的快捷按钮），程序进入调试状态。可以选择全速运行和单步运行、断点运行等运行方式。

⑧ 选择菜单栏【Peripherals】→"I/O Port"选项，选择 Port1。这时会弹出单片机并行口的状态模拟界面，可以观察并行口每位的电平状态。

⑨ 菜单栏【Debug】→"Step"选项，即单步运行方式，观察 Port1 窗口状态变化。如果要用 Run 连续运行方式，应该加入一段延时程序，以便观察交通灯状态的变化。

第四节　实践项目——模拟交通灯的 Proteus 软件仿真

软件仿真可以利用 Keil μVision4 软件 Debug 菜单下的 Simulator 选项进行，但其仿真能力较弱，所以通常仅用于进行程序逻辑错误的排查及程序的功能模拟。

Proteus 软件不仅能够对单片机程序进行逻辑仿真，还能对多种单片机外围接口器件进行功能仿真。下面利用"模拟交通灯"示例对仿真操作步骤进行说明。

① 启动运行 Proteus 软件，进入环境界面。

② 新建工程文件。选用系统默认的"DEFAULT"模板，并以"模拟交通灯"为文件名将其保存。

视频 3-2

③ 选取元件。单击器件选择按钮 P，在弹出的"选择元器件"窗口的"关键字"一栏中输入 AT89C52，AT89C52 显示在搜索结果列表中，双击该元器件，就会将 AT89C52 选取到对象选择窗口中，将所需元器件一一选取到对象选择窗口中，最后关闭"选择元器件"窗口。

④ 放置元器件到原理图编辑窗口。要求"元件模式"或"选择模式"按钮处于有效状态，在对象选择窗口中，用鼠标左键选中 AT89C52，在原理图编辑窗口单击左键，出现一个粉红色元器件，将鼠标移到合适位置再次单击即可。依照同样的方法将所有元器件都放置在原理图编辑窗口。所需的电源和地终端元件利用工具箱中的"终端模式"进行选择。

⑤ 对电路进行连线。Proteus 在"元件模式"、"选择模式"等多种模式下均有自动对焦连线热点功能，利用鼠标左键方便地将各元件连接成完整电路。为了避免多根交叉连线产生视觉混乱，通常采用定义网络标号的方法进行"逻辑"连接，相同网络标号的引脚在逻辑上是连接在一起的。

⑥ 添加文字。单击工具栏"二维文本图形模式"按钮 A，然后单击电路原理图中要书写文字的位置，在出现的"Edit 2D Graphics Text"窗口的"文本字符串"一栏中输入文字"北"，单击"确定"按钮即可。依照同样的方法将其他文字添加完成。

⑦ 仿真运行。双击虚拟单片机 AT89C52，会弹出图 3-17 所示的窗口，单击窗口中"Program File"一栏中的图标，将"模拟交通灯 . hex"文件载入，然后单击"确定"按钮。这时单击仿真运行按钮，程序运行后模拟交通灯开始工作，如图 3-17 所示。

Edit Component		
元件位号(R):	U1	隐藏 ☐
元件值(V):	AT89C52	隐藏 ☐
组件(E):	▾ 新建(N)	
PCB Package:	DIL40 ▾ ?	Hide All ▾
Program File:	模拟交通灯.hex	Hide All ▾
Clock Frequency:	12MHz	Hide All ▾
Advanced Properties:		
Enable trace logging ▾	No ▾	Hide All ▾
Other Properties:		

确定(O)　帮助(H)　数据手册(D)　隐藏引脚(P)　编辑固件(F)　取消(C)

☐ 不进行仿真(S)　　☐ 附加层次模块(M)
☐ 不进行PCB布版(L)　☐ 隐藏通用管脚(C)
☐ 不放入物料清单(B)　☐ 使用文本方式编辑所有属性(A)

图 3-17　单片机可执行程序配置窗口

本章小结

Proteus 是由英国 Labcenter Electronics 公司于 1989 年推出的 EDA 工具软件，Proteus ISIS（智能原理图输入）界面不仅可用来绘制单片机应用系统的电路原理图，还可用来进行单片机应用系统的虚拟仿真，这是 Proteus 软件最具特色的功能。

Proteus 8 Professional 窗口由主菜单栏、主工具栏、工具箱、预览窗口、原理图编辑窗口、对象选择窗口、仿真工具栏等组成，可以极为方便的完成单片机应用系统电路原理图的绘制与仿真。

Keil μ Vision 是一款用于 8051 单片机的集成开发的工具软件，在该开发环境下集成了文件编辑处理、编译链接、工程管理、窗口、工具引用和仿真软件模拟器以及 Monitor51 硬件目标调试器等多种功能。它支持众多 8051 架构的芯片，同时集编辑、编译、仿真等功能于一体，并具有强大的软件调试功能，且操作极为简便。

练 习 题

3-1　预览窗口可显示哪两项内容？

3-2　在 Proteus ISIS 元件库中查找元件通过哪些方法实现？

3-3　如何在 Proteus ISIS 中对元件进行方向的旋转或者调整？

3-4　如何在 Proteus ISIS 中放置连线标号？连线标号的作用是什么？

3-5　在 Keil μ Vision 环境下的程序调试界面窗口中，如何查看程序存储器和数据存储器中的内容？

3-6　简述用于编译、链接时的快捷按钮▦与▦的区别。

第四章 单片机 C 语言程序设计基础——C51

学习目标

1. 了解单片机 C 语言程序结构。
2. 熟悉常用单片机 C 语言编程及使用方法。
3. 掌握 C51 基本语法、典型程序结构和设计方法，培养学生单片机编程及应用能力。
4. 掌握系统内部资源及外部资源的拓展，通过实践提高学生编程能力。

本章重点

1. C51 的语法知识和特点、各种数据类型的特点和使用方法。
2. 常量和变量、C51 数据存储类型与单片机存储器结构关系。
3. 80C51 单片机硬件资源的 C51 定义及使用方法。
4. C51 程序结构特点和典型程序结构。
5. C51 数据类型，基本运算符的应用。
6. C51 程序结构及语法特点，常用程序的设计和调试方法。

第一节 C51 的程序结构

C 语言作为一种非常方便的计算机语言而得到广泛的支持，很多硬件开发都是 C 语言编程。C 语言程序本身不依赖于机器硬件系统，基本上不做修改或仅做简单的修改就可将程序从不同的系统移植过来直接使用。C 语言提供了很多数学函数并支持浮点运算，开发效率高，可极大地缩短开发时间，增加程序可读性和可维护性。单片机的 C51 编程有如下优点：

(1) 对单片机的指令系统不要求有任何的了解，就可以用 C 语言直接编程操作单片机。

(2) 寄存器分配、不同存储器的寻址及数据类型等细节完全由编译器自动管理。

(3) 程序有规范的结构，可分成不同的函数，可使程序结构化。

(4) 库中包含许多标准子程序，具有较强的数据处理能力，使用方便。

(5) 具有方便的模块化编程技术，使已编好的程序很容易移植。

同标准 C 语言一样，C51 的程序由一个个函数组成，这里的函数和其他语言的"子程序"或"过程"具有相同的意义。其中必须有一个主函数 main（），程序的执行从 main（）函数开始，调用其他函数后返回主函数 main（），最后在主函数中结束整个程序，而与函数的排列顺序无关。

C 语言程序的组成结构如下所示：

```
全局变量说明      //可被各函数引用
main（）      //主函数
```

```
{
        局部变量说明        //只在本函数引用
        执行语句（包括函数调用语句）
}
fun1（形式参数表）    //函数 1
形式参数说明
{
        局部变量说明
        执行语句（包括调用其他函数语句）
}
---
funn（形式参数表）    //函数 n
形式参数说明
{
        局部变量说明
        执行语句
}
```

C 语言的规则如下：

（1）C 语言的函数以"{"开始，以"}"结束。

（2）每个变量必须先说明后引用，变量名英文大小写是有差别的。

（3）C 语言程序一行可以书写多条语句，但每个语句必须以";"结尾，一个语句也可以多行书写。

（4）注释用/＊……＊/或//表示。

（5）花括号必须成对，位置随意，可在紧挨函数名后，也可另起一行，多个花括号可以同行书写，也可逐行书写，为层次分明，增加可读性，同一层的"{"对齐，采用逐层缩进方式书写。

第二节　数据类型、存储类型及存储模式

一、常量和变量

C51 的数据有常量和变量之分。常量是指在程序运行中其值不变的量，变量是指在程序运行中其值可以改变的量。

常量的数据类型包括整型常量、浮点型常量、字符型常量、字符串型常量及位标量等。

（1）整型常量可以表示为十进制，如 123、0、−89 等。十六进制则以 0x 开头如 0x34、−0x3B 等。长整型是在数字后面加字母 L，如 104L、034L、0xF340L 等。

（2）浮点型常量可分为十进制和指数表示形式。十进制由数字和小数点组成，如 0.888、3345.345、0.0 等，其整数或小数部分为 0，可以省略但必须有小数点。指数表示形式为［±］e 数字、［. 数字］e［±］数字，［］中的内容为可选项，其中内容根据具体情况可有可无，但其余部分必须有，如 125e3、7e9、−3.0e-3。

（3）字符型常量是单引号内的字符，如'a'、'd'等。不可以显示的控制字符，可以在该字符前面加反斜杠"\"组成专用转义字符。常用转义字符表详见表4-1。

表 4-1   **常 用 转 义 字 符 表**

转义字符	含　义	ASCII 码（16/10 进制）	转义字符	含　义	ASCII 码（16/10 进制）
\o	空字符（NULL）	00H/0	\f	换页符（FF）	0CH/12
\n	换行符（LF）	0AH/10	\'	单引号	27H/39
\r	回车符（CR）	0DH/13	\"	双引号	22H/34
\t	水平制表符（HT）	09H/9	\\	反斜杠	5CH/92
\b	退格符（BS）	08H/8			

（4）字符串型常量由双引号内的字符组成，如"test"、"OK"等。当引号内没有字符时，为空字符串。在使用特殊字符时同样要使用转义字符，如双引号。在 C 中字符串常量是作为字符类型数组来处理的，存储字符串时系统会在字符串尾部加上 \o 转义字符以作为该字符串的结束符。字符串常量"A"和字符常量'A'是不同的，前者在存储时多占用一个字节的空间。

（5）位标量，它的值是一个二进制数。

常量可用在不必改变值的场合，如固定的数据表、字库等。常量的定义方式如下：

```
＃define False 0x0;        //用预定义语句可以定义常量
＃define True 0x1;         //这里定义 False 为 0，True 为 1
                          //在程序中用到 False 编译时自动用 0 替换，同理 True 替
                            换为 1
unsigned int code a＝100;  //这一句用 code 把 a 定义在程序存储器中并赋值
const unsigned int c＝100; //用 const 定义 c 为无符号 int 常量并赋值
```

以上两句它们的值都被保存在程序存储器中，而程序存储器在运行中是不允许被修改的，所以如果在这两句后面用了类似 a＝110，a＋＋这样的赋值语句，编译时将会出错。下面的程序是增加了 8 个 LED 组成的跑马灯（具体电路见第二章第七节图 2-14），也就是用 P1口的全部引脚分别驱动一个 LED，新建一个 RunLED 的项目，主程序如下：

```
＃include ＜reg51.H＞//预处理文件中定义了特殊寄存器的名称，如 P1 口定义为 P1
void main(void)
{
    //定义花样数据
    const unsigned char design[32]＝
    {0xFF,0xFE,0xFD,0xFB,0xF7,0xEF,0xDF,0xBF,0x7F,
     0x7F,0xBF,0xDF,0xEF,0xF7,0xFB,0xFD,0xFE,0xFF,
     0xFF,0xFE,0xFC,0xF8,0xF0,0xE0,0xC0,0x80,0x0,
     0xE7,0xDB,0xBD,0x7E,0xFF};
    unsigned int a;  //定义循环用的变量
    unsigned char b; //在 C51 编程中因内存有限尽可能注意变量类型的使用
                     //尽可能地使用少字节类型，在大型的程序中很受欢迎
    do
```

```
    {
        for(b = 0; b<32; b++)
        {
            for(a = 0; a<30000; a++); //延时一段时间
            P1 = design[b];    //读已定义的花样数据并写花样数据到P1口
        }
    }
    while(1);
}
```

程序中的花样数据可以自己定义，因这里的 LED 要 AT89C51 的 P1 引脚为低电平时才会点亮，所以要向 P1 口的各引脚写数据 0，其对应连接的 LED 才会被点亮。P1 口的八个引脚刚好对应 P1 口特殊寄存器的八个二进位，如向 P1 口定义数据 0xFE，转成二进制就是11111110，最低位 D0 为 0，这时 P1.0 引脚输出低电平，LED1 被点亮，以此类推。

若用 Keil μVision4 的软件仿真来调试 I/O 口输出输入程序，则先编译运行上面的程序，然后按外部设备菜单 Peripherals-I/O Ports-Port1 打开 Port1 调试窗口，如图 4-1 中的 2 所示。当程序运行后左击图 4-1 中 1 左侧的绿色方条来设置调试断点，同样图 4-2 中的 1 也具有此功能，分别是增加/移除断点、移除所有断点、允许/禁止断点、禁止所有断点。另外菜单中还有 Breakpoints 可打开断点设置窗口，假如在"P1=design［b］;"这一句设置了一个断点，此时需先留意一下 Port1 调试窗口，再按图 4-2 中 2 的运行键，程序运行到设置断点的地方停住了，这时会发现 Port1 调试窗口的状态又不同了。这也就是说 Port1 调试窗口模拟了 P1 口的电平状态，打勾为高电平，不打勾则为低电平，窗口中 P1 为 P1 寄存器的状态，Pins 为引脚的状态，值得注意的是如果是读引脚值必须把引脚对应寄存器置 1 才能正确读取。图 4-2 中 2 { } 样式的按钮分别为单步入、步越、步出和执行到当前行。图中 3 处为显示下一句将要执行的语句。图 4-1 中的 3 是 Watches 窗口可查看各变量的当前值，数组和字串是显示其第一个地址，如本例中的design 数组是保存在为 D：0x08 的 RAM 存储区的首地址，可以通过在图中 4 Memory 存储器查看窗口的 Address 地址中输入 D：0x08 查看 design 各数据和存放地址。如果界面中没有显示这些窗口，则可以在图 4-2 中 3 后面的查看窗口快捷栏中打开。

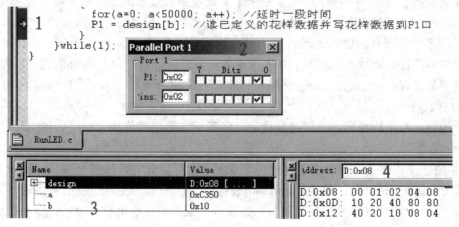

图 4-1　各调试窗口

图 4-2　调试快捷菜单栏

二、变量的类型

无论哪种数据都是存放在存储单元中的，每一个数据究竟要占用几个单元（即数据的长度），都要提供给编译系统。正如汇编语言中存放数据的单元要用 DB 或 DW 伪指令进行定义一样，编译系统以此为根据预留存储单元，这就是定义数据类型的意义。

表 4-2 中列出了 Keil μVision4 C51 编译器所支持的数据类型。在标准 C 语言中基本的数据类型为 char、int、short、long、float 和 double，而在 C51 编译器中 int 和 short 相同，float 和 double 相同。

表 4-2　　　　　　　　　　　Keil μVision4 C51 编译器所支持的数据类型

数据类型	长度	值域	数据类型	长度	值域
unsigned char	单字节	0～255	*	1～3 字节	对象的地址
signed char	单字节	−128～+127	bit	位	0 或 1
unsigned int	双字节	0～65535	sfr	单字节	0～255
signed int	双字节	−32768～+32767	sfr16	双字节	0～65535
unsigned long	四字节	0～4294967295	sbit	位	0 或 1
signed long	四字节	−2147483648～+2147483647			
float	四字节	±1.175494E−38～±3.402823E+38			

具体定义如下：

1. char 字符类型

char 类型的长度是一个字节，通常用于定义处理字符数据的变量或常量。分无符号字符类型 unsigned char 和有符号字符类型 signed char，默认值为 signed char 类型。unsigned char 类型用字节中所有的位来表示数值，其可以表达的数值范围是 0～255。signed char 类型用字节中最高位表示数据的符号，0 表示正数，1 表示负数，负数用补码表示。所能表示的数值范围是 −128～+127。unsigned char 常用于处理 ASCII 字符或用于处理小于或等于 255 的整型数。

正数的补码与原码相同，负二进制数的补码等于它的绝对值按位取反后加 1。

2. int 整型

int 整型长度为两个字节，用于存放一个双字节数据。分有符号整型数 signed int 和无符号整型数 unsigned int，默认值为 signed int 类型。signed int 表示的数值范围是 −32768～+32767，字节中最高位表示数据的符号，0 表示正数，1 表示负数。unsigned int 表示的数值范围是 0～65535。

　　下面通过一段程序观察 unsigned char 和 unsigned int 对于延时的不同影响效果，来说明它们的长度是不同的。基于最小化系统做实验基础上，多加一个电阻和 LED，实验中用 D1 的点亮表明正在用 unsigned int 数值延时，用 D2 的点亮表明正在用 unsigned char 数值延时。记项目名称为 OneLED，实验程序如下：

```
＃include ＜reg51.h＞//预处理命令
void main(void) //主函数名
{
    unsigned int a；//定义变量 a 为 unsigned int 类型
    unsigned char b；//定义变量 b 为 unsigned char 类型
    do
    {
        //do while 组成循环
        for (a＝0；a＜65535；a＋＋)
          P1＿0＝0；//65535 次设 P1.0 口为低电平，点亮 LED
        P1＿0＝1；//设 P1.0 口为高电平，熄灭 LED
        for (a＝0；a＜30000；a＋＋)；//空循环
        for (b＝0；b＜255；b＋＋)
          P1＿1＝0；//255 次设 P1.1 口为低电平，点亮 LED
        P1＿1＝1；//设 P1.1 口为高电平，熄灭 LED
        for(a＝0；a＜30000；a＋＋)；//空循环
    }
    while(1)；
}
```

　　经过编译烧写，上电运行后可以看到结果。很明显 D1 点亮的时间长于 D2 点亮的时间。由于程序中的循环延时时间并不是很好确定，因此不太适用于要求精确延时的场合。这里必须要说明，当定义一个变量为特定的数据类型时，在程序中使用该变量不应使它的值超过数据类型的值域。如本例中的变量 b 不能赋予超出 0～255 范围的值，若将 for(b＝0；b＜255；b＋＋) 改为 for(b＝0；b＜256；b＋＋)，编译是可以通过的，但运行时就会有问题出现，导致无法跳出循环执行下一句 P1＿1＝1，从而造成死循环。也就是说 b 的值永远都是小于 256 的，同理 a 的值不应超出 0～65535。

　　3. long 长整型

　　long 长整型长度为四个字节，用于存放一个四字节数据。分有符号长整型 signed long 和无符号长整型 unsigned long，默认值为 signed long 类型。signed long 表示的数值范围是 －2147483648～＋2147483647，字节中最高位表示数据的符号，0 表示正数，1 表示负数。unsigned long 表示的数值范围是 0～4294967295。

　　4. float 浮点型

　　float 浮点型在十进制中具有 7 位有效数字，是符合 IEEE-754 标准的单精度浮点型数据，占用四个字节。

5．＊指针型

指针型本身就是一个变量，在这个变量中存放的是指向另一个数据的地址。这个指针变量要占据一定的内存单元，对不同的处理器长度也不尽相同，在 C51 中它的长度一般为 1～3 个字节。

6．bit 位标量

bit 位标量是 C51 编译器的一种扩充数据类型，利用它可以定义一个位标量，但不能定义位指针，也不能定义位数组。它的值是一个二进制位，不是 0 就是 1，类似某些高级语言中 Boolean 类型中的 True 和 False。

7．sfr 特殊功能寄存器

sfr 也是一种扩充数据类型，占用一个内存单元，值域为 0～255。利用它可以访问 51 单片机内部的所有特殊功能寄存器。如用 sfr P1＝0x90 这一句定义 P1 为 P1 端口在片内的寄存器，在其后面的语句中用户可以用 P1＝255（对 P1 端口的所有引脚置高电平）之类的语句来操作这一特殊功能寄存器。

8．sfr16 16 位特殊功能寄存器

sfr16 占用两个内存单元，值域为 0～65535。sfr16 和 sfr 一样用于操作特殊功能寄存器，所不同的是它用于操作占两个字节的寄存器。

9．sbit 可寻址位

sbit 同样是 C51 中的一种扩充数据类型，利用它可以访问芯片内部 RAM 中的可寻址位或特殊功能寄存器中的可寻址位。如先前定义了 sfr P1＝0x90；因 P1 端口的寄存器是可位寻址的，所以还可以定义：

sbit P1_1 = P1^1;　　//P1_1 为 P1 中的 P1.1 引脚

同样用户可以用 P1.1 的地址去写，如：

sbit P1_1 = 0x91;

这样在以后的程序语句中便可以用 P1_1 对 P1.1 引脚进行读写操作。通常这些可以直接使用系统提供的预处理文件，里面已定义好各种特殊功能寄存器的简单名字，直接引用可省去一些时间，也可以通过自己定义文件完成。

最后补充一个重新定义数据类型的语句 typedef：

typedef int integer;

integer a，b;

这两句在编译时，是先把 integer 定义为 int，之后的语句中遇到 integer 就用 int 置换，即 integer 等于 int，所以 a，b 也可被定义为 int。typedef 不能直接用来定义变量，它只是对已有的数据类型作一个名字上的置换，并不是产生一个新的数据类型。使用 typedef 可以方便程序移植和简化较长数据类型，还可以定义结构类型。typedef 的语法是：

typedef 已有的数据类型　新的数据类型名

三、指针型数据

指针就是指变量或数据所在的存储区地址。如一个字符型的变量 STR 存放在内存单元 DATA 区的 51H 这个地址中，那么 DATA 区的 51H 地址就是变量 STR 的指针。在 C 语言中指针是一个很重要的概念，正确有效地使用指针类型的数据，能更有效地表达复杂的数据结构、数组或变量，能更方便直接处理内存或其他存储区。指针之所以能这么有效地操作数据，是因为程序的指令、常量、变量或特殊寄存器都要存放在内存单元或相应的存储区中，这些存储区是按字节来划分的，每一个存储单元都能用唯一的编号去读或写数据，这个编号就是常说的存储单元地址。而读写这个编号的动作就叫做寻址，通过寻址可以访问到存储区中的任意一个可访问单元，这个功能是变量或数组等不可代替的。C 语言也因此引入了指针类型的数据类型，专门用来确定其他类型数据的地址。用一个变量来存放另一个变量的地址，那么用来存放变量地址的变量称为"指针变量"。如用变量 STRIP 来存放文章开头的 STR 变量的地址 51H，变量 STRIP 就是指针变量。

变量的指针就是变量的地址，用取地址运算符"&"取得并赋给指针变量。语句 STRIP＝&STR 把所取得的 STR 指针存放在 STRIP 指针变量中，这样 STRIP 的值就变为 51H，由此可见指针变量的内容是另一个变量的地址。要访问变量 STR 除了能用"STR"这个变量名来访问之外，还能用变量地址来访问。方法是先用 &STR 取变量地址后再赋予 STRIP 指针变量，然后就能用 * STRIP 来对 STR 进行访问了。"＊"是指针运算符，用它能取得指针变量所指向地址的值。使用指针变量和使用其他类型的变量一样，先要求定义变量，而且形式也要相类似，一般的形式如下：

数据类型〔存储器类型〕* 变量名；

unsigned char xdata * pi//指针会占用二字节，指针自身存放在编译器默认存储区，指向 xdata 存储区的 char 类型

unsigned char xdata * data pi；//除指针自身指定在 data 区，其他同上

int * pi；//定义为一般指针

指针自身存放在编译器默认存储区内，占三个字节，在定义形式中"数据类型"用来指定该指针变量可以指向的变量的类型。"存储器类型"是编译器编译时的一种扩展标识，它是可选的。若没有"存储器类型"选项时，则定义为一般指针，如有"存储器类型"选项时则定义为基于存储器的指针。限于 51 芯片的寻址范围，指针变量最大的值为 0xFFFF，这样就决定了一般指针的内存会占用三个字节，第一个字节用于存放该指针存储器类型编码，后两个则存放该指针的高低地址。而基于存储器的指针因为不用识别存储器类型所以会占一或两个字节，idata、data、pdata 存储器指针占一个字节，code、xdata 则会占两个字节。明确的定义指针，能节省存储器的空间，这在严格要求程序体积的项目中很有用处。

指针的使用方法有很多，本文通过下面的程序来说明指针的基本使用方法。

```
＃include＜reg51.h＞//预处理文件命令
void main(void)
{
    //定义花样数据，数据存放在片内 CODE 区中
    unsigned char code design []＝
    {0xFF,0xFE,0xFD,0xFB,0xF7,0xEF,0xDF,0xBF,0x7F,
    0x7F,0xBF,0xDF,0xEF,0xF7,0xFB,0xFD,0xFE,0xFF,
    0xFF,0xFE,0xFC,0xF8,0xF0,0xE0,0xC0,0x80,0x0,
    0xE7,0xDB,0xBD,0x7E,0xFF};
    unsigned int a；//定义循环用的变量
    unsigned char b；
```

```
unsigned char code * dsi; //定义基于 CODE 区的指针
do
{
    dsi = &design[0]; //取得数组第一个单元的地址
    for(b = 0; b<32; b + +)
}
while(1);
}
for(a = 0; a<30000; a + +); //延时一段时间
P1 = * dsi; //从指针指向的地址取数据到 P1 口
dsi + +; //指针加一
```

为了能清楚地了解指针的工作原理，可以使用 Keil μVision4 的软件仿真器查看各变量和存储器的值。首先编译程序并执行，然后打开变量窗口，用单步执行，这样就能查到指针的变量，在存储器窗口还能察看各地址单元的值。使用这种方法不仅能更好地了解语法和程序的工作情况，而且在实际使用中能更快更准确地编写程序以及解决程序中出现的各类问题。

四、C51 存储器类型和存储器模式

1. 数据的存储器类型

C51 是面向 51 系列单片机及硬件控制系统的开发语言，它定义的任何变量必须以一定的存储器类型的方式定位在 51 的某一存储区中，否则便没有意义。因此在定义变量类型时，还必须定义它的存储器类型。C51 变量的存储器类型见表 4-3。

表 4-3	存 储 器 类 型
存储器类型	说　　明
data	直接访问内部数据存储器（128 字节），访问速度最快
bdata	可位寻址内部数据存储器（16 字节），允许位与字节混合访问
idata	间接访问内部数据存储器（256 字节），允许访问全部内部地址
pdata	分页访问外部数据存储器（256 字节），用 MOVX @Ri 指令访问
xdata	外部数据存储器（64KB），用 MOVX @DPTR 指令访问
code	程序存储器（64KB），用 MOVC @A+DPTR 指令访问

2. 存储器模式

存储器模式决定了变量的默认存储器类型、参数传递区和无明确存储区类型的说明。C51 的存储器模式有 SMALL、COMPACT 和 LARGE，如果省略存储器类型，系统则会按编译模式 SMALL、COMPACT 或 LARGE 所规定的默认存储器类型去指定变量的存储区域。无论什么存储模式都可以声明变量在 8051 存储区的任何范围，然而当把循环计数器和队列索引等最常用的命令，放在内部数据区可以明显地提高系统性能。还要指出的就是变量的存储种类与存储器类型是完全无关的。

SMALL 存储模式相当于全部采用 data 指定，把所有函数变量和局部数据段放在 8051 系统的内部数据存储区，这使得访问数据的速度非常快，但 SMALL 存储模式的地址空间受限。在写小型的应用程序时，把变量和数据都放在 data 内部数据存储器中是很好的，因为访问速度快，但在较大的应用程序中 data 区最好只存放小的变量、数据或常用变量（如循环计数、数据索引），而大的数据则应放置在别的存储区域。

COMPACT 存储模式相当于全部采用 pdata 指定，所有的函数、程序变量和局部数据段都定位在 8051 系统的外部数据存储区。外部数据存储区可最多存储 256 字节，在本模式中外部数据存储区的短地址为@R0/R1。

LARGE 存储模式相当于全部采用 xdata 指定，所有的函数、过程变量和局部数据段都定位在 8051 系统的外部数据存储区，外部数据区最多可达 64KB，这要求用 DPTR 数据指针访问数据。

3. 变量的定义方法

定义一个变量的格式如下：

〔存储种类〕　数据类型　〔存储器类型〕　变量名；

在定义格式中除了数据类型和变量名表是必要的，其他都是可选项。存储种类有四种：自动（auto），外部（extern），静态（static）和寄存器（register），缺省类型为自动（auto）。说明一个变量的数据类型后，还可选择说明该变量的存储器类型。存储器类型的说明是指定该变量在 C51 硬件系统中所使用的存储区域，并在编译时准确的定位。

第三节　C51 对单片机资源的定义

一、特殊功能寄存器的定义

特殊功能寄存器（SFR）是单片机各种硬件资源在内部数据存储器的映射，通过对 SFR 的读写可方便地实现对单片机相应硬件资源的操作。

C51 提供了一种自主形式的定义方式，使用特定关键字 sfr 和 sfr16 可以直接对 51 单片机的特殊寄存器进行定义，定义方法如下：

sfr 特殊功能寄存器名 = 特殊功能寄存器地址常数；

sfr16 特殊功能寄存器名 = 特殊功能寄存器地址常数；

用户可以这样定义 AT89C51 的 P1 口：

sfr　P1 = 0x90；//定义 P1I/O 口，其地址为 90H

sfr 关键字后面要定义的名字可任意选取，但要符合标识符的命名规则。等号后面必须是常数，不允许有带运算符的表达式，而且该常数必须在特殊功能寄存器的地址范围之内（80H－FFH）。sfr 是定义 8 位的特殊功能寄存器，而 sfr16 则是用来定义 16 位的特殊功能寄存器，如 8052 的 T2 定时器，可以定义为：

sfr16 T2 = 0xCC；//这里定义 8052 定时器 2，地址为 T2L = CCH，T2H = CDH

用 sfr16 定义 16 位特殊功能寄存器时，等号后面是它的低位地址，高位地址一定要位于物理低位地址之上。然而 sfr16 是不能用于定时器 0 和 1 的定义。

C51 也建立了一个头文件 reg51.h（增强型为 reg52.h），在该文件中对所有的特殊功能寄存器进行了 sfr 定义，对特殊功能寄存器的有位名称的可寻址位进行了 sbit 定义。因此，只要包含语句♯include<reg51.h>，就可以直接引用特殊功能寄存器名，或直接引用位名称。要特别注意：在引用时，特殊功能寄存器或者位名称必须大写。

二、对位变量的定义

C51 对位变量的定义有 3 种方法。

1. 将变量用 bit 类型的定义符定义为 bit 类型。如：

bit a；

a 为位变量，其值只能是"0"或"1"，其位地址 C51 自行安排在可位寻址区的 bdata 区。

2. 采用字节寻址变量位的方法，如：

bdata int ibase；　　//ibase 定义为整型变量

bit mybit = ibase^15；　　//mybit 定义为 ibase 的第 15 位

这里位是运算符"^"，相当于汇编中的"·"，其后的最大取值依赖于该位所在的字节寻址变量的定义类型，如定义为 char，最大值只能为 7。

3. 对特殊功能寄存器位的定义。

方法 1：使用头文件及 sbit 定义符，多用于无位名的可寻址位。例如：

＃include ＜reg51.h＞

sbit P1_1 = P1^1；　　//Pl_1 为 P1 口的第 1 位

sbit ac = ACC^7；　　//ac 定义为累加器 A 的第 7 位

方法 2：使用头文件 reg51.h，再直接用位名称。例如：

＃include＜reg51.h＞

RS1 = 1；

RS0 = 0；

方法 3：用字节地址位表示。例如：

sbit OV = 0xD0^2；

方法 4：用寄存器名·位定义。例如：

sfr PSW = 0xd0；　　//定义 PSW 地址为 d0H

sbit CY = PSW^7；　　//CY 为 PSW.7

三、C51 对存储器和外接 I/O 口的绝对地址访问

1. 对存储器的绝对地址访问

利用绝对地址访问的头文件 absacc.h，可对不同的存储器区的存储单元进行访问，该头文件的函数有：

CBYTE（访问 code 区字符型）　　　　CWORD（访问 code 区 int 型）

DBYTE（访问 data 区字符型）　　　　DWORD（访问 data 区 int 型）

PBYTE（访问 pdata 或 I/O 区字符型）　　PWORD（访问 pdata 区 int 型）

XBYTE（访问 xdata 或 I/O 区字符型）　　XWORD（访问 xdata 区 int 型）

2. 对外部 I/O 口的访问

由于单片机的 I/O 口和外部 RAM 统一编址，因此对 I/O 口地址的访问可用 XBYTE（MOVX　@DPTR）或 PBYTE（MOVX　@Ri）进行。

四、中断函数的定义

中断服务函数是编写单片机应用程序必不可少的。中断服务函数只有在中断源请求响应中断时才会被执行，这在处理突发事件和实时控制中是十分有效的。

单片机 C 语言扩展了函数的定义，并使它能直接编写中断服务函数，从而提高了工作效

率。扩展的关键字是 interrupt，它是函数定义时的一个选项，只有在一个函数定义后面加上这个选项，这个函数才能变成中断服务函数。在其后面还能再加上一个 using 选项，这个选项是指定选用 51 芯片内部 4 组工作寄存器区中的哪个区。刚开始学习时可不必进行工作寄存器的设定，而由编译器自动选择，以避免产生错误。定义中断服务函数时能用如下的形式：

函数类型 函数名（形式参数）interrupt n［using n］

interrupt 关键字是不可缺省的，由它告诉编译器该函数为中断服务函数，并由后面的 n 指明所使用的中断号。n 的取值范围为 0～31，但具体的中断号要取决于芯片的型号，像 AT89C51 实际只使用 0～4 号中断。每个中断号都对应一个中断向量，具体地址为 8n＋3，中断源响应后处理器会跳转到中断向量所在的地址执行程序，编译器会在这个地址处产生一个无条件跳转语句，跳转到中断服务函数所在的地址并执行程序。表 4-4 是 51 芯片的中断号和中断向量。使用中断服务函数时应注意：中断函数不能直接调用中断函数；不能通过形参传递参数；在中断函数中调用其他函数，两者所使用的寄存器组应相同。

表 4-4 **AT89C51 芯片中断号和中断向量**

中断号	中断源	中断向量
0	外部中断 0	0003H
1	定时器/计数器 T0	000BH
2	外部中断 1	0013H
3	定时器/计数器 T1	001BH
4	串行口	0023H

第四节　C51 的运算符和程序流程控制

一、C51 的运算符

C51 具有十分丰富的运算符，有很强的数据处理能力，利用这些运算符可以组成各种表达式及语句。运算符就是完成某种特定运算的符号。运算符按其表达式中与运算符的关系可分为单目运算符、双目运算符和三目运算符。单目运算符是指需要有一个运算对象，双目运算符要求有两个运算对象，三目运算符则要三个运算对象。表达式是由运算及运算对象所组成的具有特定含义的式子。C 语言是一种表达式语言，表达式后面加";"号便构成了一个表达式语句。

1. 赋值运算符

对于"＝"这个符号来说大家都不陌生，在 C 中它的功能是给变量赋值，称之为赋值运算符。它的作用就是把数据赋给变量，如"x＝10;"。由此可见，利用赋值运算符将一个变量与一个表达式连接起来的式子称为赋值表达式，在表达式后面加";"便构成了赋值语句。使用"＝"的赋值语句格式如下：

变量＝表达式；

示例如下：

a＝0xFF;　　//将常数十六进制数赋予变量 a

```
b=c=33;  //同时赋值给变量 b，c
d=e;    //将变量 e 的值赋予变量 d
f=a+b;  //将变量 a+b 的值赋予变量 f
```

由上面的例子可以得出，赋值语句的意义就是先计算出"="右边表达式的值，然后将得到的值赋给左边变量，且右边的表达式可以是一个赋值表达式。

2. 算术、增减量运算符

对于 a+b，a/b 这样的表达式大家都很熟悉，用在 C 语言中＋、/就是算术运算符。C51 中的算术运算符分别是：加（＋）、减（－）、乘（＊）、除（/）、取余（%），其中只有取正值和取负值的运算符是单目运算符，其他则都是双目运算符。

算术表达式的形式：

表达式 1　算术运算符

表达式 2　a+b*(10-a),(x+9)/(y-a)

除法运算符和一般的算术运算规则有所不同。两浮点数相除，其结果为浮点数，如 10.0/20.0 所得值为 0.5；而两个整数相除时，所得值就是整数，如 7/3 所得值为 2。像别的语言一样，C 语言的运算符同样具有优先级和结合性，当然也可用括号"（）"来改变优先级。

3. 关系运算符

C 语言中有六种关系运算符，分别是：小于（＜）、小于等于（＜＝）、大于（＞）、大于等于（＞＝）、等于（＝＝）、不等于（！＝）。前四个具有相同的优先级，后两个也具有相同的优先级，但前者的优先级高于后者。当两个表达式用关系运算符连接起来时就是关系表达式，关系表达式通常用来判别某个条件是否满足。要注意的是用关系运算符的运算结果只有 0 和 1 两种，也就是逻辑的真与假，当指定的条件满足时结果为 1，不满足时结果为 0。它的表达式为：

表达式 1　关系运算符

表达式 2　I＜J，I＝＝J，(I=4)＞(J=3)，J+I＞J

4. 逻辑运算符

关系运算符所能反映的是两个表达式之间的大小等于关系，逻辑运算符则是用于求条件式的逻辑值，用逻辑运算符将关系表达式或逻辑量连接起来就是逻辑表达式。三个常用的逻辑运算符：逻辑与（&&）、逻辑或（||）、逻辑非（!）。

逻辑与是当条件式 1 "与"条件式 2 都为真时结果为真（非 0 值），否则为假（0 值）。换句话说就是运算会先对条件式 1 进行判断，如果为真（非 0 值），则继续对条件式 2 进行判断，当结果为真时，逻辑运算的结果为真（值为 1）；如果结果不为真时，逻辑运算的结果为假（0 值）。若在判断条件式 1 时就不为真的话，就不用再判断条件式 2 了，而直接给出运算结果为假。

逻辑或是指只要两个运算条件中有一个为真时，其运算结果就为真，只有当条件式都不为真时，逻辑运算结果才为假。

逻辑非是把逻辑运算结果值取反，也就是说如果两个条件式的运算值为真，进行逻辑非运算后则结果变为假，条件式运算值为假时最后逻辑结果为真。

同样逻辑运算符也有优先级别，!（逻辑非）→&&（逻辑与）→||（逻辑或），逻辑非的

优先级最高。以"! True||False && True"为例，按优先级别分析则得到（True 代表真，False 代表假）：

! True||False && True

False||False && True //! True 先运算得 False

False||False //False && True 运算得 False

False //最终 False||False 得 False

5. 位运算符

位运算符的作用是按位对变量进行运算，但是并不改变参与运算变量的值。如果要求按位改变变量的值，则要利用相应的赋值运算，另外位运算符是不能用来对浮点型数据进行操作的。C51 中共有 6 种位运算符。位运算一般的表达形式：

变量 1 位运算符 变量 2

位运算符也有优先级，从高到低依次是："～"（按位取反）→"《"（左移）→"》"（右移）→"&"（按位与）→"∧"（按位异或）→"|"（按位或）。表 4-5 是位逻辑运算符的真值表，X 表示变量 1，Y 表示变量 2

表 4-5 按位取反、与、或和异或的逻辑真值表

X	Y	~X	~Y	X&Y	X|Y	X∧Y
0	0	1	1	0	0	0
0	1	1	0	0	1	1
1	0	0	1	0	1	1
1	1	0	0	1	1	0

6. 复合赋值运算符

复合赋值运算符就是在赋值运算符"＝"的前面加上其他运算符。C 语言规定了 10 种复合赋值运算符，分别是：

+ = 、- = 、* = 、/ = 、% = 、>> = 、<< = 、& = 、^= 、| = 。

复合运算的一般形式为：

变量 复合赋值运算符 表达式

其含义就是变量与表达式先进行运算符所要求的运算，再把运算结果赋值给参与运算的变量。其实这是 C 语言中简化程序的一种方法，凡是二目运算都可以用复合赋值运算符去简化表达。例如：

a + = 56 等价于 a = a + 56

y/ = x + 9 等价于 y = y/(x + 9)

很明显，采用复合赋值运算符会降低程序的可读性，但这样却可以使程序代码简单化，并能提高编译的效率。对于初学 C 语言的学生在编程时最好还是根据自己的理解能力和习惯去使用程序表达的方式，不要一味追求程序代码的短小。

7. 逗号运算符

在 C 语言中逗号是一种特殊的运算符，可以用它将两个或多个表达式连接起来，形成逗号表达式。逗号表达式的一般形式为：

表达式 1，表达式 2，表达式 3，…，表达式 n；

　　这样用逗号运算符组成的表达式在程序运行时，是从左到右计算出各个表达式的值，而整个用逗号运算符组成的表达式的值等于最右边表达式的值，就是"表达式 n"的值。在实际的应用中，大部分情况下，使用逗号表达式的目的只是为了分别得到多个表达式的值，而并不一定要得到和使用整个逗号表达式的值。要强调的是，并不是在程序的任何位置出现逗号，都可以认为是逗号运算符。如函数中的参数，同类型变量定义中的逗号只是用来作间隔之用，而不是逗号运算符。

　　8. 条件运算符

　　C 语言中有一个三目运算符，它就是"?:"条件运算符，它要求有三个运算对象。它可以把三个表达式连接构成一个条件表达式，其一般形式如下：

　　逻辑表达式？表达式 1：表达式 2

　　条件运算符的作用简单来说就是根据逻辑表达式的值选择使用表达式的值。当逻辑表达式的值为真（非 0 值）时，整个表达式的值为表达式 1 的值；当逻辑表达式的值为假（值为 0）时，整个表达式的值为表达式 2 的值。要注意的是条件表达式中逻辑表达式的类型可以与表达式 1 和表达式 2 的类型不一样。

　　9. 指针和地址运算符

　　C 语言中提供的两个专门用于指针运算的运算符：& 是取地址运算符，∗ 是取内容运算符。取内容和地址的一般形式分别为：

　　变量 = ∗ 指针变量

　　指针变量 = & 目标变量

　　取内容运算是将指针变量所指向的目标变量的值赋给左边的变量；取地址运算是将目标变量的地址赋给左边的变量。指针变量中只能存放地址（也就是指针型数据），一般情况下不要将非指针类型的数据赋值给一个指针变量。

　　10. sizeof 运算符

　　sizeof 是用来求数据类型、变量或是表达式的字节数的一个运算符，但它并不像"＝"之类运算符那样在程序执行后才能计算出结果，它是直接在编译时产生结果的。它的一般形式为：

　　sizeof(数据类型标识符)；

或：

　　sizeof(表达式)；

　　例如下面的代码段：

　　printf("char 是多少个字节？% bd 字节 \ n", sizeof(char))；

　　printf ("long 是多少个字节？% bd 字节 \ n", sizeof(long))；

　　结果是：

　　char 是多少个字节？1 字节

　　long 是多少个字节？4 字节

　　11. 强制类型转换运算符

　　使用强制转换运算符应遵循以下的表达形式：

　　(类型名) 表达式；

　　用显示类型转换来处理不同类型数据间的运算和赋值是十分方便的，特别对指针变量赋值是很有用的。例如：

```
#include <reg51.h>
#include <stdio.h>
void main(void)
{
    char xdata * XROM;
    char a;
    int Aa = 0xFB1C;
    long Ba = 0x893B7832;
    float Ca = 3.4534;
    SCON = 0x50;  //串口方式 1，允许接收
    TMOD = 0x20;  //定时器 1 定时方式 2
    TH1 = 0xE8;  //11.0592MHz 1200 波特率
    TL1 = 0xE8;
    TI = 1;
    TR1 = 1;  //启动定时器
    XROM = (char xdata *)0xB012;  //给指针变量赋 XROM 初值
    * XROM = 'R';  //给 XROM 指向的绝对地址赋值
    a = *((char xdata *)0xB012);  //等同于 a = * XROM
    printf("%bx %x %d %c \n",(char)Aa,(int)Ba,(int)Ca,a);//转换类型并输出
    while(1);
}
```

程序运行结果：1c 7832 3 R

从上面这段程序中，可以很清楚看到不同类型变量在进行强制类型转换的基本用法，程序中先在外部数据存储器 XDATA 中定义了一个字符型指针变量 XROM，当用 XROM＝(char xdata *) 0xB012 这一语句时，便把 0xB012 这个地址指针赋予 XROM，如用 XROM 则会是非法的。这种方法特别适合于用标识符来存取绝对地址，若在程序前用了 #define ROM 0xB012 这样的语句，那么程序中就可以利用上面的方法用 ROM 对绝对地址 0xB012 进行存取操作。

二、程序控制语句

各种基本语句的语法可以说是组成程序的基本单元。C 语言是一种结构化的程序设计语言，提供了相当丰富的程序控制语句。掌握这些语句的用法也是 C 语言学习中的重点和难点。

1. 表达式语句

表达式语句是最基本的一种语句。不同的程序设计语言会有不同的表达式语句，在 51 单片机的 C 语言中则是加入分号";"构成表达式语句。举例如下：

```
b = b * 10;
Count + + ;
X = A;
```

Y = B;

Page = (a + b)/a - 1;

在 C 语言中有一个特殊的表达式语句，称为空语句，它仅仅是由一个分号";"组成。有时候为了使语法正确要求有这样一个语句，但该语句又没有实际的运行效果，这时就要用到空语句。空语句通常有以下两种用法：

(1) while，for 构成的循环语句后面加一个分号，形成一个不执行其他操作的空循环体。

(2) 在程序中为相关语句提供标号或标记程序执行的位置，使有关语句能跳转到要执行的位置。

下面的示例程序是简单说明 while 空语句的用法。硬件的功能很简单，就是在 P3.7 上接一个开关，当开关按下时 P1 上的灯会全亮起来。当然实际应用中按键的功能并没有这么简单，往往还要进行防抖动处理等。程序如下：

```
#include <reg51.h>
void main(void)
{
    unsigned int a;
    do
    {
        P1 = 0xFF; //关闭 P1 上的 LED
        while(P3_7); //空语句，等待 P3_7 按下为低电平，低电平时执行下面的语句
        P1 = 0; //点亮 LED
        for(; a<60000; a++); //这也是空语句的用法，注意 a 的初值为当前值
    } //这样第一次按下时会有一延时点亮一段时间，以后按多久就亮多久
    while(1); //点亮一段时间后关闭再次判断 P3_7，如此循环
}
```

2. 复合语句

在 C 语言中有不少的括号，如 {}、[]、() 等。{} 号是用于将若干条语句组合在一起形成一种功能块，这种由若干条语句组合而成的语句就叫复合语句。复合语句之间用 {} 分隔，而它内部的各条语句还是需要以分号";"结束。复合语句是允许嵌套的，也就是说在 {} 中的 {} 也是复合语句。复合语句在程序运行时，{} 中的各行单语句是依次顺序执行的。C 语言中可以将复合语句视为一条单语句，意思是在语法上等同于一条单语句。对于一个函数而言，函数体就是一个复合语句。要注意的是在复合语句中所定义的变量，称为局部变量。所谓局部变量就是指它的有效范围只在复合语句中，而函数也是复合语句，所以函数内定义的变量有效范围也只局限于函数内部。下面通过一个简单的例子来说明复合语句和局部变量的使用。

```
#include <reg51.h>
#include <stdio.h>
void main(void)
{
```

```
unsigned int a，b，c，d；//在整个 main 函数中有效
SCON = 0x50；//串口方式 1，允许接收
TMOD = 0x20；//定时器 1 定时方式 2
TH1 = 0xE8；//11.0592MHz 1200 波特率
TL1 = 0xE8；
TI = 1；
TR1 = 1；//启动定时器
a = 5；
b = 6；
c = 7；
d = 8；//在整个函数中有效
printf("0：%d，%d，%d，%d\n",a,b,c,d);
    {//复合语句 1
    unsigned int a,e;//只在复合语句 1 中有效
    a = 10,e = 100;
    printf("1：%d，%d，%d，%d，%d\n",a,b,c,d,e);
    {//复合语句 2
        unsigned int b,f;//只在复合语句 2 中有效
        b = 11,f = 200;
        printf("2：%d，%d，%d，%d，%d，%d\n",a,b,c,d,e,f);
    }//复合语句 2 结束
    printf("1：%d，%d，%d，%d，%d\n",a,b,c,d,e);
    }//复合语句 1 结束
printf("0：%d，%d，%d，%d\n",a,b,c,d);
while(1);
}
```

运行结果：

```
0：5，6，7，8
1：10，6，7，8，100
2：10，11，7，8，100，200
1：10，6，7，8，100
0：5，6，7，8
```

3. 条件语句

C 语言有类似"如果 XX 就 XX"或"如果 XX 就 XX 否则 XX"，这种当条件符合时就执行的语句称为条件语句。条件语句又被称为分支语句，其关键字是由 if 构成。C 语言提供了 3 种形式的条件语句：

(1) if（条件表达式）语句。

当条件表达式的结果为真时，就执行语句，否则就跳过。如：

```
if(a = = b)a + +;
```

当 a 等于 b 时，a 就加 1。

（2）if（条件表达式）。

语句 1;

else

语句 2;

当条件表达式成立时，就执行语句 1，否则就执行语句 2。如：

if(a = = b)

a + +;

else

a - -;

当 a 等于 b 时，a 加 1；否则 a 减 1。

（3）if（条件表达式 1）。

if（条件表达式 2）语句 1;

else 语句 2;

else

if（条件表达式 3）语句 3;

else 语句 4;

这是由 if…else 语句组成的嵌套，用来实现多方向条件分支，使用时应注意 if 和 else 的配对使用，要是少了一个就会语法出错，else 总是与最临近的 if 相配对。

4. 开关语句

通过学习条件语句，用多个条件语句可以实现多方向条件分支，但是同时会发现使用过多的条件语句实现这一功能时，使条件语句嵌套过多，程序冗长，这样读起来很不方便。这时使用开关语句同样可以达到处理多分支选择的目的，又可以使程序结构清晰。它的语法为下：

switch(表达式)

{

case 常量表达式 1:

语句 1;

break;

case 常量表达式 2:

语句 2;

break;

case 常量表达式 3:

语句 3;

break;

case 常量表达式 n:

语句 n;

break;

default:

语句 n + 1;

Break;

}

运行中 switch 后面表达式的值将会被作为条件，与 case 后面的各个常量表达式的值相对比，如果相等时先执行后面的语句，再执行 break（间断语句）语句，跳出 switch 语句。如果 case 没有和条件相等的值时就执行 default 后面的语句。当没有符合要求的条件时不做任何处理，也可以不写 default 语句。

5. 循环语句

循环语句是几乎每个程序都会用到的，它的作用是用来实现需要反复进行多次的操作。如一个 12MHz 的 51 芯片应用电路中要求实现 1ms 的延时，那么就要执行 1000 次空语句才可以达到延时的目的（当然可以使用定时器来做，这里不做讨论），如果是写 1000 条空语句是很繁琐的，再者就是要占用很多的存储空间，而且这 1000 条空语句，无非就是一条空语句重复执行 1000 次，因此可以用循环语句去写，这样不但使程序结构清晰明了，而且使其编译的效率大大的提高。在 C 语言中构成循环控制的语句有 while，do…while 和 for 语句。同样都是起到循环作用，但具体的作用和用法又有差异。

（1）while 语句

while 英语的意思是"当…的时候…"，C 语言中可以理解为"当条件为真的时候就执行后面的语句"，它的语法如下：

while（条件表达式）

循环体语句；

使用 while 语句时要注意当条件表达式为真时，它才执行后面的语句，执行完后再次回到 while 执行条件判断，为真时重复执行语句，为假时退出循环体。当条件一开始就为假时，那么 while 后面的循环体（语句或复合语句）都不执行就退出循环。下面的例子是显示从 1 到 10 的累加和，详细说明 while 的用法。

```
#include<reg51.h>
#include<stdio.h>
void main(void)
{
    unsigned int I = 1;
    unsigned int SUM = 0; //设初值
    SCON = 0x50; //串行口方式 1，允许接收
    TMOD = 0x20; //定时器 1 定时方式 2
    TCON = 0x40; //设定时器 1 开始计数
    TH1 = 0xE8; //11.0592MHz 1200 波特率
    TL1 = 0xE8;
    TI = 1;
    TR1 = 1; //启动定时器
    while(I<=10)
    {
```

```
    SUM = I + SUM；//累加
    printf(" % d SUM = % d\n",I,SUM)；//显示
    I + + ;
    }
```

while(1)；//这句是为了防止程序运行完后，程序指针继续向下而造成程序"跑飞"
}
//最后运行结果是 SUM = 55;
（2）do…while 语句

do…while 语句是 while 语句的补充，while 是先判断条件是否成立再执行循环体，而 do…while 则是先执行循环体，再根据条件判断是否要退出循环。这样就决定了循环体无论在任何条件下都会至少被执行一次。它的语法如下：

```
do{
    循环体；
}while（条件表达式）；
```

用 do…while 显示从 1 到 10 的累加和，可以参考下面的程序。

```
#include<reg51. h>
#include<stdio. h>
void main(void)
{
    unsigned int I = 1；
    unsigned int SUM = 0；//设初值
    SCON = 0x50；//串行口方式 1，允许接收
    TMOD = 0x20；//定时器 1 定时方式 2
    TCON = 0x40；//设定时器 1 开始计数
    TH1 = 0xE8；//11. 0592MHz 1200 波特率
    TL1 = 0xE8；
    TI = 1；
    TR1 = 1；//启动定时器
    do {
        SUM = I + SUM；//累加
        printf(" % d SUM = % d\n",I,SUM)；//显示 I + + ;
    }while(I< = 10)；
    while(1)；
}
```

在实际的应用中要注意任何 do…while 的循环体一定会被执行一次。如把上面两个程序中 I 的初值设为 11，那么前一个程序则不会得到显示结果，而后一个程序则会得到 SUM=11。

（3）for 语句

在明确循环次数的情况下，for 语句比之前的循环语句都要方便简单。它的语法如下：

for（［初值设定表达式］；［循环条件表达式］；［条件更新表达式］）

　　语句中括号里的表达式是可选的，这样 for 语句的变化就会有很多样式。for 语句的执行：先代入初值，再判断条件是否为真，条件满足时执行循环体并更新条件，再判断条件是否为真……直到条件为假时，退出循环。下面的例子同样是实现从 1 到 10 的累加和，与前面的循环语句对照便不难理解它们的差异所在。

```c
#include<reg51.h>
#include<stdio.h>
void main(void)
{
    unsigned int I;
    unsigned int SUM = 0; //设初值
    SCON = 0x50; //串行口方式 1，允许接收
    TMOD = 0x20; //定时器 1 定时方式 2
    TCON = 0x40; //设定时器 1 开始计数
    TH1 = 0xE8; //11.0592MHz 1200 波特率
    TL1 = 0xE8;
    TI = 1;
    TR1 = 1; //启动定时器
    for(I = 1; I< = 10; I+ +) //这里能设初始值，所以变量定义时可以不设
    {
        SUM = I + SUM; //累加
        printf("% d SUM = % d\n",I,SUM); //显示
    }
    while(1);
}
```

　　如果把程序中的 for 改成 for(;I<=10;I++)，这样条件的初值会变成当前 I 变量的值。

6. continue 语句

　　continue 语句是用于中断的语句，通常使用在循环中，它的作用是结束本次循环，跳过循环体中没有执行的语句，跳转到下一次循环周期。语法为：

continue;

　　continue 同时也是一个无条件跳转语句，但功能和前面说到的 break 语句有所不一样，continue 执行后不是跳出循环，而是跳到循环的开始并执行下一次的循环。

7. return 语句

　　return 语句是返回语句，不属于循环语句，返回语句是用于结束函数的执行，返回到调用函数时的位置。语法有两种：

return（表达式）；

或：

return；

　　若语句中带有表达式，返回时则先计算表达式，再返回表达式的值。若语句不带表达

式，则返回的值不确定。下面是一段用了不同函数表达式来计算 1~10 的累加和的程序。

```c
#include<reg51.h>
#include<stdio.h>
int Count(void); //声明函数
void main(void)
{
    unsigned int temp;
    SCON = 0x50; //串行口方式 1，允许接收
    TMOD = 0x20; //定时器 1 定时方式 2
    TCON = 0x40; //设定时器 1 开始计数
    TH1 = 0xE8; //11.0592MHz 1200 波特率
    TL1 = 0xE8;
    TI = 1;
    TR1 = 1; //启动定时器
    temp = Count ();
    printf("1-10 SUM = %d\n",temp); //显示
    while(1);
}
int Count(void)
{
    unsigned int I, SUM;
    for(I = 1; I<= 10; I++)
    {
        SUM = I + SUM; //累加
    }
    return(SUM);
}
```

第五节　C51 函数

上一节最后的例子中已经用到了函数，其实一直出现在例子中的 main（）也算是一个函数，只不过它比较特殊，编译时以它为程序的开始段。有了函数，C 语言就有了模块化的优点，一般功能较多的程序，会在编写程序时把每项单独的功能分成数个子程序模块，这样每个子程序就能用函数来实现。函数还能被反复的调用，因此一些常用的函数被做成函数库以供在编写程序时直接使用，从而更好地实现模块化设计，大大提高编程工作的效率。

从用户使用角度划分，函数分为库函数和用户自定义函数。

库函数是编译系统为用户设计的一系列标准函数，用户只需调用，而无需自己去编写这些复杂的函数，如前面所用到的头文件 reg51.h，absacc.h 等，有的头文件中包括一系列函

数，要使用其中的函数必须先使用♯include 包含语句，然后才能调用。

用户自定义函数是用户根据任务编写的函数。从参数形式上划分，函数分为无参函数和有参函数。有参函数即是在调用时，调用函数用实际参数代替形式参数，调用完返回结果给调用函数。

一、函数定义

通常 C 语言的编译器会自带标准的函数库，里面都是一些常用的函数，标准函数已由编译器软件商编写定义，使用者直接调用便可。但是标准的函数不足以满足使用者的特殊要求，因此 C 语言允许使用者根据需要编写特定功能的函数。要想调用它必须先对其进行定义，定义的模式如下：

　　＜函数类型＞ 函数名称（形式参数表）

　　{

　　　　函数体

　　}

函数类型是说明所定义函数返回值的类型。返回值其本质就是一个变量，只要按变量类型来定义函数类型就可以。如函数不需要返回值，函数类型能写成"void"，表示该函数没有返回值。应注意的是函数体返回值的类型一定要与函数类型一致，不然会造成错误。函数名称的定义遵循 C 语言变量命名规则，不能在同一程序中定义同名的函数，否则将会造成编译错误（其实同一程序中是允许有同名变量的，因为变量有全局和局部变量之分）。

形式参数是指调用函数时要传入到函数体内参与运算的变量，它能有一个、几个或没有，当不需要形式参数时就变成无参函数，括号内能为空或写入"void"表示，但括号不能少。函数体中能包含有局部变量的定义和程序语句，函数要返回运算值时要使用 return 语句进行操作。在函数的 {} 号中也可以什么都不写，这就成了空函数。在一个程序项目中是允许写入一些空函数的，以便在修改或升级中进行功能的扩充。

二、函数的调用

函数定义好之后，要被其他函数调用才能执行。C 语言的函数是能相互调用的，但在调用函数前，必须对函数的类型进行说明，即使是标准库函数也不例外。标准库函数的说明会被按功能分别写在不同的头文件中，使用时只要在文件最前面用♯include 预处理语句引入相应的头文件即可。调用就是指一个函数体中引用另一个已定义的函数来实现所需要的功能，这个时候函数体称为主调用函数，函数体中所引用的函数称为被调用函数。一个函数体中能调用数个其他函数，这些被调用的函数同样也能调用其他函数，但在 C51 语言中有一个函数是不能被其他函数所调用的，它就是 main 主函数。调用函数的一般形式如下：

　　函数名（实际参数表）

"函数名"就是指被调用的函数。实际参数表能为零或多个参数，多个参数时要用逗号隔开。每个参数的类型、位置要与函数定义时的形式参数一一对应，它的作用就是把参数传到被调用函数中的形式参数，如果类型不对应就会产生一些错误。调用的函数是无参函数时可不写参数，但不能省略后面的括号。

1. 函数语句

如 printf（"Hello World! \n"）；它以"Hello World! \n" 为参数调用 printf 这个库函数。这里的函数调用被看作了一条语句。

2. 函数参数

"函数参数"这种方式是指被调用函数的返回值被当作另一个被调用函数的实际参数，如 temp＝StrToInt(CharB(16))；CharB 的返回值作为 StrToInt 函数的实际参数传递。

3. 函数表达式

在"temp＝Count();"一句中，函数的调用作为一个运算对象出现在表达式中，称为函数表达式。例子中 Count() 返回一个 int 类型的值并直接赋给 temp，需注意的是这种调用方式要求被调用的函数能返回一个同类型的值，不然会出现不可预料的错误。

前面说到标准库函数只要用 ♯ include 引入已写好说明的头文件后，在程序就能直接调用函数了。如果调用自定义的函数则要用如下形式编写说明：

类型标识符 函数的名称（形式参数表）；

这样的说明方式是用在被调用函数的定义和主调函数在同一文件中的，当然也能把这些写到文件名．h 的文件中，再用 ♯ include "文件名．h" 引入；如果被调用函数的定义和主调函数不在同一文件中的，则要用如下的方式进行说明，库函数的头文件亦是如此，说明的函数也能称为外部函数。

extern 类型标识符 函数的名称（形式参数表）；

其实，函数的定义和说明是完全不一样的。从编译的角度上看函数的定义是把函数编译存放在 ROM 的某一段地址上，而函数说明是告诉编译器要在程序中使用哪些函数并确定函数的地址。如果在同一文件中被调用函数的定义在主调函数之前，这个时候能不用说明函数类型。也就是说在 main 函数之前定义的函数，在程序中就无需再写函数类型说明了。能在一个函数体调用另一个函数（嵌套调用），但不允许在一个函数定义中定义另一个函数。还要注意的是函数定义和说明中的"类型、形参表、名称"等都要相一致。

第六节　C51 数组的使用

前面都是介绍单个数据变量的使用，而数组不过是同一类型变量的有序集合。数组中的每个数据都能用唯一的下标来确定其位置，下标可以是一维或多维的。数组和普通变量一样，要求先定义了才能使用，下面是定义一维或多维数组的方式：

＜数据类型＞＜数组名＞ ⌊＜数组长度＞];

＜数据类型＞＜数组名＞ ［＜常量表达式 1＞]［＜常量表达式 N＞];

"数据类型"是指数组中的各数据单元的类型，每个数组中的数据单元只能是同一数据类型。"数组名"是整个数组的标识，命名方法和变量命名方法一致。在编译时系统会根据数组大小和类型为变量分配空间，数组名也就是所分配空间的首地址的标识。"常量表达式"是表示数组的长度和维数，它必须用"［］"括起，括号里的数不能是变量只能是常量。例如：

unsigned int xcount[10]; //定义无符号整型数组，有 10 个数据单元；

char inputstring[5]; //定义字符型数组，有 5 个数据单元；

float outnum[10], [10]; //定义浮点型数组，有 100 个数据单元；

在 C 语言中数组的下标是从 0 开始的而不是从 1 开始，如一个具有 10 个数据单元的数组 count，它的下标就是从 count[0] 到 count[9]。引用单个元素就是数组名加下标，如 count[1] 就是引用 count 数组中的第 2 个元素，如果错用了 count[10] 就会出现错误。还有一点要注意，在程序中只能逐个引用数组中的元素，不能一次引用整个数组，但是字符型的数组可以一次引用整个数组。数组也是能赋初值的。上面介绍的定义方式只适用于定义 DATA 存储器使用的内存，有时用户需要把一些数据表存放在数组中，通常这些数据是不用在程序中改变数值的，这个时候往往要把这些数据在程序编写时就赋给数组变量。因为 51 芯片的片内 RAM 有限，一般会把它分给参与运算的变量或数组，而那些程序中不变的数据则应存放在片内的 CODE 存储区，以节省宝贵的 RAM。赋初值的方式如下：

格式 1：＜数据类型＞＜数组名＞［数组长度］＝{＜初始化列表＞}；

格式 2：＜数据类型＞＜数组名＞［］＝{＜初始化列表＞}；

在定义并为数组赋初值时，初值个数必须小于或等于数组长度，不指定数组长度则会在编译时由实际的初值个数自动设置。

unsigned char LEDNUM[2]={12,35}; //一维数组赋初值；

int Key [2] [3]={{1,2,4},{2,2,1}}; //二维数组赋初值；

unsigned char IOStr []={3,5,2,5,3}; //没有指定数组长度，编译器自动设置；

unsigned char code skydata []={0x02,0x34,0x22,0x32,0x21,0x12}; //数据保存在 code 区；

下面的例子是对数组中的数据进行排序，使用的是冒泡法，一是了解数组的使用，二是掌握基本的排序算法。冒泡排序算法是一种基本的排序算法，它每次顺序取数组中的两个数，并按需要将其大小排列，在一次循环中取下一次循环的一个数和数组中的下一个数进行排序，直到数组中的数据全部排序完成。

```
#include<reg51.h>
#include<stdio.h>
void taxisfun(int taxis2[])
{
    unsigned char TempCycA,TempCycB,Temp;
    for(TempCycA = 0; TempCycA< = 8; TempCycA + +)
    for(TempCycB = 0; TempCycB< = 8 - TempCycA; TempCycB + +)
    {//TempCycB<8 - TempCycA 比用 TempCycB< = 8 少用很多循环
        if(taxis2[TempCycB + 1]>taxis2[TempCycB]) //当后一个数大于前一个数
        {
            Temp = taxis2[TempCycB]; //前后两数交换
            taxis2[TempCycB] = taxis2[TempCycB + 1];
            taxis2[TempCycB + 1] = Temp; //因该参数是数组名调用，形参的变动影响实参
        }
    }
```

```
    }
    void main(void)
    {
        int taxis[] = {113,5,22,12,32,233,1,21,129,3};
        char Text1[] = {"source data:"}; //"源数据"
        char Text2[] = {"sorted data:"}; //"排序后数据"
        unsigned char TempCyc;
        SCON = 0x50; //串行口方式1, 允许接收
        TMOD = 0x20; //定时器1定时方式2
        TCON = 0x40; //设定时器1开始计数
        TH1 = 0xE8; //11.0592MHz 1200 波特率
        TL1 = 0xE8;
        TI = 1;
        TR1 = 1; //启动定时器
        printf("%s\n",Text1); //字符数组的整体引用
        for(TempCyc = 0;TempCyc<10;TempCyc + +)
        printf("%d",taxis[TempCyc]);
        printf("\n- - - - - - - - - - -\n");
        taxisfun (taxis); //以实际参数数组名 taxis 做参数被函数调用
        printf("%s\n",Text2);
        for(TempCyc = 0;TempCyc<10;TempCyc + +)//调用后 taxis 会被改变
        printf("%d",taxis[TempCyc]);
        while(1);
    }
```

　　从这个例子可以看出，数组同样能用数组名作为函数的参数进行传递，一个数组的数组名表示该数组的首地址。在用数组名作为函数的调用参数时，它的传递方式是采用了地址传递，就是将实际参数数组的首地址传递给函数中的形式参数数组，这时实际参数数组和形式参数数组是使用了同一段内存单元。当形式参数数组在函数体中改变了元素的值，同时也会影响到实际参数数组，因为它们是存放在同一个地址的。

　　上面的程序同时还使用到了字符数组。字符数组中每一个数据都是一个字符，这样一个一维的字符数组便组成了一个字符串，在 C 语言中字符串是以字符数组来表达处理的。为了能测定字符串的长度，C 语言中规定以"\o"作为字符串的结束标识，编译时会自动在字符串的最后加入一个"\o"，需要注意的是如果用一个数组要保存一个长度为 10 字节的字符串则要求这个数组至少能保存 11 个元素。"\o"是转义字符，它的含义是空字符，它的 ASCII 码为 00H，也就是说当每一个字符串都是以数据 00H 结束的。字符数组除了能对数组中单个元素进行访问外，还能访问整个数组，其实整个访问字符数组就是把数组名传到函数中。数组名是一个指向数据存放空间的地址指针，函数根据这个指针和"\o"就能完整的操作这个字符数组。

第七节 C 语言与汇编语言的编程

在进行程序设计时，C 语言可以高效地生成目标代码，但是汇编语言生成的目标码质量更高，而且利用汇编语言完成对计算机硬件的特殊操作更快捷准确。利用汇编语言编程时，数据运算较繁琐，但 C 语言具有强大的库函数，可以高速完成对数据的处理，所以合理地混合使用两种语言进行程序设计，可以有效提高工作效率和工作质量。在混合编程时，C 语言的主程序和汇编语言的主程序允许互相调用其子程序，也将汇编子程序插进 C 语言程序中，同时如何进行参数传递及确定调用关系非常重要，也要考虑到不同功能模块之间的连接问题。运用混合编程技术既可以发挥汇编语言的精确性优势及充分运用计算机硬件的功能，又可以利用 C 语言强大的数据处理能力，可以有效解决在大型程序设计中遇到的问题。

一、混合编程的注意事项

1. 注意保护堆栈和寄存器，以完成参数传递

汇编语言程序利用寄存器来完成参数信息的传递，C 语言程序利用堆栈传递参数数据给汇编语言程序。C 语言程序在调用汇编语言的变量和过程时，按下述的过程输送数据：C 语言调用程序将参数按顺序压入堆栈→汇编语言用 BP 寄存器加上对应的偏移量来存取堆栈中 C 语言程序传递过来的参数→汇编语言进行程序转换→C 语言从堆栈按顺序弹出的参数中获得操作数据。

所以在编程之前，应充分熟悉并掌握所用编程语言的多类别的堆栈的结构、生成和入栈模式。对汇编语言而言，应根据变量和过程的参数个数来选择合适的寄存器。当参数小于或等于 4 个时，将参数数据按次序一一传送到 R0、R1、R2 和 R3 寄存器；当子程序的参数个数大于 4 个时，将多出的参数数据按照原次序的反方向分别传送到数据栈。

在 C 语言程序调入使用汇编变量和过程时要注意保护各种重要的寄存器，如 DS、BP、SI、DI、AX 和 DX 等，根据需要将数据用 PUSH 指令压入堆栈来保护，以保证参数的顺畅传递，否则会导致出现失误。

2. 注意汇编子程序的返回值

返回值通过 AX 和 DX 寄存器来传递的返回值存放于 AX，而 32 位的返回值中的低 16 位仍存放于 AX，其余的高 16 位则存放于 DX 寄存器中。大于 32 位（如浮点）的返回值存放于静态变量存储区。

3. 应统一两种语言的存储模式

汇编语言是使用 Model 来生成符合用户已选存储模式的段定义。而 C 语言则有 6 种存储模式可供选择，所选择的存储模式不同，其定义的代码段就不同。在混合编程时，汇编语言和 C 语言最好选择统一的存储模式，例如汇编语言选用 Model Small 模式来适应 C 语言的 Small 模式，以确保不同功能模块的准确衔接。

4. 变量和函数的互相调用时命名方式的约定

在运用 C 语言进行程序设计的过程中，如需要使用汇编语言程序的过程和变量，汇编语言应加 public 标识，并在过程和变量名前加下划线，比如 public _ fun。

而汇编程序在调用 C 语言程序的函数或者变量时，应在调用部分的代码前添加下划线，并在汇编语言程序的命名时用 extern 加以说明，其格式分别是：

　　extern _ 变量名：变量类型

或者

　　extern _ 函数名：函数类型

二、汇编语言和 C 语言混合编程方法

　　在完成功能复杂的软件设计时，需首先将软件划分成不同的功能模块，每个功能模块以子程序或函数的形式存在，针对每个功能模块的不同特征，合理选用恰当的计算机语言来单独编程，而后将每个模块编译为相应的目标文件，所有文件组合后形成所需命令。

　　1. C 语言程序直接插入单独汇编指令

　　C 语言程序可执行汇编语言的 ASM 指令，故可运用 ASM 在 C 语言程序中嵌入所需汇编指令，不同的情况下，嵌入格式不同。

　　格式要求：①必须在对应的汇编程序代码前加入 ASM；②必须按照 C 语言的环境要求使用分隔符"；"与注释分界符/＊……＊/或//。

　　这种混合编程方法虽然简单易行，但是直接插入的模式一旦出现细微偏差，就会影响原来的 C 语言环境，出现差错。所以此方法适用于需要汇编语言程序为程序实现一些特殊的硬件功能，且汇编程序简短时采用。此方法不适用于嵌入较复杂的汇编程序。

　　2. 以 C 语言为主，插入汇编语言

　　在运用 C 语言编程时，如果出现需要用汇编语言编程来实现特定功能的情况，且对应的汇编语言程序较为复杂，需要大量的汇编语言才能实现软件所需功能，则不应选择直接嵌入的方式，而应考虑将这部分软件程序划分为独立的功能模块，用汇编语言独立编制程序代码后，整体插入 C 程序对应位置。

　　在 C 语言主程序调入使用汇编语言的子程序的过程中，必须保证汇编源代码的正确性，才能确保调入使用过程的正确，最终顺利实现软件所需功能。因此，汇编源程序要严格依照系统要求来编制。必须用 public 和下划线来标明汇编子程序的外部函数属性，也就是严格按照下述格式：public _ 变量类型（或者变量名称），以保证 C 语言顺利地调入使用汇编子程序。

　　3. 以汇编语言为主，C 语言为辅

　　汇编语言具有在输入程序时能够直接采取二进制数据、控制硬件操作等 C 语言不具备的编程特长，因此汇编语言允许以主程序的方式调入使用 C 语言的函数和过程。

　　在调入使用时，要注意如下事项：①在被调用 C 语言函数前要加上 extern 标识，以表明其外来性质，以免跟原程序的代码弄混；②注意在调用时，要按照反向顺序依次将 C 语言函数的参数压入对应的任务堆栈，也就是保证最后子程序的最末位参数首先压入堆栈；③同时，在汇编主程序中用"call near ptr 函数名"的形式完成调入使用 C 函数，不再加入原针对堆栈的指令。

　　操作示例：

　　汇编主程序：

　　area main, code, read only; //代码段

　　entry; //声明程序入口

　　code32; 　//32 位 Arm 指令

　　extern add _ six; //声明标号 add _ six

```
start
mov r13,  ♯ 0xa000；//初始化堆栈指针
mov r0,   ♯1
mov r1,   ♯2
mov r2,   ♯3
mov r3,   ♯4；//前 4 个参数通过寄存器传递
mov r4,   ♯5
mov r5,   ♯6
stmfd r13!，[r4，r5]；//后 2 个参数通过堆栈传递
bl add＿six
mov r1，r0；//调用后结果将放在 r1 中
end
```

C 子程序：

```
♯define UINT unsigned int
UINT add＿six（UINT a，UINT b，UINT c，UINT d，UINT e，UINT f）
{
return a＋b＋c＋d＋e＋f；
}
```

其过程为：前 4 个参数保存在 r1－r4 中→后两个参数留在堆栈→用 bl 指令调用 C 程序模块→r0 中得出结果。

本章小结

本章通过介绍 C 语言的语法知识和特点、各种数据类型的特点和使用方法、常量和变量的定义等，使学生了解单片机 C 语言程序结构，掌握 C51 程序结构及常用程序的设计和调试方法，熟悉常用单片机 C 语言编程及调试过程，熟练掌握 C51 基本语法及典型程序结构和设计，从而提高学生单片机编程及应用能力。

通过对本章的学习，读者应掌握和了解以下知识：①C51 程序结构；②C51 数据类型、存储器类型；③C51 对单片机资源的定义；④C51 运算符和程序流程控制；⑤C51 与汇编语言混合编程方法。

练 习 题

4-1 利用单片机的 P0 口接 8 个发光二极管，P1 口接 8 个开关，编程实现，当开关动作时，对应的发光二极管亮或灭。

4-2 将外部 RAM 的 10H～15H 单元的内容传递到内部 RAM 的 10H～15H 单元。

4-3 内部 RAM 的 20H、21H 和 22H、23H 单元分别存放着两个无符号的 16 位数，将其中的大数置于 24H 和 25H 单元。

4-4 编程将 51 系列单片机的内部数据存储器 20H 单元和 35H 单元的数据相乘，结果

存到外部数据存储器 2000H 开始的单元中。

4-5 设有一组数据 {0x6A，0x12，0x4D，0x51，0xC9}，被定义在内部数据存储器中，用 C51 编程，分别将其转换成 ASCII 码并存储到外部数据存储器 0050H 开始的单元中。

4-6 外部中断 0 引脚（P3.2）接一个开关，P1.0 接一个发光二极管。开关闭合一次，发光二极管改变一次状态。

4-7 从 P1.0 输出方波信号，周期为 50ms。设单片机的 $f_{ocs}=6\text{MHz}$。

4-8 设晶振频率为 6MHz，要求在单片机的 P2.7 口上输出周期为 1 秒的连续方波信号，用定时器中断方式定时，请用 C 语言编程实现该功能。

4-9 独立键盘，用 C 语言实现。要求：P1.0～P1.3 分别接开关 S1～S4。S1 按下时使外部 20H 单元内容加 1；S2 按下时使外部 20H 单元内容减 1；S3 按下时使外部 20H 单元内容清零；S4 按下时使外部 20H 单元内容全 1。用 C51 编程实现该功能，要求有 10ms 去抖动功能。系统晶振 12MHz。

第五章 80C51 单片机的中断系统

学习目标

1. 理解输入/输出的概念及 CPU 与外设的传送方式。
2. 理解中断和中断技术的概念及中断处理的过程。
3. 掌握 80C51 单片机的中断系统结构及其中断处理过程。

本章重点

1. 80C51 单片机的中断系统结构。
2. 80C51 中断系统的处理过程。

第一节 输入/输出与中断

一、输入/输出概述

1. 输入输出概念

微型计算机系统要实现人机交互，必须通过外部设备来完成。外部设备分输入设备和输出设备两种，故又称为输入/输出（I/O）设备。最常用的输入/输出（I/O）设备如键盘、鼠标、显示器、打印机、绘图仪等。人们通过输入设备向计算机输入原始的程序和数据，计算机则通过输出设备向外界输出运算结果。但是，通常微型计算机的 CPU 并不是直接与外部设备相连接，而是通过各种接口电路再连接到外部设备。这是由于微型计算机执行 I/O 操作时，CPU 与外设之间的输入/输出数据传送十分复杂，主要表现在以下几个方面：

（1）外部设备的工作速度高低不一，通常都比 CPU 的速度低得多。例如一般的打印机打印 1 个字符需要几毫秒的时间，而 CPU 传送 1 个字符的信息只需纳秒级的时间，两者速度差距很大；另外，各种外部设备的工作速度差异也很大，使得 CPU 与各种外设之间无法按固定的时序来协调工作。

（2）外部设备的种类繁多，有电子式、机械式、光电式等。不同种类的外部设备之间性能各异，对数据传送的要求也各不相同，无法按统一的格式处理。

（3）外部设备的信息形式是多种多样的，既可能有数字信号也可能有模拟信号；可能是电压信号也可能是电流信号；可能是并行的也可能是串行的。

（4）外部设备与 CPU 传送的控制信号较复杂，除了读/写控制信号之外，还可能有其他控制信号，如 I/O 外设是否准备好？能否接收信号？以及 I/O 外设启动或停止信号等。

2. 输入输出（I/O）接口

对于微型计算机来说，通常需要连接的 I/O 外设不止一个，各种外设的差别又很大，因此各种 I/O 外设必须通过各自的输入/输出（I/O）接口电路与 CPU 进行信息的交换。所谓输入/输出（I/O）接口电路，就是为了解决 CPU 与外设之间进行数据传送时的速度不匹配和信号不匹配等问题而引入的电路，是 CPU 与外设进行信息交换的联系和桥梁。具体来说，接口电路一般应具有以下几方面的功能：

（1）接口电路需具有地址译码或设备选择的功能，以便于 CPU 访问 I/O 接口时能找到正确的地址和外设。

（2）状态信息的应答。由于 CPU 与外设之间的速度差异，CPU 只能在确认外设已为数据传送做好准备的前提下才能进行 I/O 操作。若要知道外设是否准备好，就需要通过接口电路产生或传送外设的状态信息，以此来协调 CPU 与外设之间的速度。

（3）数据的缓冲和锁存。CPU 与外设在进行数据的输入或输出时，都是接口电路通过系统总线与 CPU 进行传输的。当输入外设向 CPU 输入数据时，可能由于系统总线的繁忙，需要数据的隔离等待，为此要求接口电路能为数据输入提供三态缓冲功能；当 CPU 有数据向外设输出时，由于 CPU 的工作速度快，数据在总线上保留的时间十分短暂，无法满足慢速输出设备的需要，为此在接口电路中需要设置数据锁存器，以锁存输出数据直至被输出设备接收。

（4）信号的转换。CPU 只能传输并行的数字信号，而有些外设的信息是串行的，这就需要接口进行串行数据和并行数据的转换；有些外设只能传送模拟信号，则需接口具有模/数转换或数/模转换的功能等。

3. 输入输出（I/O）接口电路的基本结构

根据以上接口功能的要求，接口电路内部通常应该设置地址译码器、数据缓冲器或锁存器、命令寄存器、状态寄存器及简单的控制逻辑。图 5-1 虚线框中是接口电路的内部结构图。

（1）地址译码器：对接口电路内部的各个寄存器地址进行译码，以选中某个寄存器。

（2）端口：I/O 外设与 CPU 之间交换的信息有数据信息、状态信息和控制信息，这三类信息都通过 CPU 的数据总线进行传输，接口电路为各类信息分配有不同的寄存器，通常把这些寄存器称为 I/O 端口，即：数据端口、状态端口和控制端口。其中，数据端口可以接收来自输入外设的数据并进行缓冲，通常由输入缓冲寄存器构成，也可以锁存及传输由 CPU 送给输出外设的数据，通常由输出锁存器构成；状态端口用于存放外设或接口部件的状态，状态信息是 CPU 与外设之间交换数据时的联络信息，CPU 通过对外设状态信息的读取来得知外设的工作状态，如输入外设的是否"准备好（Ready）"的状态或者输出外设的是否"忙（Busy）"的状态等，以便决定 CPU 是否传输数据，因此，状态寄存器是决定 CPU 与外设正确进行数据交换的重要部件；控制端口用于存放 CPU 发出的命令，包括 CPU 对 I/O 接口及外设所设置的工作模式和命令字等信息，以便控制接口和设备的动作。

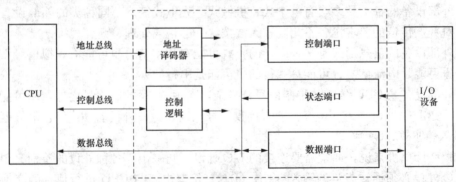

图 5-1　接口电路内部结构图

（3）控制逻辑：接收来自 CPU 的命令，控制接口中的各个部件协调工作。

此外，有些接口电路还可以设置中断控制逻辑或 DMA 控制逻辑等。

不同的外设各自都有其特有的接口要求，因此各种外设所接的接口电路结构和功能也不相同。通常，接口电路是一些大规模集成电路，有些接口电路是专门针对某种具体外设而设计的，例如 CRT 显示适配器、键盘控制器等；有些是可供多种外设使用的标准接口，可以连接多种不同的外设，例如并行 I/O 接口 8255A、中断控制器 8259A 等。MCS-51 系列单片机内部就集成有一些接口电路，即：并行 I/O 接口 P0～P3、串行接口 UART、定时/计数器和中断系统等。

4. 输入/输出（I/O）的编址方式

一般来说，连接一个外设就需要连接一个 I/O 接口。而一个接口通常有若干个端口来传送不同类的信息，因此，接口电路为每个端口分配一个端口地址，以便于 CPU 访问。CPU 寻址 I/O 端口的方式有两种：

一种是直接 I/O 映射的 I/O 编址，也称独立编址方式，即存储器地址空间和 I/O 地址空间为两个不同的独立地址空间。这种编址方式需要专门的 I/O 指令，并且在硬件方面还需专门的控制信号对选择存储器空间或 I/O 空间进行硬件控制，它的优点是不占用存储器的地址空间，不会减少内存的实际容量。例如，在 8086/8088 微处理器组成的微型计算机系统中就是采用这种编址方式。

另一种是存储器映射的 I/O 编址，也称统一编址方式，即存储器地址空间和 I/O 端口地址进行统一编址。这种编址方式是把端口当作存储单元来对待，即端口占用了存储单元的地址。优点是不需要专门的 I/O 指令，可直接使用存储器的指令进行 I/O 操作，不但简单方便、功能强，而且 I/O 地址范围不受限制；缺点是端口占用了一部分内存空间，使内存的有效容量减少。MCS-51 单片机使用的就是统一编址方式。

二、输入/输出的传送方式

为了实现和不同外设的速度匹配，I/O 接口必须根据不同外设选择恰当的 I/O 数据传送方式。在微型计算机系统中，CPU 与外设之间进行信息交换时，输入和输出的传送方式一般有四种：无条件传送方式、查询传送方式、中断传送方式及直接存储器存取（DMA）方式。在单片机系统中主要使用前三种方式，下面分别介绍。

1. 无条件传送方式

无条件传送是 CPU 与外设同步操作进行数据传送的方式，也称为同步传送。这种传送方式不需要测试外设的状态，或者说，CPU 认为外设总是处于准备好或空闲状态，可以随时进行数据传送操作。它的优点是软、硬件结构都很简单，但要求时序配合精确，适用于外设的工作速度与 CPU 速度相当的情况。例如 CPU 和 A/D 或 D/A 转换器之间传送数据时，可采用同步传送方式；也可以适用于外设的工作速度非常慢，以至于任何时候都认为外设已处于"准备好"状态，例如简单开关量的输入输出控制、继电器控制以及数码管输出显示等，常采用无条件传送方式。

2. 查询传送方式

在 CPU 与外设不能同步工作的情况下，可采用异步查询的传送方式，又称为条件传送，即数据的传送是有条件的。

在查询传送方式中，CPU 首先对外设的状态进行查询，只有检测到外设处于"准备好"

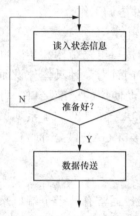

图5-2　查询传送方式流程图

或"空闲"状态时，才与外设进行数据交换，否则将一直处于查询等待的状态。这种传送方式，需要 CPU 通过程序来检测状态端口的信号，状态信息有效时，程序执行数据端口的数据传送。程序控制的查询传送方式流程图如图 5-2 所示。

查询传送方式的优点是硬件接口电路简单，软件实现容易，传送可靠。但 CPU 需要花费大量的时间不断地主动查询外设的工作状态，尤其是对于工作速度远低于 CPU 的外设，CPU 在查询等待的过程中是不能进行其他操作的，所以使得 CPU 的效率比较低。

为了提高 CPU 的效率以及使系统具有实时性能，通常采用中断传送方式。

3. 中断传送方式

中断传送方式：当外设为数据传送做好准备时，主动向 CPU 发出中断请求，使 CPU 中断原程序（主程序）的执行而转去执行为外设服务的输入输出操作，待服务完毕之后，CPU 再返回原来被中断的程序继续执行。

这样，在执行 I/O 操作时，外设具有主动申请的权利，而 CPU 处于被动接受申请的地位。可见，中断传送方式完全取消了 CPU 在查询传送方式下的等待过程，从而大大提高了 CPU 的工作效率。

三、中断技术概述

1. 中断的概念

所谓中断，是指 CPU 在执行主程序的过程中，由于某个突发的随机事件（包括 CPU 内部的或外部的事件）而引起的 CPU 暂时中止正在执行的程序，转去执行处理突发事件的程序（称为中断服务程序），在中断服务程序执行完毕后能自动返回原断开的主程序处继续执行的过程。

要处理中断，必须要有引起中断的突发事件，即中断源。一般把能够引起中断的原因，或者能发出中断申请的来源称为中断源。常见的中断源有以下几种：①输入、输出设备：如键盘、显示器、打印机和 A/D 转换器等设备；②实时控制过程中的各种参数以及故障源：如电源掉电保护，工业测控领域中的现场数据，如温度、压力、位移等信号；③程序性中断：如调试程序时专门设置的中断等。

采用中断后，使得计算机系统有以下几方面好处：

（1）同步工作。采用中断处理技术，可使 CPU 和外设同时工作。这是由于 CPU 的工作速度很快，传送一次数据所需的时间很短，因此，对于外设而言，几乎是在向 CPU 发出数据传送请求的瞬间，CPU 就实现了数据的传送；而对于 CPU 执行的主程序来说，虽然中断了一段时间，但由于时间很短，对 CPU 的执行速度影响不大。尤其对于连接多个外设时，CPU 可按各个外设发出中断请求的先后次序及时做出处理，有效地解决了快速 CPU 与慢速外设之间的矛盾，从而大大提高了工作效率。

（2）实时处理。中断处理可使 CPU 方便实现现场的实时控制。例如工业测控领域中采集的各种现场数据、参数、信息等，可在任何时间向 CPU 发出中断请求，CPU 可以及时响应并加以处理，从而提高了控制系统的性能。

（3）故障处理。采用中断处理技术也可以对生产现场或控制系统的掉电、越限等故障情况及时处理，提高了系统的可靠性。

可见，中断处理技术是微型计算机的一项重要功能，中断系统功能的强弱也成为衡量微型计算机系统是否完善的重要指标之一。

2. 中断嵌套

通常，在一个系统中总会有若干个中断源，CPU 可以接收若干个中断源发出的中断请求。但是在同一瞬间，CPU 只能响应一个中断源的中断请求。当 CPU 执行主程序时，假设中断源 A 发出中断申请，则 CPU 中止执行主程序而转去执行 A 中断服务子程序，如果 CPU 正在响应并处理 A 中断服务程序时，又有更重要的 B 中断源申请中断，那么 CPU 会中止正在执行的 A 中断服务子程序，转入 B 中断服务程序。在处理完 B 服务程序后，则返回到原来被中止的 A 中断服务程序继续执行，直至处理完 A 服务程序后再返回主程序。这个过程称为中断嵌套。图 5-3 为二级中断嵌套示意图。

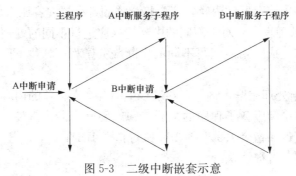

图 5-3　二级中断嵌套示意

中断嵌套的设置，使得 CPU 在处理某一中断源时，也可以响应更重要的中断源的申请。中断嵌套可以设置二级、三级或更多级的嵌套。

3. 中断处理过程

对于不同的微机系统，CPU 实现中断处理的具体过程不尽相同，但是一个完整的中断处理的基本过程一般应包括：中断请求、中断判优、中断响应、中断处理和中断返回。

（1）中断请求。由中断源向 CPU 发出中断申请，这是引起中断的第一步。不同的中断源，产生中断请求的方式是不一样的。比如 MCS-51 单片机，大部分的中断电路是集成在芯片内部的，中断请求信号是由内部中断源产生的，只有 $\overline{INT0}$ 和 $\overline{INT1}$ 中断输入线上的中断请求信号由其外部的中断源电路或接口芯片电路产生。

（2）中断判优。由于中断产生的随机性，就可能出现两个或两个以上的中断源同时发出中断请求的情况。这时就要求设计者根据中断源的轻重缓急，给每个中断源确定一个中断级别——即中断优先权。当多个中断源同时发出中断请求时，CPU 能找出优先级别最高的中断源，并首先响应它的中断请求；对其处理完毕后，再响应级别较低的中断源的中断请求。

另外，中断判优也决定了是否可能实现中断嵌套。即当 CPU 正在响应某一中断源的中断请求，进行中断处理时，又有新的中断源向 CPU 发出中断请求，此时中断判优电路就要根据优先级别，判定新的中断请求是否比正在执行的中断源的优先级别高，若是，则允许新的中断源向 CPU 发出中断请求，实现中断嵌套；否则屏蔽这一新的中断请求，直至原中断处理完后再响应优先权低的中断请求。

（3）中断响应。对于随机发生的中断请求，CPU 必须通过不断检测中断输入线上的中断请求信号，才能不影响中断执行的实效。通常，CPU 总是在每条指令的最后状态对中断请求进行一次检测。当 CPU 检测到有中断请求时，还需确定当前是中断允许，并且该中断请求的优先级别高，CPU 才能决定响应中断；否则，即使有中断请求，CPU 也不予响应。

CPU 在响应中断时通常要自动做三件事：一是自动关闭中断并且保存断点。自动关闭中断是为了防止其他中断进来干扰本次中断，保存断点是将原执行程序的断点地址压入堆栈保护，以便在中断服务程序执行完能正确返回原程序继续执行；二是按照中断源提供的或预先约定的中断矢量自动转入相应的中断服务程序执行；三是自动或通过安排在中断服务程序中的指令来撤除本次中断请求，以避免再次响应本次的中断请求。

（4）中断处理。当 CPU 响应中断后，就转入中断处理。中断处理通常是由中断服务子程序来完成，中断服务子程序里需要包括以下几部分：

① 保护现场。主程序和中断服务程序中都会使用 CPU 内部寄存器，为了在执行中断服务程序时不破坏主程序中寄存器的内容，应先将相关的寄存器内容压入堆栈保护起来。

② 执行中断服务处理程序。对于不同的中断请求应进行不同的处理。因此，用户应该事先根据不同的中断源需完成的功能编写不同的中断服务子程序，供 CPU 在响应中断后自动调用执行。

③ 恢复现场。中断处理完毕，将保存在堆栈中的各个寄存器的内容弹出，即恢复现场。

（5）中断返回。在中断服务子程序的最后，一般要开中断，以使 CPU 能响应新的中断请求，并安排一条中断返回指令 IRET。CPU 执行指令 IRET 后，将压入堆栈保存的断点恢复，从原来程序断开的位置继续执行。

第二节　80C51 单片机中断系统结构

中断系统是指能够实现中断功能的那部分硬件电路和软件程序。80C51 单片机内部集成有中断系统，该中断系统包含 5 个中断源，2 级中断优先级，以及实现中断控制的寄存器和指令等，可以方便完成各种中断响应的操作。图 5-4 是 80C51 中断系统的结构图。

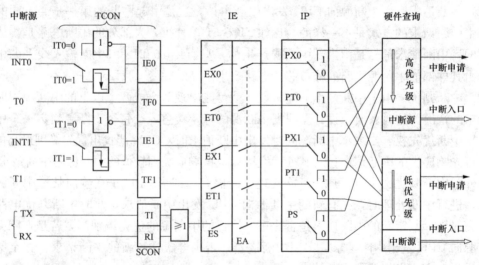

图 5-4　80C51 中断系统结构图

一、80C51 的中断源

80C51 单片机的中断系统有 5 个中断源，包括两个外部中断源、两个定时器溢出中断源和一个串行中断源。

1. 外部中断源

外部中断源是由外部硬件电路提供中断请求信号的中断源。51 系列单片机有两个外部中断源，即外部中断 0 和外部中断 1，分别由 $\overline{INT0}$ 和 $\overline{INT1}$ 两条外部中断请求输入线输入，并允许外部中断源以低电平或负边沿两种中断触发方式来输入中断请求信号。其触发方式的选择，取决于用户对中断标志控制寄存器 TCON 中的 IT0 和 IT1 位的状态设定（如图 5-5）。80C51 单片机的 CPU 在每个机器周期的 S5P2 状态对 $\overline{INT0}$ 和 $\overline{INT1}$ 引脚的中断请求信号进行一次检测，检测方式和中断触发方式的选取有关。若设定为电平触发，则 CPU 检测到 $\overline{INT0}$ 或 $\overline{INT1}$ 引脚上的低电平时就可认定其上中断请求信号有效；若设定为边沿触发，则 CPU 需要连续两次检测 $\overline{INT0}$ 或 $\overline{INT1}$ 引脚上的电平，即前一次检测为高电平后一次检测为低电平时才能认定其中断请求信号有效。

2. 定时器溢出中断源

定时器溢出中断源是由单片机内部集成的定时/计数器产生的中断，属于内部中断。51 系列单片机内部有两个 16 位的定时/计数器 T0 和 T1，分别提供了 TF0 和 TF1 两个定时中断源。定时中断源以定时/计数器的溢出信号作为中断请求，即受定时/计数器的内部定时脉冲或 T0/T1 引脚上输入的外部定时脉冲控制进行计数，当计数从全"1"变为全"0"时，定时器自动向 CPU 发出溢出中断请求，以表明定时时间到。定时/计数器 T0 和 T1 的定时时间可由用户通过程序设定。

3. 串行口中断源

串行口中断由单片机内部的串行口中断源产生，也属于一种内部中断。串行口中断分为串行口发送中断和串行口接收中断两种。每当串行口发送或接收完一组串行数据时串行口电路就会自动使串行口控制寄存器 SCON 中的 RI 或 TI 中断标志位置位，并自动向 CPU 发出串行口中断请求，CPU 响应串行口中断后便立即转入串行口中断服务程序执行。

二、中断标志控制寄存器

51 系列单片机的 CPU 在每个机器周期的 S5P2 状态检测（或接收）外部（或内部）中断源发来的中断请求信号后，先要将相应的中断标志位置位，然后在下个机器周期检测这些中断标志位的状态，以决定是否响应该中断。这些中断标志位设置在定时器控制寄存器 TCON 和串行口控制寄存器 SCON 中。

1. 定时器控制寄存器 TCON

定时器控制寄存器 TCON 的定义格式如图 5-5 所示。用于标志外部中断和定时器溢出中断的中断请求、设置外部中断的触发方式以及定时/计数器的启停。

TCON		D7	D6	D5	D4	D3	D2	D1	D0
字节地址：88H	位地址	8FH	8EH	8DH	8CH	8BH	8AH	89H	88H
	位名称	TF1	TR1	TF0	TR0	IE1	IT1	IE0	IT0

图 5-5　定时器控制寄存器 TCON 的定义格式

定时器控制寄存器 TCON 的各位的含义如下：

(1) IT0 和 IT1：IT0 为外中断 0（$\overline{INT0}$）的中断触发标志位，位地址是 88H。IT0 的状态由用户通过程序设定。当 IT0＝0 时，$\overline{INT0}$引脚上的中断请求信号的触发方式为低电平触发；当 IT0＝1 时，设定$\overline{INT0}$为负边沿中断触发方式。IT1 为外中断 1（$\overline{INT1}$）的中断触发标志位，功能与 IT0 相同，用于设定$\overline{INT1}$的中断触发方式，位地址是 8AH。

(2) IE0 和 IE1：IE0 为外中断 0（$\overline{INT0}$）的中断请求标志位，位地址是 89H。当 CPU 在 S5P2 状态检测到$\overline{INT0}$上的中断请求有效时，IE0 由硬件自动置位；当 CPU 响应$\overline{INT0}$上的中断请求后进入相应的中断服务程序执行时，IE0 被自动复位。IE1 为外中断 1（$\overline{INT1}$）的中断请求标志位，位地址是 8BH，其功能与 IE0 相同。

(3) TR0 和 TR1：TR0 为定时器 T0 的启停控制位，位地址是 8CH。TR0 的状态由用户通过程序设定。若设定 TR0＝1，则定时器 T0 立即开始计数；若设定 TR0＝0，则定时器 T0 停止计数。TR1 为定时器 T1 的启停控制位，位地址是 8EH，其功能和 TR0 相同。

(4) TF0 和 TF1：TF0 为定时器 T0 的溢出中断标志位，位地址是 8DH。当定时器 T0 产生溢出中断时，TF0 由硬件自动置位；当 CPU 响应溢出中断后，TF0 被自动复位。TF1 为定时器 T1 的溢出中断标志位，位地址是 8FH，其功能和 TF0 相同。

2. 串行口控制寄存器 SCON

串行口控制寄存器 SCON 的定义格式如图 5-6 所示，占用内存的字节地址是 98H。SCON 的低两位用于锁存串行口的发送中断标志 TI 和接收中断标志 RI，其余各位用于串行口方式设定和串行口发送/接收控制，将在第 7 章串行通信中详细介绍。

SCON 字节地址：98H		D7	D6	D5	D4	D3	D2	D1	D0
	位地址	9FH	9EH	9DH	9CH	9BH	9AH	99H	98H
	位名称	SM0	SM1	SM2	REN	TB8	RB8	TI	RI

图 5-6　串行口控制寄存器 SCON 的定义格式

(1) TI：串行口的发送中断标志位，位地址为 99H。当串行口发送完一组数据时，串行口电路向 CPU 发出串行口中断请求，同时使 TI 置位。但是在 CPU 响应串行口中断后，转向中断服务程序执行时，并不能为硬件复位。因此，TI 必须由用户在串行口中断服务程序中通过指令来使它复位。

(2) RI：串行口的接收中断标志位，位地址为 98H。当串行口接收到一组数据时，串行口电路向 CPU 发出串行口中断请求，同时使 RI 置位，表明串行口已产生了接收中断。在 CPU 响应串行口中断后，RI 也必须由用户在串行口中断服务程序中通过软件复位。

三、中断允许与中断优先级的控制

1. 中断允许控制寄存器 IE

51 系列单片机没有专门的开中断和关中断指令，中断的开放和关闭是通过中断允许寄存器 IE 进行控制的。中断允许寄存器 IE 中有一个中断允许总控位 EA，还有若干实现各中断源的中断允许控制位，二者的共同配合实现对中断请求的控制。中断允许控制寄存器 IE 的定义格式如图 5-7 所示。

IE 字节地址：A8H	D7	D6	D5	D4	D3	D2	D1	D0
位地址	AFH	AEH	ADH	ACH	ABH	AAH	A9H	A8H
位名称	EA	—	ET2	ES	ET1	EX1	ET0	EX0

图 5-7　中断允许控制寄存器 IE 的定义格式

下面对 IE 各位的定义及作用做出说明：

（1）EA：EA 为中断允许总控位，位地址是 AFH。EA 的状态由用户通过程序设定。若设定 EA＝0，则单片机所有中断源的中断请求都被关闭；若设定 EA＝1，则所有中断源的中断请求都开放，但开放的中断请求是否能让 CPU 响应还取决于 IE 中相应中断源的中断允许控制位的状态。

（2）EX0 和 EX1：EX0 为外中断 0（$\overline{INT0}$）的中断请求控制位，位地址是 A8H。EX0 的状态也可以由用户通过程序设定。若设定 EX0＝0，则 $\overline{INT0}$ 上的中断请求被关闭；若设定 EX0＝1，则 $\overline{INT0}$ 上的中断请求被允许，但该中断请求能否让 CPU 响应还取决于 IE 中的中断允许总控位 EA 是否为"1"状态。

EX1 为外中断 1（$\overline{INT1}$）的中断请求控制位，位地址是 AAH，其作用和 EX0 相同。

（3）ET0、ET1 和 ET2：ET0 为定时器 T0 的溢出中断允许控制位，位地址是 A9H。ET0 的状态由用户通过程序设定。若设定 ET0＝0，则定时器 T0 的溢出中断被关闭；若设定 ET0＝1，则定时器 T0 的溢出中断被开放，但该中断请求能否让 CPU 响应还取决于 IE 中的中断允许总控位是否为"1"状态。

ET1 为定时器 T1 的溢出中断允许控制位，位地址是 ABH；ET2 为定时器 T2 的溢出中断允许控制位，位地址是 ADH。ET1、ET2 的功能和 ET0 相同，但只有 52 系列的单片机才具有 ET2 的中断功能。

（4）ES：ES 为串行口中断允许控制位，位地址是 ACH。ES 的状态由用户通过程序设定。若设定 ES＝0，则串行口中断被关闭；若设定 ES＝1，则串行口中断被开放，但该中断请求能否让 CPU 响应还取决于 IE 中的中断允许总控位是否为"1"状态。

当单片机复位时，中断允许控制寄存器 IE 的各位均被复位成"0"状态，即 CPU 对所有的中断处于关闭状态。在单片机复位完成后，用户必须通过主程序中的指令来开放所需的中断，以便相应的中断请求到来时能被 CPU 响应。

2. 中断优先级控制寄存器 IP

51 系列单片机对中断优先级的控制比较简单，只规定了两个中断优先级，对于每一个中断源都可以通过指令来设定为高优先级中断或低优先级中断，方便 CPU 对所有中断实现两级中断嵌套。中断优先级的控制由中断优先级控制寄存器 IP 统一管理。图 5-8 是中断优先级控制寄存器 IP 的格式定义。

IP 字节地址：B8H	D7	D6	D5	D4	D3	D2	D1	D0
位地址	BFH	BEH	BDH	BCH	BBH	BAH	B9H	B8H
位名称	—	—	PT2	PS	PT1	PX1	PT0	PX0

图 5-8　中断优先级控制寄存器 IP 的定义格式

下面对 IP 各位的定义及作用做出说明：

（1）PX0 和 PX1：PX0 为外中断 0（$\overline{INT0}$）的中断优先级控制位，位地址是 B8H。PX0 的状态可由用户通过程序设定。若设定 PX0＝0，则 $\overline{INT0}$ 上的中断被定义为低优先级中断；若设定 PX0＝1，则 $\overline{INT0}$ 被定义为高优先级中断。

PX1 为外中断 1（$\overline{INT1}$）的中断优先级控制位，位地址是 BAH，其作用和 PX0 相同。

（2）PT0、PT1 和 PT2：PT0 为定时器 T0 的溢出中断优先级控制位，位地址是 B9H。PT0 的状态可由用户通过程序设定。若设定 PT0＝0，则定时器 T0 的溢出中断被定义为低优先级中断；若设定 PT0＝1，则定时器 T0 被定义为高优先级中断。

PT1 为定时器 T1 的溢出中断优先级控制位，位地址是 BBH；PT2 为定时器 T2 的溢出中断优先级控制位，位地址是 BDH。PT1、PT2 的功能和 PT0 相同，但只有 52 系列的单片机才具有 PT2 的中断功能。

（3）PS：PS 为串行口中断优先级控制位，位地址是 BCH。PS 的状态由用户通过程序设定。若设定 PS＝0，则串行口中断定义为低优先级中断；若设定 PS＝1，则串行口中断定义为高优先级中断。

中断优先级控制寄存器 IP 的设置为实现中断嵌套提供了可能，但是只能设置高低两级中断。如果单片机在工作的过程中有两个以上的中断源申请中断，那么必然会有某些中断源是处于同一中断优先级，对于这种情况，CPU 该如何响应中断呢？80C51 单片机的内部中断系统对各中断源的中断优先级做了统一规定，当出现同级的中断请求时，CPU 应按照表 5-1 的优先级顺序来响应中断。

表 5-1 　　　　　　　　　　　　80C51 内部各中断源中断优先级的顺序

中断源	中断标志	优先级顺序
$\overline{INT0}$	IE0	高
定时器 T0	IT0	
$\overline{INT1}$	IE1	↓
定时器 T1	IT1	
串行口	TI 或 RI	低

例如：若将 80C51 的串行口中断和 $\overline{INT0}$ 设定为高优先级中断（PS＝1 和 PX0＝1），其余中断都设定为低优先级中断（PX1＝0，PT0＝0 和 PT1＝0），则 CPU 在实现中断嵌套或有多个中断请求需要响应时对于优先级的判别顺序是：首先判定高优先级中断，$\overline{INT0}$ 优于串行口中断，然后判定低优先级中断，由高到低顺序为定时器 T0、$\overline{INT1}$、定时器 T1。

第三节　80C51 单片机中断处理过程

80C51 单片机的中断处理过程和一般的中断系统类似，通常也包括中断请求、中断判优、中断响应、中断处理和中断返回等过程，下面分别介绍。

一、中断请求

前已述及，80C51 单片机的 CPU 在每个机器周期的 S5P2 状态检测 5 个中断源是否有中断请求信号，当检测到有中断申请时，就会将其中断请求信号分别锁存在特殊功能寄存器 TCON 和 SCON 中。这个过程由单片机的硬件实现。

二、中断响应

1. 中断响应条件

80C51 单片机接收到中断请求后，CPU 是否响应中断，先要进行中断响应条件的判别：

（1）应允许所有中断源申请中断，即中断允许总控位 EA＝1，这样 CPU 才可以响应中断；而且，发出中断请求的相应中断是开放的，即中断允许寄存器中的相应位为 "1"。

（2）若 CPU 正在响应某一中断请求，这时又来了新的优先级更高的中断请求，则 CPU 在完成当前指令的执行后就立即响应新的中断，从而实现中断嵌套；如果新来的中断请求优先级低，则 CPU 不予理睬，直到当前的中断服务执行完后才会自动响应新的中断请求。

（3）若 CPU 正在执行 RETI 指令或任何访问寄存器 IE/IP 的指令时，则 80C51 单片机必须等待执行完下条指令后才响应该中断请求。

中断响应条件的判别是由特殊功能寄存器 IE、IP 以及与中断相关的硬件电路实现的。当一个中断请求满足中断响应条件后，CPU 即进入中断响应。

2. 中断响应过程

80C51 单片机的中断响应过程，包括以下三步：

（1）由硬件自动将当前程序的中断位置，即断点地址（PC 当前值）压入堆栈保护，以便在中断服务程序执行完后实现中断返回时，CPU 能从原来断开的位置继续执行。

（2）关闭中断，以防在响应中断期间受到其它中断的干扰。

（3）将相应的中断入口地址装入程序计数器 PC 中，根据该中断入口地址，CPU 才能转入相应的中断服务程序执行。中断入口地址，也称中断矢量，是中断服务程序的起始地址，通过中断入口地址来实现对中断源的识别，C51 语言中通过中断类型号实现对中断源的识别。80C51 单片机的各中断源的入口地址分配及对应的中断类型号见表 5-2。

表 5-2　　　　　　　　　　　**80C51 各中断源的入口地址**

中断源	中断入口地址	中断类型号
$\overline{INT0}$	0003H	0
定时器 T0	000BH	1
$\overline{INT1}$	0013H	2
定时器 T1	001BH	3
串行口	0023H	4

由表 5-2 可见，各中断源的入口地址之间间隔 8 个字节存储单元，用来存放中断服务程序通常是放不下的。因此，用户常在中断入口地址处存放一条长转移指令，CPU 可通过

执行这条长转移指令转入相应的中断服务程序执行。例如，若定时器 T0 的中断服务程序的起始地址在 2100H 单元，用汇编语言来实现，则编写如下的指令便可转入 2100H 处执行：

```
ORG      000BH
LCALL    2100H
```

如果采用 C51 语言，则无需用户编写此程序，编译系统会自动完成转入过程。

3. 中断响应时间

在实时控制系统中，为了满足控制速度的要求，需要了解 CPU 响应中断所需的时间。

80C51 的 CPU 响应中断的最短时间需要 3 个机器周期：第一个机器周期用于查询中断标志位的状态；第二和第三个机器周期用于保护断点、关 CPU 中断和自动转入中断入口地址。如果 CPU 在执行 RETI 返回指令或执行访问 IE/IP 的指令的第一个机器周期查询到有新的中断请求，则 CPU 需要再执行一条指令才会响应这个中断请求，这种情况下，CPU 响应中断的时间最长，需要 8 个机器周期。

一般来说，80C51 响应中断的时间在 3～8 个机器周期。但是，若 CPU 正在执行的是同级或高级中断服务时，则新的中断请求需要等待响应的时间会更长。

三、中断处理

中断处理即 CPU 执行中断服务程序，一般由软件完成。在 C51 语言中比较简单，用户直接编写中断服务子程序即可，其余的事情由编译系统完成。而在汇编语言中，中断服务程序的构成格式为：

（1）保护现场。在主程序和中断服务程序中都会用到累加器或其他寄存器，当中断服务程序使用这些寄存器时将会改变其中的内容，再返回主程序时容易引起混乱。为此，进入中断服务程序后应该首先采用入栈指令（PUSH）将这些寄存器的内容压入堆栈保存起来，称为保护现场。

（2）开中断。用指令 SETB　EA 可以置位 EA，也可以用置位指令将其他中断允许标志位置 "1"，使得中断开放。以便 CPU 在执行某中断的过程中，可以允许被更高级别的中断打断，实现中断嵌套。

（3）执行中断处理子程序。这是中断服务程序的核心部分，即中断源真正需要处理的操作。

（4）关中断。中断处理程序执行完，需要用清零指令（CLR）将中断允许的总控位 EA 置 "0"，关闭中断。避免在接下来执行恢复现场和中断返回的过程中，若有新的中断请求需要响应时，可能将现场数据丢失。

（5）恢复现场。中断服务程序结束前，采用出栈指令（POP），将堆栈中保存的寄存器内容按照 "先进后出，后进先出" 的原则弹出堆栈，称为恢复现场，以便中断前的原程序继续使用。

采用 C51 语言编写中断服务程序时，只需编写第 3 个步骤即可。

四、中断请求的撤除

当某个中断请求被响应时，CPU 必须将其相应的中断标志位复位成 "0" 状态，以免由于中断标志未能及时撤除而重复响应同一中断请求。80C51 单片机的 5 个中断源分属于三种中断类型：即外部中断、定时器溢出中断和串行口中断，这三种中断类型的中断请求，其撤除方式是不相同的。

1. 定时器溢出中断请求的撤除

定时器溢出中断源的中断请求到来，则 CPU 使其中断标志位 TF0 和 TF1 置位；当定时器溢出中断得到响应后，则中断标志位会自动复位成"0"状态，不需要用户撤除。

2. 串行口中断请求的撤除

串行口的中断标志位 RI 和 TI，中断系统不能自动将它们撤除，因此用户需要在中断服务程序的适当位置书写 CLR　TI 或 CLR　RI 指令将发送中断或接收中断请求撤除。

3. 外部中断请求的撤除

外部中断请求有两种触发方式：电平触发和负边沿触发。这两种触发方式下，中断请求的撤除方式是不一样的。

在负边沿触发方式下，CPU 响应中断时硬件会自动清 IE0 或 IE1 标志。

对于低电平触发的外部中断，中断标志位 IE0 或 IE1 是依靠 CPU 检测到$\overline{INT0}$或$\overline{INT1}$上的低电平而置位的。当 CPU 响应中断后，外中断源的低电平必须及时撤除，否则会再次产生中断，这是不允许的。因此，电平触发型外部中断请求的撤除方法就是必须使$\overline{INT0}$或$\overline{INT1}$上的低电平在中断被 CPU 响应时而变为高电平。一种可供采用的电平触发型外部中断撤除电路如图 5-9 所示。

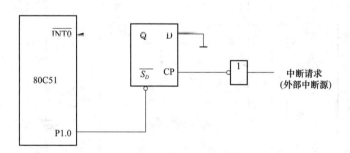

图 5-9　电平触发型外部中断撤除电路

当外部中断源产生中断请求时，Q 触发器复位成"0"状态，Q 端输出低电平送到$\overline{INT0}$端，80C51 检测到后将中断标志位 IE0 置"1"。当 80C51 响应中断后就进入$\overline{INT0}$的中断服务程序执行，因此，应在中断服务程序的开头安排两条指令：

　　ANL　P1，♯0FEH

　　ORL　P1，♯01H

80C51 在执行上述程序后，就在 P1.0 引脚产生一个宽度为两个机器周期的负脉冲，使得 Q 触发器被置位成"1"状态，$\overline{INT0}$变为高电平，中断请求撤除。

五、中断返回

中断服务程序处理结束，CPU 将返回原来断开的位置继续执行。对于汇编语言程序设计，需要在中断服务程序的末尾加一条中断返回指令 RETI，实现功能：把原程序的断点地址从堆栈弹出并送回程序计数器 PC 中，通知中断系统已将当前中断处理完毕，清除优先级状态触发器。而在 C51 语言中，这一过程将由编译系统自动完成，用户无需处理。

第四节 中 断 应 用 举 例

80C51 通过它的中断系统完成对中断的操作。而使用中断系统之前，首先必须对它进行初始化编程，即对上述特殊功能寄存器的各控制位进行赋值。中断系统的初始化步骤包括以下几步：

（1）设置中断允许寄存器 IE，开相应中断源的中断。

（2）设置中断优先级寄存器 IP，确定各中断源的优先级。

（3）若为外部中断，则应规定中断触发方式采用低电平触发还是负边沿触发。

在中断系统执行时，还需要编写中断服务子程序来实现各自的中断任务。

1. 单个中断源的应用

【例 5-1】 电路如图 5-10 所示，利用单片机的 $\overline{\text{INT1}}$ 引入单脉冲，每来一个负脉冲，就将连接到 P1 口的发光二极管点亮一个，依次循环点亮。

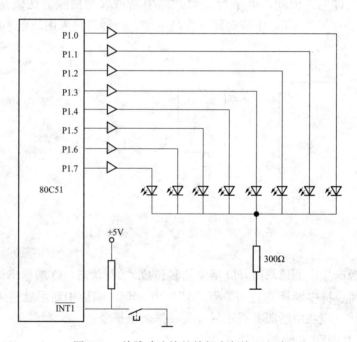

图 5-10 单脉冲连接的外部中断接口电路

解： 利用 $\overline{\text{INT1}}$ 的下降沿触发中断。每次进入中断服务程序，将连接在 P1 口的发光二极管顺次点亮。相应的汇编语言程序如下：

```
        ; 主程序
        ORG  0000H
        LJMP  MAIN
        ORG  0013H              ; 外中断 1 的中断入口地址
        LJMP  INT1-ISR          ; 转入外中断 1 的中断处理程序
```

```
            ORG   0100H
    MAIN：   MOV   SP，#60H              ；设置堆栈指针
            MOV   A，#01H
            MOV   P1，#00H
            SETB  IT1                   ；设置下降沿触发中断
            SETB  EX1                   ；开放外部中断 1
            SETB  EA                    ；开放总中断
            SJMP  $                     ；等待中断
            ；中断服务程序
            ORG   0200H
    INT1-ISR：MOV  P1，A
            RL    A
            RETI                        ；中断返回
            END
```

从上述对中断系统的初始化编程可以看出，采用位操作指令 SETB 对中断允许寄存器 IE 的各控制位进行定义比较简单，容易记忆，用户无需记住每个控制位在寄存器 IE 中的确切位置。

C51 语言程序如下：

```
    #include<reg51.h>
    #define  uchar  unsigned char
    uchar  i = 0x01;                    //设置初始显示值
    void  main()
    {
        P1 = 0x00;
        IT1 = 1;                        //设置下降沿触发中断
        EX1 = 1;                        //开放外部中断 1
        EA = 1;                         //开放总中断
        while(1);                       //等待中断
    }
    void  int1-isr(void)  interrupt  2  //2 号中断是外部中断 1
    {
        i<< = 1;                        //循环左移
        if(i = = 0)  i = 1;             //循环 8 次后,重新给 i 赋值
        P1 = i;                         //P1 口输出显示
    }
```

2. 外部中断源的扩展

80C51 单片机只有两个外部中断源，当实际应用中需要多个外部中断源时，可采用硬件中断请求和软件查询相结合的方式实现对外部中断源的扩展。现举例说明。

【例 5-2】 现有 5 个外部中断源，如图 5-11 所示。中断请求信号高电平有效，编写查询外部中断请求线 EX1～EX5 上中断请求的程序。

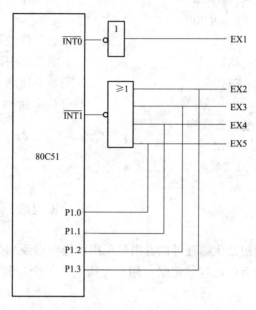

图 5-11　多外部中断扩展电路

解：如图 5-11 所示，将中断源 EX1 接到 80C51 的外中断 0 的输入端$\overline{INT0}$，设置为高优先级；其余 4 个中断源 EX2～EX5 通过一个或非门连接到外中断 1 的输入端$\overline{INT1}$，同时还分别连接到 P1 口的 P1.0～P1.3 端，它们设置为低优先级，这 4 个中断源中只要有一个产生中断，中断请求通过$\overline{INT1}$引入，而中断源的识别由软件查询来实现，查询的次序决定了中断优先级。下面是汇编语言程序：

```
              ; 主程序
              ORG   0000H
              LJMP  MAIN
              ORG   0003H             ; 外中断 0 的中断入口地址
              LJMP  INT0-ISR          ; 转入外中断 0 的中断处理程序
              ORG   0013H             ; 外中断 1 的中断入口地址
              LJMP  INT1-ISR          ; 转入外中断 1 的中断处理程序
              ORG   0100H
   MAIN:      MOV   SP, #60H          ; 设置堆栈指针
              ORL   TCON, #05H        ; 设置外部中断为电平触发方式
              MOV   IE, #85H          ; 开放外部中断
              MOV   IP, #01H          ; 设置外中断 0 为高优先级
              SJMP  $                 ; 等待中断
              ; 外中断 0 的中断服务程序
              ORG   1000H
```

```
INT0-ISR: PUSH  PSW                    ;保护现场
          PUSH  ACC
          ACALL EX1                    ;调用 EX1 中断服务子程序
          POP   ACC
          POP   PSW                    ;恢复现场
          RETI                         ;中断返回
          ;外中断 1 的中断服务程序
          ORG   1200H
INT1-ISR: PUSH  PSW                    ;保护现场
          PUSH  ACC
          ORL   P1, #0FH               ;读 P1 口的低 4 位
          MOV   A, P1
          JNB   P1.0, NT1
          ACALL EX2                    ;调用 EX2 中断服务子程序
    NT1:  JNB   P1.1, NT2
          ACALL EX3                    ;调用 EX3 中断服务子程序
    NT2:  JNB   P1.2, NT3
          ACALL EX4                    ;调用 EX4 中断服务子程序
    NT3:  JNB   P1.3, NT4
          ACALL EX5                    ;调用 EX5 中断服务子程序
    NT4:  POP   ACC                    ;恢复现场
          POP   PSW
          RETI                         ;中断返回
          END
```

C51 语言程序如下：

```c
#include<reg51.h>
#define  uchar  unsigned char
#define  uint   unsigned int
sbit  P10 = P1^0;
sbit  P11 = P1^1;
sbit  P12 = P1^2;
sbit  P13 = P1^3;
void  main()
{
    TCON = 0x05;            //设置外部中断为电平触发方式
    IE = 0x85;              //开放外部中断及总中断
    IP = 0x01;              //设置外中断 0 为高优先级
    while(1);               //等待中断
}
```

```
void  int0-isr(void)    interrupt  0      //0 号中断是外部中断 0
{
    EX1 ();                               //调用 EX1 中断服务子程序
}
void  int1-isr(void)    interrupt  2      //2 号中断是外部中断 1
{
    if(P10 = = 1)
    {
        EX2 ();                           //调用 EX2 中断服务子程序
    }
    else  if(P11 = = 1)
    {
        EX3 ();                           //调用 EX3 中断服务子程序
    }
    else  if(P12 = = 1)
    {
        EX4 ();                           //调用 EX4 中断服务子程序
    }
    else  if(P13 = = 1)
    {
        EX5 ();                           //调用 EX5 中断服务子程序
    }
}
```

采用查询方式扩展外部中断源比较简单,但当扩展的外部中断源个数较多时,会使查询时间太长,不易满足现场的控制要求。为此,也可采用可编程的中断控制器 8259 来扩展外部中断源。限于篇幅,在此不再举例介绍。

第五节　实践项目——外部中断次数计数器及其 Proteus 仿真

1. 任务要求

利用按键控制实现对按键按动次数的统计并将计数值进行显示。

2. 任务分析

采用按键作为外部中断请求信号,接入单片机的外中断 1 $\overline{INT1}$ (P3.3) 引脚,4 个共阴连接的七段数码管用于显示计数值,P0 口的 P0.0～P0.7 接数码管的 a～g 和 DP 端,P2 口的 P2.0～P2.3 经 ULN2003 反相驱动器与 4 个数码管的各个位控制线连接。Proteus 仿真电路如图 5-12 所示。

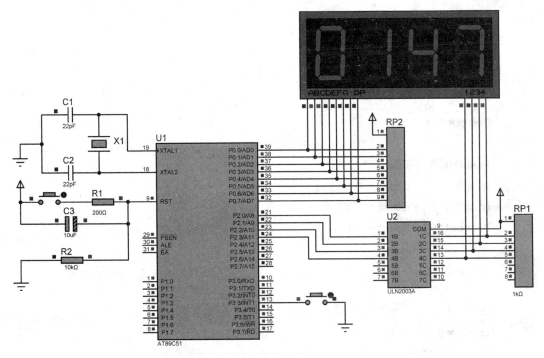

图 5-12　外中断次数计数器的 Proteus 仿真电路

3. C51 语言程序

/＊外中断次数计数器，一个按键连接外中断 1，实现外部中断计数并显示，最大显示数为 9999＊/

```c
#include<reg51.h>
#define uchar unsigned char
#define uint unsigned int

bit flag;

uchar code segcode[] =                    //段码，共阴连接
{0x3f,0x06,0x5b,0x4f,0x66,0x6d,0x7d,0x07,0x7f,0x6f};
uchar code bitcode[] =                    //位码
{0x01,0x02,0x04,0x08};

uchar Dispbuf[4];                         //定义数组
uint Count;                               //定义计数变量

void delayms(uchar n)                     //n ms 延时函数
{
    uchar j;
    while(n--)
```

```
        {
            for(j = 0;j<113;j + +);
        }
    }


void NumtoBuf()                                //计算个十百千位
{
    Dispbuf[3] = Count/1000;
    Dispbuf[2] = Count/100 % 10;
    Dispbuf[1] = Count/10 % 10;
    Dispbuf[0] = Count % 10;
}
void Buftoseg()                                //动态扫描 4 个数码管的显示
{
    uchar i;
    for(i = 0;i<4;i + +)
    {
        P0 = segcode[Dispbuf[i]];
        P2 = bitcode[i];
        delayms(200);
        P2| = 0x0f;                            //消影，P2 在下次送数前先置 1
    }
}


void main()
{
    IE | = 0x84;                               //开放总中断，int1 中断
    P0 = 0x73;                                 //显示"P"
    TCON = 0x0c;                               //边沿触发，自清中断标志
    while(1)
    {
        if(flag)
        {
            if(Count>9999)
            {
                Count = 0;
            }
            NumtoBuf();
            Buftoseg();
```

```
        }
    }
}
void int1_isr()interrupt 2
{
    if(flag)
    {
        Count + + ;
    }
    else flag = 1;
}
```

应用 Keil μ Vision4 编译系统完成该程序的编译、连接，生成可执行文件，通过 Proteus ISIS　8.0 仿真，可以达到任务要求的仿真效果。

本章小结

微型计算机要和外界打交道，比如说，人们要把程序和数据写入存储器，或者把计算机处理后的运算结果送给外界，要完成微型计算机与外界的这种联系，实现人机交互，就必须要有外部设备的连接。而在微型计算机系统中，由于 CPU 与外设之间的速度不匹配和信号不匹配等原因，它们并不是直接连接，而是通过输入/输出（I/O）接口电路连接。

微型计算机与外部设备的数据传输方式有四种：无条件传送方式、查询传送方式、中断传送方式及直接存储器存取（DMA）方式，而在单片机系统中主要使用前三种方式。中断传送方式是提高 CPU 的效率常采用的一种传输方式。因此，在微型计算机系统中，一般都设置有中断系统。

80C51 单片机的中断系统包含 5 个中断源，即外中断 0 和外中断 1、定时计数器 T0 和 T1 的溢出中断、串行口的接收和发送中断；可以设置 2 个优先级，由寄存器 IP 来设定不同中断源的优先级别；设置了两个控制寄存器 TCON 和 SCON，用于标志 5 个中断源的中断请求以及设定外中断源的触发方式；由中断允许寄存器 IE 实现 CPU 对各个中断源的开放和关闭的管理。

80C51 单片机的中断处理过程通常包括中断请求、中断响应、中断处理和中断返回等过程。中断请求和中断响应一般由硬件完成，中断处理和中断返回一般由软件实现。当中断请求被响应后，中断请求的撤除根据不同的中断源类型可由硬件自动完成或者软件实现。

练 习 题

5-1　什么叫 I/O 接口？I/O 接口的作用是什么？

5-2　外设端口有哪两种编址方式？各有什么特点？

5-3　I/O 数据有哪几种传送方式？各在什么场合下使用？

5-4　什么叫中断？什么叫中断系统？微型计算机采用中断有什么好处？

5-5　什么叫中断源？80C51 有哪些中断源？各有什么特点？

5-6　80C51 的中断系统中有哪些特殊功能寄存器？各自有什么功能？

5-7　用适当的指令实现将外中断 1 设为脉冲下降沿触发的高优先级中断源。

5-8　80C51 单片机的哪些中断标志可以在响应后自动撤除？哪些需要用户撤除？如何撤除？

5-9　80C51 响应中断的条件是什么？中断响应的全过程是怎样的？

5-10　用中断加查询的方式对外中断 0 进行扩展，使之能分别对 4 个按键输入的低电平信号做出响应。

第六章　80C51 单片机的定时/计数器

🔍 **学习目标**

1. 理解定时/计数器的内部结构及工作原理。
2. 掌握 80C51 单片机定时/计数器的控制寄存器及工作方式和用法。
3. 掌握 80C51 单片机定时/计数器的 C51 程序设计。

📖 **本章重点**

1. 80C51 单片机的定时/计数器的控制寄存器和工作方式。
2. 80C51 单片机的定时/计数器的程序设计方法。

第一节　定时/计数器的内部结构和工作原理

一、定时/计数器概述

定时是微型计算机系统中必不可少的功能。比如，日历时钟的计时，动态存储器的刷新定时，都要由定时信号产生；系统提供的时间基准，用来控制外部设备的定时或者对外部事件的计数等，都离不开定时技术。所以，定时/计数器在微机系统中是非常重要的。MCS-51 单片机内部集成有定时/计数器。

定时/计数器具有两种功能，即定时和计数。从硬件结构上来看，定时/计数器实质是一种时序电路，所有的控制信号和指令都需要在固定的时序上工作。但是，定时和计数在实际使用中具有不同的功能。所谓定时，一般也称为内部定时，是以系统提供的内部时钟脉冲作为基准，通过对时钟脉冲的计数来达到定时；计数，一般也称为外部计数，它是通过检测外部输入引脚是否有跳变，当有一个跳变时，计一个脉冲，以此来达到计数的目的。

80C51 单片机内部集成有两个可编程控制的 16 位定时/计数器 T0 和 T1，每个定时/计数器都可以单独设置为定时器工作模式或者计数器工作模式，并且每个定时/计数器又有 4 种工作方式可供选择，通过设置与其相关的特殊功能寄存器进行选择。

二、80C51 单片机定时/计数器的内部结构

80C51 单片机定时/计数器的功能结构框图如图 6-1 所示。定时/计数器 T0、T1 的核心是一个 16 位的加 1 计数器，由高 8 位寄存器 THx（x＝0 或 1，以下同）和低 8 位寄存器 TLx（0/1）组成；工作方式寄存器 TMOD 和定时器控制寄存器 TCON 是实现对定时/计数器的工作方式选择和中断控制的特殊功能寄存器，它们都与单片机的 CPU 连接来共同完成内部定时或外部计数的功能。

三、80C51 单片机定时/计数器的工作原理

当 80C51 单片机的定时/计数器设置为定时工作模式时，输入的计数脉冲是由系统的时

钟振荡器输出脉冲经 12 分频后得到，即加 1 计数器对内部机器周期计数。在时序上，定时功能只需一个时钟周期，当晶体振荡频率选定时，机器周期也就确定了，计数器的计数速率也就确定了，即为振荡器频率的 1/12。例如，当晶振频率是 24MHz 时，机器周期为 $0.5\mu s$，计数速率为 2MHz，即每隔 $0.5\mu s$ 计数器加 1，计数值乘以单片机的机器周期就是定时时间。单片机的定时功能就是将对机器周期的计数转换成对时间的定时来实现的。当单片机定时工作时，首先预置好计数初值，然后 16 位的加 1 计数器对单片机内部的机器周期进行加 1 计数，即每个机器周期产生 1 个计数脉冲，定时器加 1，直至 16 位的计数器计数满时，定时/计数器向 CPU 发出中断请求，CPU 置溢出中断标志，用户可根据此标志进行查询或中断处理。

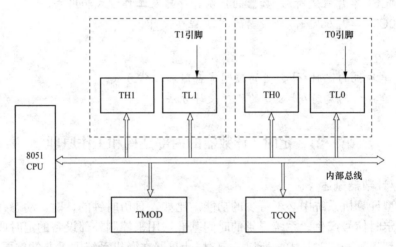

图 6-1　80C51 定时/计数器的结构框图

当 80C51 单片机的定时/计数器设置为计数器工作模式时，计数脉冲是从 T0 或 T1 引脚（P3.4 或 P3.5 引脚）输入的外部脉冲源。单片机在每个机器周期的 S5P2 期间采样 T0、T1 引脚，当该引脚有高电平到低电平的负跳变时，计数器加 1，而更新的计数值在下一个机器周期的 S3P1 期间装入计数器。当计数到预先设置好的计数值时，置计数溢出中断标志，用户可根据此标志进行查询或中断处理。这里要注意，由于单片机需要两个机器周期确认一次计数，因此要求被采样的电平至少要维持一个机器周期，即外部事件计数的最高频率应为单片机振荡频率的 1/24。

第二节　定时/计数器的控制

80C51 单片机对内部定时/计数器的控制是通过方式控制寄存器 TMOD 和定时器控制寄存器 TCON 这两个特殊功能寄存器实现的。

一、方式控制寄存器 TMOD

方式控制寄存器 TMOD 用于实现定时计数器 T0 和 T1 的工作方式选择，该寄存器是 8位的，占用片内 RAM 的字节地址 89H，不支持位寻址，单片机复位后 TMOD 被清零。其中，低 4 位是 T0 的方式控制，高 4 位是 T1 的方式控制。TMOD 寄存器的定义格式如图 6-2所示。

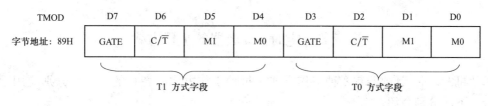

图 6-2　方式控制寄存器 TMOD

下面分别介绍各控制位的含义。

（1）GATE：门控位，用于确定外部中断请求引脚（$\overline{\text{INT0}}$、$\overline{\text{INT1}}$）是否参与 T0 或 T1 的操作控制。

当 GATE=1 时，定时计数器的运行受外部引脚 P3.2（$\overline{\text{INT0}}$）或 P3.3（$\overline{\text{INT1}}$）输入电平的控制。此时，若 $\overline{\text{INT0}}$（或 $\overline{\text{INT1}}$）引脚为高电平且 TR0（或 TR1）置 1，则相应的 T0（或 T1）启动计数。

当 GATE=0 时，只要 TR0（或 TR1）置 1，定时计数器就启动计数，此时运行不受外部引脚 P3.2（$\overline{\text{INT0}}$）或 P3.3（$\overline{\text{INT1}}$）输入电平的控制。

（2）C/$\overline{\text{T}}$：定时/计数器模式选择位，可以选择定时功能或者计数功能。

当 C/$\overline{\text{T}}$=0 时，定时/计数器选择为定时方式，计数的脉冲是内部脉冲，即计数脉冲的周期是机器周期。

当 C/$\overline{\text{T}}$=1 时，定时/计数器选择为计数方式，即单片机对外部引脚 P3.4 或 P3.5 的输入脉冲计数。

（3）M1 和 M0：工作方式选择位，可以选择定时/计数器的工作方式。定时/计数器 T0 和 T1，每个都有 4 种工作方式可供选择，每种工作方式的选择与 M1 和 M0 的关系如表 6-1 所示。

表 6-1　　　　　　　　　　　定时/计数器的工作方式设置

M1	M0	工作方式	功　能　说　明
0	0	方式 0	13 位定时/计数器
0	1	方式 1	16 位定时/计数器
1	0	方式 2	自动重装的 8 位定时/计数器
1	1	方式 3	T0 分成两个 8 位计数器，T1 停止计数

二、定时器控制寄存器 TCON

定时器控制寄存器 TCON 主要用于控制定时/计数器 T0 和 T1 的运行、停止以及标志定时/计数器的溢出和中断情况。TCON 寄存器占用片内 RAM 的字节地址是 88H，可以实现位寻址。TCON 寄存器的定义格式如图 5-5 所示，该寄存器的低 4 位是与外部中断有关，高 4 位中的第 5 位（TF0）和第 7 位（TF1）用于标志定时器 T0 和 T1 的溢出中断请求，第 4 位（TR0）和第 6 位（TR1）用于控制定时器 T0 和 T1 的启动和停止，具体含义已在第五章的 5.2.2 介绍，此处不再赘述。当单片机复位后，该寄存器被清零。

第三节 定时/计数器的工作方式

单片机的定时/计数器有 4 种工作方式，每种工作方式有各自的特点，分别应用于不同的场合。下面分别介绍。

一、工作方式 0

当 TMOD 中的 M1M0＝00 时，定时/计数器工作在方式 0。方式 0 是 13 位的定时/计数方式，由寄存器 THx（0/1）的高 8 位和 TLx（0/1）的低 5 位（0-4 位）构成，TLx 的高 3 位不用。定时器 T0 在方式 0 下的逻辑结构如图 6-3 所示。

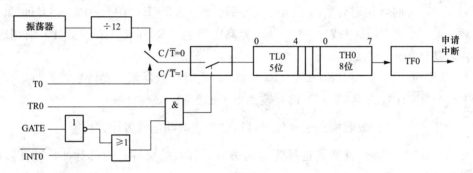

图 6-3 定时器 T0 在方式 0 下的逻辑结构

在定时/计数器启动工作之前，CPU 首先要为它装入方式控制字，用以设定其工作方式，然后再为它装入计数初值，并通过指令启动其计数。从图 6-3 中可知，当 C/$\overline{T}$＝0 时，多路开关接通振荡器的 12 分频信号，定时器 T0 工作在定时模式，方式 0 的 13 位计数器对输入的信号进行计数；当 C/$\overline{T}$＝1 时，多路开关接通外部计数脉冲输入端，定时器工作在计数模式，13 位计数器在输入脉冲的负边沿时加 1 计数。在方式 0 下，无论定时/计数器工作在定时模式还是计数模式，计数器都是在 TL0 的低 5 位按加 1 计数器计数，计满溢出时向 TH0 进位，当 TH0 加 1 计数溢出时，计数器自动将溢出中断标志 TF0 置 1，向 CPU 发出溢出中断请求，表示定时时间到或者计数次数到。若此时中断允许（ET0＝1）且 CPU 开中断（EA＝1），则 CPU 响应中断，转向中断服务程序，同时 TF0 自动清 0，且 TH0 和 TL0 变为全 0。如果想要再次计数，CPU 必须在其中断服务程序中为它重装初值。方式 0 的最大计数值为 $M=2^{13}=8192$。

由图 6-3 可以看出，门控位 GATE 用于控制与门的打开。当 GATE 为低电平时，与门打开，此时定时器 T0 是否工作取决于 TR0 的状态：当 TR0＝1 时，控制开关接通，定时器开始工作；当 TR0＝0 时，控制开关断开，定时器停止工作。当 GATE 为高电平时，与门的开启由 $\overline{INT0}$ 和 TR0 共同控制。在 TR0＝1 的情况下，若 $\overline{INT0}$＝1，则定时器 T0 工作；若 $\overline{INT0}$＝0，则定时器 T0 停止工作。利用 GATE 位的特殊作用，可以测量 $\overline{INT0}$ 引脚上输入的正脉冲的宽度。

二、工作方式 1

当 M1M0＝01 时，定时/计数器工作于方式 1。方式 1 是 16 位的定时计数器，由高 8 位寄存器 THx 和低 8 位寄存器 TLx 构成。

　　方式 1 的电路结构和控制方式与方式 0 基本相同。区别主要是方式 1 的最大计数值为 $M=2^{16}=65536$，是方式 0 的 8 倍，所以最大定时时间和计数次数要比方式 0 大。定时器 T0 在方式 1 下的逻辑结构如图 6-4 所示。

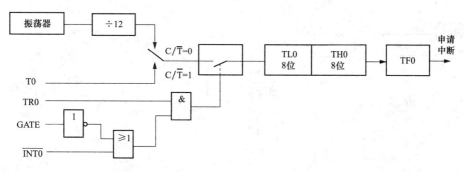

图 6-4　定时器 T0 在方式 1 下的逻辑结构

三、工作方式 2

　　方式 0 和方式 1 在工作时有一个缺点就是计数溢出后，计数器为全 0，因而循环定时或循环计数应用时就存在重装初值的问题，这给程序设计带来许多不便，同时也会影响计时精度。方式 2 针对这个问题而设置，当 M1M0=10 时，定时/计数器工作于方式 2。方式 2 具有自动重装初值的功能，即每当计数溢出时，它都会自动加载计数初值。定时器 T0 在方式 2 下的逻辑结构如图 6-5 所示。

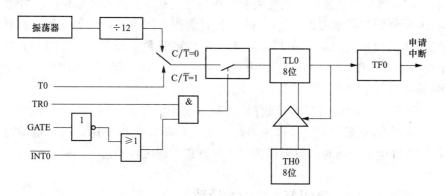

图 6-5　定时器 T0 在方式 2 下的逻辑结构

　　以 T0 为例，工作方式 2 下，16 位计数器分为两部分，即以 TL0 为计数器，以 TH0 作为预置寄存器，CPU 在初始化时把相同的计数初值分别送至 TL0 和 TH0 中，当计数溢出时，由预置寄存器 TH0 以硬件方法自动给计数器 TL0 重新加载计数初值。这样，当定时/计数器启动后，TL0 按 8 位加 1 计数器计数，每当它计满回零时，一方面向 CPU 发出溢出中断请求，另一方面从 TH0 中重新获得初值并启动计数。

　　方式 2 解决了方式 0 和方式 1 下计数溢出时需要通过软件为它重装初值的问题，但在方式 2 下计数器长度只有 8 位，所以最大计数值只有 $M=2^8=256$。

四、工作方式 3

当 M1M0＝11 时，定时/计数器工作于方式 3。在方式 3 下，定时/计数器 T0 和 T1 的功能是不相同的。此时，定时/计数器 T0 被分成了两个独立的 8 位计数器 TH0 和 TL0，T1 可以设置为方式 0、方式 1 或方式 2，但不能工作于方式 3。定时器 T0 在方式 3 下的逻辑结构如图 6-6 所示。

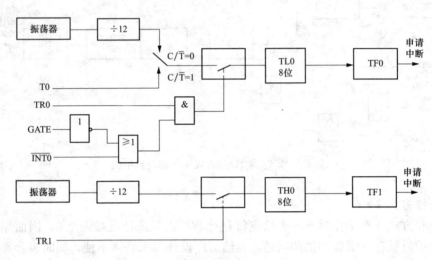

图 6-6　定时器 T0 在方式 3 下的逻辑结构

在方式 3 下，TL0 既可以作为计数器使用，也可以作为定时器使用，定时/计数器 T0 的各控制位和引脚信号全归它使用，其功能和操作与方式 0 或方式 1 完全相同。由于 TL0 把定时/计数器 T0 的资源都基本占光，所以 TH0 就只能作为简单的定时器使用，并且只能借用定时/计数器 T1 的控制位和状态位 TR1 和 TF1，TH0 计数溢出时置位 TF1，TR1 则负责控制 TH0 定时器的启动和停止。显然，在方式 3 下，定时/计数器 T0 可以构成两个定时器或者 1 个定时器和 1 个计数器。

当 T0 工作于方式 3 时，定时/计数器 T1 就只能工作在方式 0、方式 1 或方式 2 下。在这种情况下，定时/计数器 T1 通常作为串行口的波特率发生器使用，以确定串行通信的速率。当作波特率发生器使用时，只需设置好工作方式，即可自动运行。

第四节　定时/计数器应用举例

一、定时/计数器的初始化

1. 初始化步骤

80C51 单片机在使用之前首先要进行初始化，主要是完成定时、计数模式选择，工作方式及计数初值的设定。在 C51 语言中，一般按照如下的步骤完成初始化：

（1）在程序中包含头文件 reg51.h。

（2）在 main 主函数中初始化 TMOD 寄存器，用来指定定时/计数器的工作方式。

（3）根据实际需要为定时/计数器送定时器初值或计数器初值，以确定需要定时的时间或需要计数的值。

（4）根据需要给中断允许寄存器 IE 送中断控制字，给中断优先级寄存器 IP 送中断优先级控制字，用以开放相应中断和设定中断优先级。

（5）给定时器控制寄存器 TCON 送命令字，以启动或禁止定时/计数器的运行。

2. 计数器初值的计算

定时/计数器在计数模式下工作时必须给计数器送初值，这个计数初值是送到 THx 和 TLx 中的。计数器在计数初值的基础上以加法计数，并能在计数器从全 1 变为全 0 时自动产生计数溢出中断请求。因此，若将计数器计满为零所需要的计数值设为 C，计数初值设为 T_C，则计数初值的计算通式为：

$$T_C = M - C \tag{6-1}$$

式（6-1）中，M 为计数器的模值，该值与计数器的工作方式有关。方式 0 时，$M=2^{13}$；方式 1 时，$M=2^{16}$；方式 2 和方式 3 时，$M=2^8$。

3. 定时器初值的计算

在定时器模式下，计数器由单片机的主频经 12 分频后计数。定时器的定时时间 t 的计算公式为：

$$t = (M - T_C)T_{计数} \tag{6-2}$$

式（6-2）经过变换，则定时器的计数初值为：

$$T_C = M - t/T_{计数} \tag{6-3}$$

式（6-3）中，M 为模值，和定时器的工作方式有关；$T_{计数}$ 是单片机时钟周期的 12 倍，即机器周期；T_C 为定时器的计数初值。

由于 M 的值和定时器的工作方式有关，因此不同工作方式下定时器的最大定时时间也不同。例如，若设单片机的主频是 12MHz，则最大定时时间为：

方式 0 时：　　　　　　　　　$T_{MAX}=2^{13} \times 1\mu s = 8.192ms$

方式 1 时：　　　　　　　　　$T_{MAX}=2^{16} \times 1\mu s = 65.536ms$

方式 2 和方式 3 时：　　　　　$T_{MAX}=2^8 \times 1\mu s = 0.256ms$

二、应用举例

80C51 单片机内部定时/计数器的应用很广泛，当它作为定时器使用时可实现对被控系统进行定时控制，当它作为计数器来使用时，可作为分频器以产生各种不同频率的方波或者作为事故记录的计数，以及测量脉冲宽度等。

1. 定时应用

【例 6-1】　利用定时/计数器 T0 的工作方式 0，在 P2.0 引脚上输出 2ms 的方波，编程实现。设单片机 AT89C51 外接 12MHz 的晶振。

解：（1）T0 工作在定时的方式 0，则可确定方式选择控制字 TMOD＝00H。

（2）根据题目要求输出 2ms 的方波，则定时器 T0 的定时时间应为 1ms。当单片机的主频是 12MHz 时，时钟周期是 $1/12\mu s$，机器周期为 $1\mu s$；方式 0 的最大定时时间为 8.192ms，根据公式（6-3）可得定时器的计数初值为：$T_C = M - t/T_{计数} = 2^{13} - 1ms/1\mu s = 7192 = 1C18H$，则可确定方式 0 下的计数器初值：TH0＝E0H，TL0＝18H（高 3 位为 0）。

程序代码如下：

```
#include<reg51.h>
sbitb = P2^0;                    //P2.0引脚输出方波

void T0ISR()interrupt 1          //T0 定时器为 1 号中断
{
    TL0 = 0x18;                   //重装初值
    TH0 = 0xE0;
    b = ~b;                      //P2.0 取反
}

void main()
{
    TMOD = 0x00;                 //定时器 T0 初始化为工作方式 0
    TL0 = 0x18;                  //置计数初值
    TH0 = 0xE0;
    EA = 1;                      //开中断
    ET0 = 1;                     //T0 中断允许
    TR0 = 1;                     //T0 启动计数
    while(1);                    //主循环
}
```

应用 Keil μVision4 编译系统可以完成该程序的编译、连接，生成可执行文件，通过 Proteus ISIS 8.0 仿真。将单片机的 P2.0 引脚连接虚拟示波器通道 A 的输入端，则输出电压为 5V、周期为 2ms 的方波信号，其仿真输出波形如图 6-7 所示。

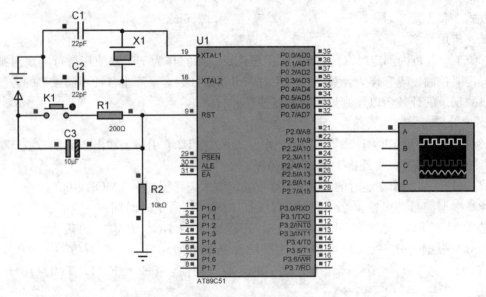

图 6-7　Proteus 仿真的 2ms 方波输出（一）

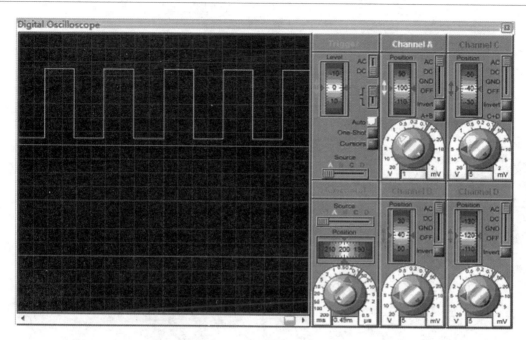

图 6-7 Proteus 仿真的 2ms 方波输出（二）

2. 计数应用

【例 6-2】 某个包装流水线，要求记录一组工件的数目。每组包含 9 个工件，每计一个显示出个数，计够 9 个，发出一个报警信号。设单片机 AT89C51 外接 12MHz 的晶振。

解：（1）根据题目要求，可利用定时/计数器 T0 的计数方式实现对工件的计数。

（2）电路设计：用按键模拟工件到来的脉冲信号，从单片机 AT89C51 的 T0（P3.4）引脚接入；P0 口连接共阳极 7 段数码管，用以显示个数；用 1 个发光二极管实现 500ms 闪烁光报警，接入 P3.7。

（3）将 T0 设置为计数方式 2，可确定方式选择控制字 TMOD＝06H。要求计数值为 9，根据公式（6-1）计算计数初值为：$T_c = M - C = 256 - 9 = 257 = \text{F7H}$，即 TH0＝F7H，TL0＝F7H。

（4）程序代码如下：

```
#include<reg51.h>
#define uchar unsigned char
#define uint unsigned int
uchar counter = 0;
sbit led1 = P3^7;                      //P3.7 接发光二极管
uchar code  segcode[] =
{0xc0,0xf9,0xa4,0xb0,0x99,0x92,0x82,0xf8,0x80,0x90};   //共阳段码

void Delayms(uint n)                   //n 毫秒延时函数
{
```

```
    uchar j;
    while(n--)
    {
        for(j=0;j<113;j++);
    }
}

void T0_counter()    interrupt 1        //T0 为 1 号中断
{
    for(i=0;i<3;i++)                    //计数次数到,溢出中断,led1 闪烁
    {
        led1=1;
        Delayms(100);
        led1=0;
        Delayms(100);
    }
}


void main()
{
    TMOD=0x06;                          //T0 计数方式 2
    TL0=0xf7;                           //计数初值
    TH0=0xf7;                           //重装初值
    EA=1;
    ET0=1;
    TR0=1;
    P0=0x8c;
    led1=0;
    P2=0xfe;
    while(1)
    {
        counter=10-(256-TL0);
        P0=segcode[counter];            //P0 显示计数值
    }
}
```

（5）应用 Keil μ Vision4 编译系统可以完成该程序的编译、连接，生成可执行文件，通过 Proteus ISIS8.0 仿真，其仿真结果如图 6-8 所示。

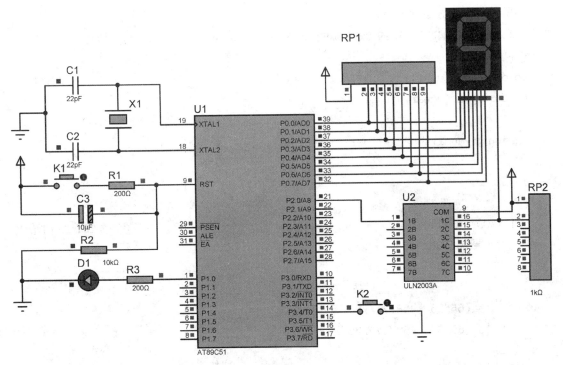

图 6-8　T0 的计数器应用的 Proteus 仿真电路

第五节　实践项目——60 秒计时器设计及其 Proteus 仿真

1. 任务要求

用两位数码管实现 60 秒的循环计时显示，用一个发光二极管实现 200ms 的间隔闪烁。

2. 任务分析

任务中要求有两个定时时间，可以采用两个定时计数器 T0 和 T1。用 T0 的方式 1 实现一个 LED 灯的 200ms 定时闪烁，即 50ms 循环 4 次达到 200ms 定时；用 T1 的方式 1 实现数码管两位 60s 循环计时，即 50ms 循环 20 次产生 1s 的定时，完成一个两位数字的 1s 显示，循环 60 次可以实现 60 秒计时。

3. 电路设计

单片机 AT89C51 的 P0 口与两位数码管的 8 段连接，P2.0 和 P2.1 通过反相驱动器 ULN2003 分别与数码管的位线连接，以控制数码管的个位和十位，P1.0 通过电阻与 1 个发光二极管连接。

4. 程序代码

```
#include<reg52.h>
#define uchar unsigned char
#define uint unsigned int
sbit led1 = P1^0;                              //P1.0 接 LED 灯
```

```
uchar code table[] =
{0xc0,0xf9,0xa4,0xb0,0x99,0x92,0x82,0xf8,0x80,0x90};        //共阳段码

void delayms(uint);
void display(uchar,uchar);

uchar num,num1,num2,shi,ge;

void main()
{
    TMOD = 0x11;                                            //定时器 T0，T1 初始化
    TH0 = (65536 - 45872)/256;
    TL0 = (65536 - 45872) % 256;

    TH1 = (65536 - 45872)/256;
    TL1 = (65536 - 45872) % 256;
    EA = 1;
    ET0 = 1;
    ET1 = 1;
    TR0 = 1;
    TR1 = 1;

    while(1)
    {
        display(shi,ge);
    }
}

void display(uchar shi,uchar ge)                            //显示子函数
{
    P2 = 0xfe;
    P0 = table[ge];
    delayms(5);

    P2 = 0xfd;
    P0 = table[shi];
    delayms(5);
}
```

```
void delayms(uint n)
{
    uint i,j;
    for(i = n;i>0;i--)
            for(j = 110;j>0;j--);
}


void T0_time()interrupt 1
{
    TH0 = (65536 - 45872)/256;
    TL0 = (65536 - 45872)%256;
    num1 ++ ;
    if(num1 == 4)
    {
            num1 = 0;
            led1 = ~led1;
    }
}


void T1_time()interrupt 3
{
    TH1 = (65536 - 45872)/256;
    TL1 = (65536 - 45872)%256;
    num2 ++ ;
    if(num2 == 20)
    {
        num2 = 0;
        num ++ ;
        if(num == 60)
        {
            num = 0;
        }
        shi = num/10;
        ge = num%10;
    }
}
```

5. Proteus 仿真结果

应用 Keil μ Vision4 编译系统可以完成该程序的编译、连接，生成可执行文件进入 Proteus ISIS 8.0 仿真环境，其仿真结果如图 6-9 所示。

视频 6-1

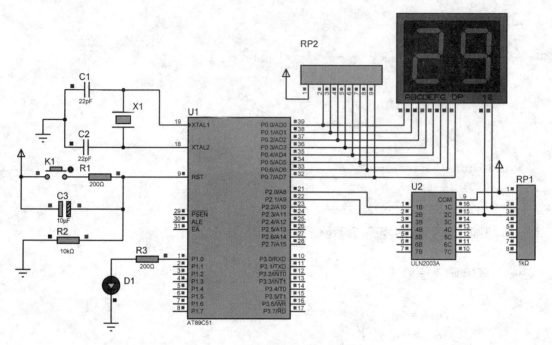

图 6-9　60 秒计时器的 Proteus 仿真

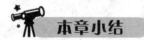本章小结

定时和计数是微机系统的重要功能，80C51 单片机内部集成有两个可编程控制的 16 位定时/计数器 T0 和 T1，这两个定时/计数器都可以单独设置为定时器工作模式或者计数器工作模式，并且每个定时/计数器又有 4 种工作方式可供选择。

通过设置方式控制寄存器 TMOD，可以对定时/计数器 T0 和 T1 进行定时或计数的选择以及不同工作方式的选择；通过设置定时器控制寄存器 TCON，可以控制定时/计数器 T0 和 T1 的运行、停止以及标志定时/计数器的溢出和中断情况。

当定时/计数器 T0 或 T1 工作在定时模式时，对机器周期脉冲进行计数，计数满时产生溢出中断申请，以实现定时；当 T0 或 T1 工作在计数模式时，计数脉冲是从 T0 或 T1 引脚输入的外部脉冲源，计数满时产生溢出中断申请。

方式控制寄存器 TMOD 的 M1 和 M0 的不同取值组合可以设定定时/计数器 T1 和 T0 的 4 种不同的工作方式。方式 0 是 13 位的定时/计数器；方式 1 是 16 位的定时/计数器；方式 2 是可自动重装初值的 8 位定时/计数器；方式 3 下，T0 被分成了两个独立的 8 位计数器 TH0 和 TL0，T1 通常作为串行口的波特率发生器使用。

练 习 题

6-1　简述定时/计数器的定时和计数功能有何不同？

6-2　简述定时计数器的 4 种工作方式的区别及其设置方法。

6-3　8051 单片机外接 6MHz 的晶振，使用定时计数器 T0 的工作方式 0 来实现 P1.1 引脚输出周期为 5ms 的方波，并用 Proteus 仿真。

6-4　8051 单片机外接 6MHz 的晶振，使用定时计数器 T1 的工作方式 1 来实现 P1.7 引脚周期为 100ms 的方波输出，并用 Proteus 仿真。

6-5　设单片机时钟频率为 12MHz，用定时器 T0 实现 P2.0 引脚输出 3ms 的矩形波，要求占空比系数为 1：2（高电平时间短），并用 Proteus 仿真。

6-6　在 Proteus 的仿真环境中实现 90s 定时器。要求定时 90s 时间到，蜂鸣器报警，报警时间 5s。

第七章　80C51单片机的串行数据通信

1. 了解并行通信与串行通信的含义，建立起计算机串行通信应用极为广泛的概念。
2. 了解80C51单片机串行口的结构。
3. 掌握80C51单片机串行口的使用方法，能按要求正确设置特殊功能寄存器SCON和PCON，能区分串行口的4种工作方式，熟悉方式1、方式2、方式3程序的编制方法。
4. 能读懂教材中的控制实例，学会编写同等难度的控制程序。

本章重点

1. 80C51单片机串行口接收和发送数据的实现方法。
2. 80C51单片机串行通信的格式规定。
3. 80C51单片机串行通信的程序设计思想。

第一节　计算机串行通信基础

随着多微机系统的广泛应用和计算机网络技术的普及，计算机的通信功能越来越显得重要。计算机通信是指计算机与外部设备或计算机与计算机之间的信息交换。计算机通信有并行通信和串行通信两种方式。在多微机系统以及现代测控系统中信息的交换多采用串行通信方式。

并行通信是将数据字节的各位用多条数据线同时进行传送，并行通信收发设备连接示意如图7-1所示。在并行通信中，数据有多少位就需要多少条传输线，除了数据线外还需要有通信联络控制线。数据发送方在发送数据前，要询问数据接收方是否"准备就绪"。数据接收方收到数据后，要向数据发送方回送数据已经接收到的"应答"信号。

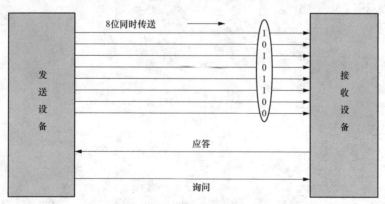

图7-1　并行通信收发设备连接示意

并行通信的特点是：控制简单、传输速度快；由于传输线较多，长距离传送时成本高且接收方的各位同时接收存在困难。

串行通信是将数据字节分成一位一位的形式在一条传输线上逐个地传送，串行通信收发设备连接示意如图 7-2 所示。串行通信时，数据发送设备先将数据代码由并行数据转换成串行数据，然后一位一位地放在传输线上进行传送，数据接收设备将接收到的串行位形式的数据转换成并行形式进行存储或处理。

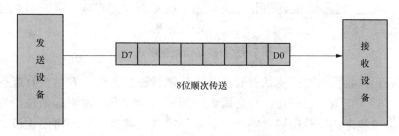

图 7-2　串行通信收发设备连接示意

串行通信的优点是：传输线少，长距离传送时成本低，且可以利用电话网等现成的设备，但数据的传送控制比并行通信复杂。串行通信的缺点是：控制复杂，速度较并行通信慢。

一、串行通信的基本概念

1. 串行通信的方式

对于串行通信，数据信息和控制信息都要在一条线上实现传送。为了对数据和控制信息进行区分，收发双方要事先约定共同遵守的通信协议。通信协议约定内容包括：同步方式、数据格式、传输速率、校验方式等。根据发送与接收设备时钟的配置情况，串行通信可以分为异步通信和同步通信两种方式。

（1）异步通信。异步通信是指通信的发送和接收设备使用各自的时钟控制数据的发送和接收过程。为使收发双方协调，要求发送和接收设备的时钟频率尽可能一致。异步通信示意图如图 7-3 所示。

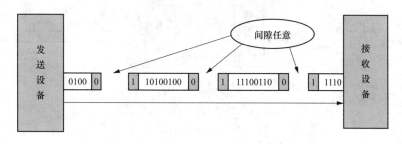

图 7-3　异步通信示意

异步通信是以字符（构成的帧）为单位进行传输，字符与字符之间的间隙（时间间隔）是任意，但每个字符中的各位是以固定的时间传送的，即字符之间是异步的，但同一字符内的各位是同步的。

异步通信的数据格式如图 7-4 所示。为了实现发送设备与接收设备传送数据同步，采用的方法是使传送的每一个字符都以起始位"0"开始，以停止位"1"结束。这样，传送的每一个字符都用起始位来进行收发双方同步。停止位和间隙作为时钟频率偏差的缓冲，即使收发双方时钟频率略有偏差，积累的误差也仅限制在本帧之内。

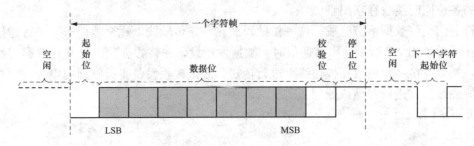

图 7-4 异步通信数据格式

传送开始后，接收设备在接受状态时不断地检测传输数据线，看是否有起始位到来。当收到一系列的"1"（空闲位或停止位）之后，检测到一个"0"，说明起始位出现，就开始接收所规定的数据位和奇偶校验位以及停止位。串行接口电路经过处理将停止位去掉后，把数据位拼成一个并行字节，再经校验无误才算正确地接收一个字符。一个字符接收完毕后，接收设备又继续测试传输线，监视"0"电平的到来（下一个字符开始），直到全部数据接收完毕。

异步通信的特点是不要求收发双方时钟的严格一致，实现容易，设备开销较小，但每个字符都要附加 2～3 位用于起止位，各帧之间还有间隔，因此传输效率不高。PC 上的 RS-232C 接口是典型的异步通信的接口，80C51 单片机的串行口属于通用异步收发器。

（2）同步通信。同步通信时要建立发送方时钟对接收方时钟的直接控制，使数据传送双方达到完全同步。此时，传输数据的位之间的距离均为"位间隔"的整数倍，同时传送的字符间不留间隙，即保持位同步关系，也保持字符同步关系。发送方对接收方的同步可以通过两种方法实现，如图 7-5 所示。

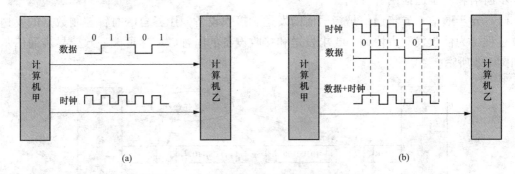

图 7-5 同步通信示意
（a）外同步；（b）自同步

外同步：在发送方和接收方之间提供单独的时钟线路，发送方在每个比特周期都向接收方发送一个同步脉冲。接收方用这一同步信号来锁定自己的时钟脉冲频率，以此来达到收发双方位同步的目的。由于长距离传输时，同步信号会发生失真，所以外同步方法仅适用于短距离的传输。

自同步：接收方利用包含有同步信号的特殊编码（如曼彻斯特编码）从信号自身提取同步信号来锁定自己的时钟脉冲频率，达到同步目的。

在比特级获得同步后，还要知道数据的块的起始和结束。为此可以在数据块的头部和尾部加上前同步信息和后同步信息。加有前后同步信息的数据块构成一帧。前后同步信息的形式依据数据块是面向字符的还是面向位的分成两种。

面向字符的同步格式如图 7-6 所示，此时，传送的数据和控制信息都必须由规定的字符集（如 ASCII 码）中的字符所组成。图 7-6 中帧头为 1 个或 2 个同步字符 SYN（ASCII 码为 16H）。SOH 为序始字符（ASCII 码为 01H），表示标题的开始，标题中包含源地址、目标地址和路由指示等信息。STX 为文始字符（ASCII 码为 02H），表示传送的数据块开始。数据块是传送的正文内容，由多个字符组成。数据块后面是组终字符 ETB（ASCII 码为 17H）或文终字符 ETX（ASCII 码为 03H）。然后是校验码。典型的面向字符的同步规程如 IBM 的二进制同步规程 BSC。

图 7-6　面向字符的同步格式

面向位的同步协议格式如图 7-7 所示。此时，将数据块看作数据流，并用序列 01111110 作为开始和结束标志。为了避免在数据流中出现序列 01111110 时引起的混乱，发送方总是在其发送的数据流中每出现 5 个连续的"1"就插入一个附加的"0"；接收方则每检测到 5 个连续的"1"并且其后有一个"0"时，就删除该"0"。

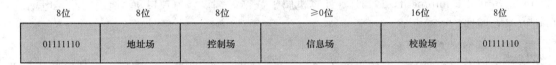

图 7-7　面向位的同步协议格式

典型的面向位的同步协议如国际标准化组织（ISO）的高级数据链路控制规程 HDLC 和 IBM 的同步数据链路控制规程 SDLC。

同步通信的特点是以特定的位组合"01111110"作为帧的开始和结束标志，所传输的一帧数据可以是任意位。所以传输的效率较高，但实现的硬件设备比异步通信复杂。板内元件间数据传送的 SPI 接口就是典型的同步通信接口。

2. 串行通信的传输方向

串行通信依数据传输方向及时间关系可分为：单工、半双工和全双工，传输方向示意如图 7-8 所示。在 80C51 单片机中使用全双工异步串行通信方式。

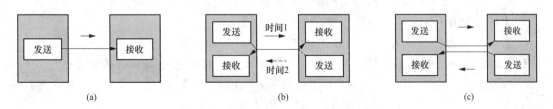

图 7-8　同步通信依数据传输方向示意
（a）单工；（b）半双工；（c）全双工

（1）单工。单工是指数据传输仅能沿一个方向，不能实现反向传输。如图7-8（a）所示。

（2）半双工。半双工是指数据传输可以沿两个方向，但需要分时进行。如图7-8（b）所示。

（3）全双工。全双工是指数据可以同时进行双向传输。如图7-8（c）所示。

3．信号的调制和解调

计算机远距离通信时要借用现有的公用电话网。由于电话网是为音频模拟信号设计的，不合适于二进制数据进行传输。为此在发送时需要对二进制数据进行数字到模拟的信号调制，使之适合在电话网上传输。在接收时，需要进行解调以将模拟信号还原成数字信号。

利用调制器（modulator）把数字信号转换成模拟信号，然后送到通信线路上去；由解调器（demodulator）把从通信线路上收到的模拟信号转换成数字信号。由于通讯是双向的，调节器和解调器常合并在一个装置中，这就是调制解调器MODEM，如图7-9所示。

图7-9　利用调制解调器通信的示意图

在图中，调制器和解调器是进行数据通信所需的设备，因此把它叫做数据通信设备（Date Terminal Equipment，DTE），计算机属于数据终端设备（DTE）。通信线路是电话线，也可以是专用线。

4．串行通信的错误校验

通信过程中往往要对数据传送的正确与否进行校验。校验是保证准确无误传输数据的关键。在单片机应用系统中常采用的方法为奇偶校验及代码和校验及循环冗余码校验。

（1）奇偶校验。在发送数据时，数据位尾随的1位为奇偶校验位。当约定为奇校验时，数据中"1"的个数与校验位"1"的个数之和应为奇数；当约定为偶校验时，数据中"1"的个数与校验位"1"的个数之和应为偶数。接收方与发送方的校验方式应一致。接收字符时，对"1"的个数进行校验，若发现不一致，则说明传输数据过程中出现了差错。

（2）代码和校验。代码和校验是发送方将所发数据块求和（或各字节异或），产生的校验和字节附加到数据块的末尾。接收方在接收数据时要对数据块求和（或各字节异或）；将所得的结果与收到的"校验和"进行比较。相符则无差错，否则就认为传送过程出现了差错。

（3）循环冗余校验。这种校验是通过某种数学运算实现有效信息与校验位之间的循环校验，常用于对磁盘信息的传输、存储区的完整性校验等。这种校验方法纠错能力强，广泛应用于同步通信中。

5．传输速率与传输距离

（1）传输速率。数据的传输速率可以用比特率表示。比特率是每秒钟传输二进制代码的位数，单位是：位/秒（用b/s表示）。如每秒传送240个字符，而每个字符格式包含10位（1个起始位、1个停止位、8个数据位），这时的比特率为：

$$10\ 位 \times 240\ 个/秒 = 2400 b/s$$

波特率表示每秒钟调制信号变化的次数，单位是：波特（Baud）。波特率和比特率不总是相同的，对于将数字信号 1 或 0 直接用两种不同电压表示的所谓基带传输，比特率和波特率是相同的。所以，我们也经常用波特率表示数据的传输速率。单片机通信属于基带传输（每个码元带有 1 或 0 这 1bit 信息）。标准的波特率有：110b/s、300b/s、600b/s、1200b/s、1800b/s、2400b/s、4800b/s、9600b/s、14.4kb/s、19.2kb/s、28.8kb/s、33.6kb/s、56kb/s。

（2）传输距离与传输速率的关系。传输距离与波特率及传输线的电气特性有关。通常传输距离随波特率的增加而减小。如使用非屏蔽双绞线（50pF/0.3m）时，波特率 9600bps 时最大传输距离为 76m，若再提高波特率，传输距离将大大减小。

二、串行通信的接口标准

所有的串行通信接口电路都是以并行数据形式与 CPU 连接、而以串行数据形式与外部设备进行数据传送。它们的基本功能都是从外部设备接收串行数据，转换为并行数据后传送给 CPU；或从 CPU 接收并行数据，转换成串行数据后输出给外部设备。能够实现异步通信的硬件电路称为 UART（Universal Asynchronous Receive/Transmitter），即通用异步接收器/发送器；能够实现同步通信的硬件电路称为 USRT（Universal Synchronous Receive/Transmitter）。

所谓接口标准，就是明确的定义若干条信号线，使接口电路标准化、通用化。采用标准接口，可以方便地把计算机、外部设备和测量仪器等有机的联系起来，并实现它们之间的通信。在单片机控制系统中，常用的串行通信接口标准有：RS-232C、RS-422A、RS-423A、RS-485、USB 及 SPI 等总线接口标准。

1. RS-232C 接口

美国电子工业协会 EIA（Electronic Industry Association）推荐的国际通用的一种串行通信接口标准。RS（Recommended Standard）代表推荐标准，232 是标识号，C 代表 RS232 的最早一次修改（1969）。RS-232C 作为工业标准，保证了不同厂家产品之间的兼容。例如，目前在 IBM PC 机上的 COM1、COM2 接口，就是 RS-232C 接口。RS-232 是 EIA 于 1962 年制定的标准。1969 年修订为 RS-232C，后来又多次修订。由于内容变化不多，所以人们习惯于早期的名字 RS-232C。

RS-232C 定义了数据终端设备（DTE）与数据通信设备（DCE）之间的物理接口标准。它规定了接口的机械特性、功能特性和电气特性几方面内容。

（1）机械特性。RS-232C 采用 25 针连接器，连接器的尺寸及每个插针的排列位置都有明确的定义。一般的应用中并不一定用到 RS-232C 定义的全部信号，这时常采用 9 针连接器替代 25 针连接器。计算机的 COM1 和 COM2 使用的是 9 针连接器。连接器引脚定义如图 7-10 所示。图中所示为阳头定义，通常用于计算机侧，对应的阴头用于连接线侧。

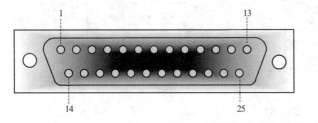
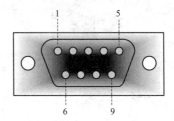

图 7-10　DB-25（阳头）和 DB-9（阳头）连接器定义

（2）功能特性。RS-232C 接口的主要信号线的功能定义见表 7-1。

表 7-1 **　　　　　　RS-232C 接口的主要信号线的功能定义**

插针序号 DB-25(DB-9)	信号名称	功能	信号方向
1	PCND	保护接地	—
2(3)	TXD	发送数据（串行输出）	DTE→DCE
3(2)	RXD	接收数据（串行输入）	DTE→DCE
4(7)	RTS	请求发送	DTE→DCE
5(8)	CTS	允许发送	DCE→DTE
6(6)	DSR	DCE 就绪（数据建立就绪）	DCE→DTE
7(5)	SGND	信号接地	—
8(1)	DCD	载波检测	DCE→DTE
20(4)	DTR	DTE 就绪（数据终端设备就绪）	DTE→DCE
22(9)	RI	振铃指示	DCE→DTE

（3）电气特性。RS-232C 采用负逻辑电平，规定逻辑"1"为 DC−3V～−15V，逻辑"0"为 DC+3～+15V。−3V～+3V 为过渡区，不作定义。

由于 RS-232C 的逻辑电平与通常的 TTL 电平和 MOS 电平不兼容，为了实现与 TTL 或 MOS 电路的连接，需要外加电平转换电路（如 MAX232）。

RS-232C 发送方和接收方之间的信号线采用多芯信号线，要求多芯信号线的总负载电容不能超过 2500pF。通常 RS-232C 接口的传输距离为几十米，传输速率小于 20kb/s。

（4）过程特性。过程特性规定了信号之间的时序关系，以便正确地接收和发送数据。如果通信双方均具备 RS-232C 接口（如 PC），它们可以直接连接，不必考虑电平转换问题。

对于单片机和普通的 PC 通过 RS-232 的连接，就必须考虑电平转换问题，因为 80C51 系列单片机的串行口不是标准 RS-232C 接口。远程通信 RS-232C 总线连接，如图 7-11 所示。

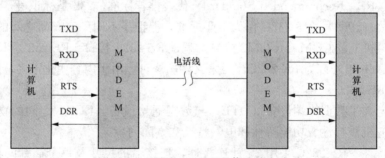

图 7-11　远程 RS-232C 通信连接方式

近程通信时（通信距离≤15m），可以不使用调制解调器，其连接如图 7-12 所示。

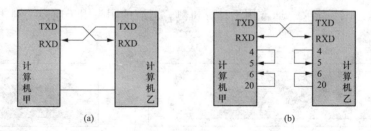

图 7-12　近程 RS-232C 通信连接方式

（a）连接方式一；（b）连接方式二

（5）RS-232C 电平与 TTL 电平转换驱动电路。如上所述，由于 80C51 单片机输入、输出电平为 TTL 电平，而 PC 机配置的是 RS-232C 标准串行接口，二者的电气规范不一致。TTL 电平用+5V 表示数字 1，用 0V 表示数字 0；RS-232C 标准电平用-3V～-15V 表示数字 1，用+3V～+15V 表示数字 0。要完成 PC 机与单片机的数据通信。必须进行电平转换。常见的 TTL 到 RS-232C 的电平转换芯片有 MC1488、MC1489 和 MAX232 等。MC1488 输入为 TTL 电平，输出为 RS-232C 电平；MC1489 输入为 RS-232C 电平，输出为 TTL 电平；MC1488 和 MC1489 的逻辑功能如图 7-13 所示。

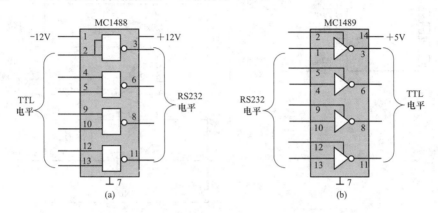

图 7-13　MC1488 和 MC1489 的逻辑功能

(a) MC1488；(b) MC1489

MC1488 和 MC1489 与 RS-232C 电平转换如图 7-14 所示。

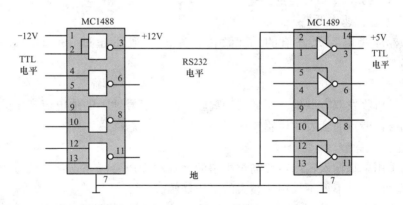

图 7-14　MC1488 和 MC1489 与 RS-232C 电平转换电路

近来一些系统中，越来越多地采用了自升压电平转换电路。如 RS-232C 双工发送器/接收器接口电路 MAX232，它能满足 RS-232C 的电气规范，且仅需+5V 电源，内置电子升压泵将+5V 转换成-10V～+10V。该芯片内含 2 个发送器，2 个接收器，且与 TTL/CMOS 电平兼容，使用非常方便。MAX232 芯片引脚及典型工作电路如图 7-15 所示。

下半部分为发送和接收部分。实际应用中，$T1_{IN}$，$T2_{IN}$ 可直接接 TTL/CMOS 电平的 MCS-51 单片机的串行发送端 TXD；$R1_{OUT}$，$R2_{OUT}$ 可直接接 TTL/CMOS 电平的 80C51 单片机的串行接收端 RXD；$T1_{OUT}$，$T2_{OUT}$ 可直接接 PC 机的 RS-232 串口的接收端 RXD；$R1_{IN}$，$R2_{IN}$ 可直接接 PC 机的 RS-232 串口的发送端 TXD。

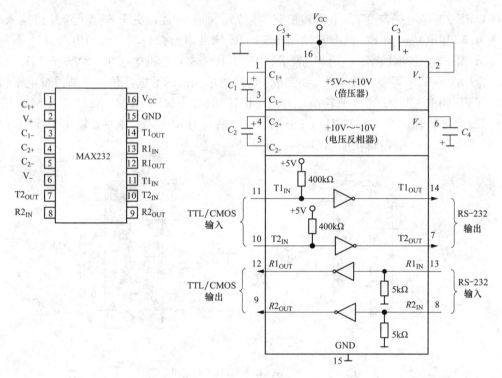

图 7-15　MAX232 芯片引脚及典型工作电路图

（6）采用 RS-232C 接口存在的问题

① 传输距离短、速率低

RS-232C 标准受电容允许值的约束，传输距离一般不超过 15m。最高传送速率为 20kbps。

② 有电平偏移

RS-232C 接口收发双方共地。当通信距离较远时，信号地上的地电流产生的压降会使逻辑电平发生偏移，严重时会发生逻辑错误。

③ 抗干扰能力差

RS-232C 采用单端输入输出，传输过程中的干扰和噪声会混在正常的信号中。为了提高信噪比，RS-232C 标准不得不采用比较大的电压摆幅。

针对 RS-232C 标准存在的问题。EIA 制定了新的串行通信标准 RS-422A 和 RS-485。这些标准改善了串行通信的传输特性。

2. RS-422A 接口

RS-422A 是平衡型电压数字接口电路的电气标准，如图 7-16 所示。输出驱动器为双端平衡驱动器。如果其中一条线为逻辑"1"状态，另一条线就为逻辑"0"，比采用单端不平衡驱动对电压的放大倍数大一倍。驱动器输出允许范围是 ±2～±6V。差分电路能从地线干扰中拾取有效信号，差分接收器可以分辨 200mV 以上电位差。若传输过程中混入了干扰和噪声，由于差分放大器的作用，可使干扰和噪声相互抵消。因此可以避免或大大减弱地线干扰和电磁干扰的影响。RS-422A 传输速率为 90Kb/s 时，传输距离可达 1200m。

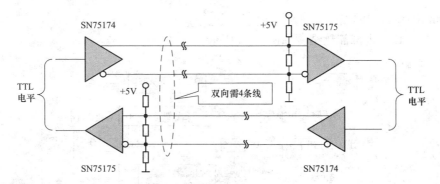

图 7-16 RS-422A 平衡驱动差分接收电路

3. RS-485 接口

RS-485 是 RS-422A 的变型，RS-422A 用于全双工，而 RS-485 则用于半双工。RS-485 是一种多发送器标准，在通信线路上最多可以使用 32 对差分驱动器/接收器。如果在一个网络中连接的设备超过 32 个，还可以使用中继器。RS-485 接口示意图如图 7-17 所示。

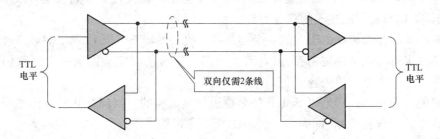

图 7-17 RS-485 接口示意图

RS-485 的信号传输采用两线间的电压来表示逻辑 1 和逻辑 0。由于发送方需要两根传输线，接收方也需要两根传输线。传输线采用差动信道，所以它的干扰抑制性极好，又因为它的阻抗低，无接地问题，所以传输距离可达 1200m，传输速率可达 1Mb/s。

RS-485 是一点对多点的通信接口，一般采用双绞线的结构。普通的 PC 机一般不带 RS-485 接口，因此要使用 RS-232C/RS-485 转换器。对于单片机可以通过芯片 MAX485 来完成 TTL/RS-485 的电平转换。在计算机和单片机组成的 RS-485 通信系统中，下位机由单片机系统组成，上位机为普通的 PC 机，负责监视下位机的运行状态，并对其状态信息进行集中处理，以图文方式显示下位机的工作状态及工业现场被控设备的工作状况。系统中各节点（包括上位机）的识别是通过设置不同的站地址来实现的。

第二节 80C51 单片机的串行口

80C51 系列单片机有一个可编程的全双工的串行通信口，能同时进行发送和接收。既可作 UART（通用异步收发器）用，也可作同步移位寄存器使用，还可用于网络通信，其帧格式可有 8 位、10 位和 11 位，并能设置各种波特率。通过引脚 RXD（P3.0，串行数据接收引脚）和引脚 TXD（P3.1，串行数据发送引脚）与外界进行通信。

一、80C51 串行口的结构

80C51 串行口的内部简化结构如图 7-18 所示。

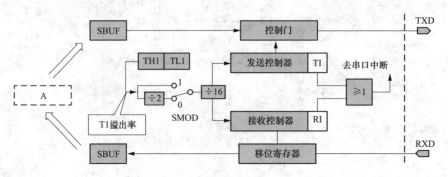

图 7-18　串行口简化结构图

图中有两个物理上独立的接收、发送缓冲器 SBUF，它们占用同一地址 99H，可同时发送、接收数据（全双工）。发送缓冲器只能写入，不能读出；接收缓冲器只能读出，不能写入。定时器 T1 作为串行通信的波特率发生器，T1 溢出率先经过 2 分频（也可以不分频）再经 16 分频作为串行发送或接收的移位时钟。

接收时是双缓冲结构，由于在前一个字节从接收缓冲器 SBUF 读走之前，已经开始接收第二个字节（串行输入至移位寄存器），若在第二个字节接收完毕而前一个字节仍未被读走时，就会丢失前一个字节的内容。

串行口的发送和接收都是以 SBUF 的名称进行读或写的，当向 SBUF 发出"写"命令时（如 MOV SBUF，A 指令），即向发送缓冲器 SBUF 装载并开始由 TXD 引脚向外串行地发送一帧数据，发送完后便使发送中断标志 TI＝1；当串行口接收中断标志 RI＝0 时，置允许接收位 REN＝1 就会启动接收过程，一帧数据进入输入移位寄存器，并装载到接收 SBUF 中，同时使 RI＝1。执行读 SBUF 的命令（如 MOV A，SBUF 指令），则可以由接收缓冲器 SBUF 取出信息送累加器 A，并存于某个指定的位置。

对于发送缓冲器，因为发送时 CPU 是主动的，所以不会产生重叠错误。

二、80C51 串行口的控制寄存器

单片机串行口控制寄存器 SCON 是一个可位寻址的特殊功能寄存器，是可编程的。对它初始化编程只需将两个控制字分别写入特殊功能寄存器 SCON（98H）和电源控制寄存器 PCON（97H）即可。

SCON 用于设定串行口的工作方式、进行接收和发送控制及串行口的状态标志。字节地址为 98H，可进行位寻址，位地址为 9FH～98H，其格式为：

位号	D7	D6	D5	D4	D3	D2	D1	D0
SCON（98H）	SM0	SM1	SM2	REN	TB8	RB8	TI	RI
位地址	9FH	9EH	9DH	9CH	9BH	9AH	99H	98H

各位的功能为：

SM0 和 SM1（SCON.7 和 SCON.6）：串行口工作方式选择位，用于设定串行口的 4 种工作方式，具体设定方法见表 7-2。

表 7-2　　　　　　　　　　　　　　　　**串行口工作方式选择**

SM0	SM1	工作方式	说明	波特率
0	0	0	移位寄存器	$f_{osc}/12$
0	1	1	10 位异步收发器（8 位数据）	可变
1	0	2	11 位异步收发器（9 位数据）	$f_{osc}/12$ 或 $f_{osc}/12$
1	1	3	11 位异步收发器（9 位数据）	可变

SM2（SCON.5）：多机通信控制位。因多机通信是在方式 2 和方式 3 下进行的，因此 SM2 主要用于方式 2 和方式 3，仅用于接收时。

SM2=1 时，接收地址帧甄别使能。此时利用接收到的第 9 位来甄别地址帧：若 RB8=1，接收该帧作为地址帧，地址帧信息进入 SBUF，并使 RI=1，进而在中断服务中在进行地址号比较；若 RB8=0，不允许该帧作为地址帧，丢弃该帧并保持 RI=0。

SM2=0 时，接收地址帧筛别禁止。无论收到的 RB8 为 0 或 1，均可以使接收帧进入 SBUF。计使 RI=1，此时的 RB8 通常为校验位。

对于方式 0 和方式 1 的双机通信方式，要置 SM2=0。

REN：串行接收使能位。由软件置 REN=1，则启动串行口接收数据：若软件置 REN=0。则禁止接收。

TB8：地址帧/数据帧的标志位。在方式 2 或方式 3 中，是发送数据的第 9 位，可以用软件规定其作用，可以用作数据的奇偶校验位，或在多机通信中，作为地址帧/数据帧的标志位。在方式 0 和方式 1 中，该位不用。

RB8：在方式 2 或方式 3 中，是接收到数据的第 9 位，作为奇假校验位或地址帧/数据帧的标志位。在方式 0 时不用 RB8，在方式 1 时也不用 RB8（置 SM2=0，进入 RB8 的是停止位）。

TI：发送中断标志位。在方式 0 时，当串行发送第 8 位数据结束时，或在其他方式，串行发送停止位的开始时，由内部硬件使 Tl 置 1，向 CPU 发送中断申请。在中断服务程序中，必须用软件将其清 0，取消此中断申请。

RI：接收中断标志位。在方式 0 时，当串行接收第 8 位数据结束时，或在其他方式，串行接收停止位时，由内部硬件使 RI 置 1。向 CPU 发出中断申请。在中断服务程序中，必须用软件将其清 0，取消此中断申请。

电源控制寄存器 PCON。在电源控制寄存器 PCON 中只有一位 SMOD 与串行口工作有关，其格式为

位号	D7	D6	D5	D4	D3	D2	D1	D0
PCON（97H）	SMOD	—	—	—	GF1	GF0	PD	IDL

SMOD：波特率倍增位。在串行口方式 1、方式 2、方式 3 时，波特率与 SMOD 有关，当 SMOD=1 时，波特率提高一倍。复位时，SMOD=0。

三、80C51 串行口的工作方式

80C51 串行口可设置四种工作方式，分别是方式 0、方式 1、方式 2 和方式 3。这些工作方式由 SCON 中的 SM0、SM1 进行定义。

1. 方式 0

在方式 0 下，串行口为同步移位寄存器的输入输出方式。主要用于扩展并行输入或输出口。以 8 位数据为一帧，先发送或接收最低位，每个机器周期发送或接收一位数据，串行数据由 RXD（P3.0）引脚输入或输出。同步移位脉冲由 TXD 引脚输出。

方式 0 的波特率是固定的，波特率固定为晶振频率的 1/12，若 $f_{osc}=12MHz$，则波特率 $f_{osc}/12=1Mbit/s$。

（1）方式 0 输出。当 CPU 执行"写入 SBUF"指令后，就启动了串行口的发送过程。内部的定时逻辑在"写入 SBUF"脉冲后，经过一个完整的机器周期（T_{cy}），输出移位寄存器的内容逐次送 RXD 引脚输出。移位脉冲由 TXD 引脚输出，它使 RXD 引脚输出的数据移入外部移位寄存器。当数据的最高位 D7 移至输出移位寄存器的输出位时，再移位一次后就完成了一个字节的输出，这时中断标志 TI 置 1。如果还要发送下一字节数据，必须用软件先将 TI 清零。

方式 0 时的输出时序如图 7-19 所示。

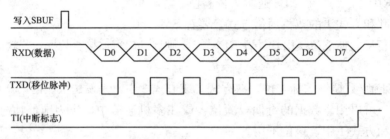

图 7-19　方式 0 输出时序图

（2）方式 0 输入。在 RI 为 0 的条件下，用指令"SETB REN"使接收允许位 REN＝1 时，就会启动串行口的接收过程。RXD 引脚为串行输入引脚，移位脉冲由 TXD 引脚输出。当接收完一帧数据后，内部控制逻辑自动将输入移位寄存器中的内容写入 SBUF，并使接收中断标志位 RI 置 1。如果还要再接收数据，必须用软件将 RI 清 0。方式 0 接收时序如图 7-20 所示。

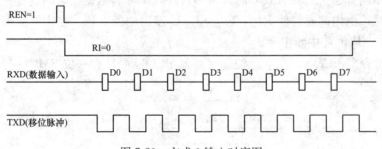

图 7-20　方式 0 输入时序图

方式 0 输出时，串行口可以外接串行输入并行输出的移位寄存器（如 74LS164、CD4094 等），其接口逻辑如图 7-21 所示。TXD 引脚输出的移位脉冲将 RXD 引脚输出的数据（低位在先）逐位移入 74LS164 或 CD4094。CLR 引脚用于对 74LS164 清 0，不使用清 0 功能时，可以将该引脚上拉成高电平。A、B 是互为选通控制的串行输入端（A 为选通控制时，B 为输入；B 为选通控制时，A 为输入）。较简单的方式是将它们短接后作为串行数据的输入。

方式 0 输入时，串行口外接并行输入串行输出的移位寄存器，如 74LS165。其接口逻辑如图 7-22 所示。74LS165 的 S/L 引脚的下降沿装入并行数据。该引脚的高电平启动向单片机移入并行数据。

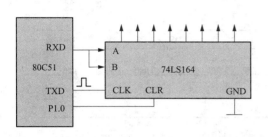 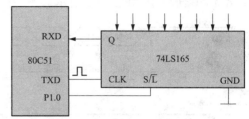

图 7-21　方式 0 发送电路　　　　　　　　　　图 7-22　方式 0 接收电路

2. 方式 1

串行口定义为方式 1 时，是 10 位数据的异步通信口。TXD 为数据发送引脚，RXD 为数据接收引脚，传送一帧数据的格式如图 7-23 所示。其中 1 位起始位，8 位数据位，1 位停止位。

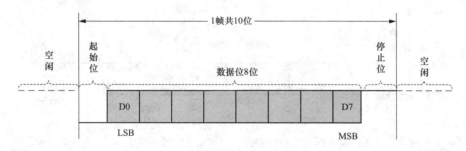

图 7-23　串行口方式 1 的数据格式

（1）方式 1 输出。当执行一条写 SBUF 的指令时，就启动了串行口发送过程。在发送移位时钟（由波特率决定）的同步下，从 TXD 引脚先送出起始位，然后是 8 位数据位，最后是停止位。一帧 10 位数据发送完后，中断标志 T1 置 1。方式 1 的发送时序如图 7-24 所示。

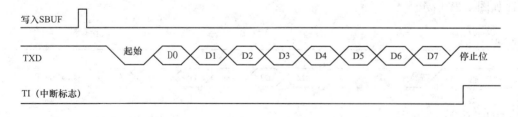

图 7-24　方式 1 发送时序图

（2）方式 1 输入。在 RI＝0 的条件下，用软件置 REN 为 1 时。接收器以所选择波特率的 16 倍速率采样 RXD 引脚电平，检测到 RXD 引脚输入电平发生负跳变时，则说明起始位有效，将其移入输入移位寄存器，并开始接收这一帧信息的其余位。接收过程中，数据从输入移位寄存器右边移入，起始位移至输入移位寄存器最左边时，控制电路进行最后一次移位。方式 1 时接收到的第 9 位信息是停止位，它将进入 RB8，而数据的 8 位信息会进入 SBUF，这时内部控制逻辑使 RI 置 1，向 CPU 请求中断，CPU 应将 SBUF 中的数据及时读走，否则会被下一帧收到的数据所覆盖。

方式 1 的接收时序如图 7-25 所示。

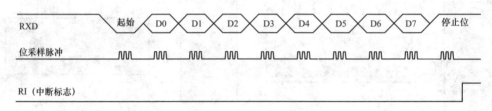

图 7-25　方式 1 接收时序图

3. 方式 2 和方式 3

串行口工作于方式 2 或方式 3 时，为 11 位数据的异步通信口。TXD 为数据发送引脚，RXD 为数据接收引脚，传送一帧数据的格式如图 7-26 所示。

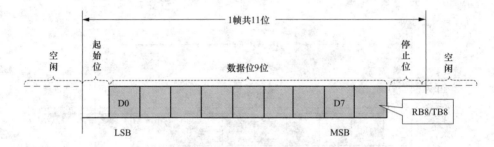

图 7-26　串行口方式 2 和方式 3 的数据格式

由图 7-26 可见，此时起始位 1 位，数据为 9 位（含 1 位附加的第 9 位，发送时为 SCON 中的 TB8，接收时为 RB8），停止位 1 位，一帧数据共 11 位。方式 2 的波特率固定为晶振频率的 1/64 或 1/32。方式 3 的波特率由定时器 T1 的溢出率决定。

（1）方式 2 和方式 3 输出。CPU 向 SBUF 写入数据时，就启动了串行口的发送过程。SCON 中的 TB8 写入输出移位寄存器的第 9 位。8 位数据装入 SBUF。方式 2 和方式 3 的发送时序如图 7-27 所示。

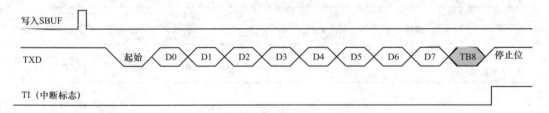

图 7-27　方式 2 和方式 3 的发送时序

发送开始时，先把起始位 0 输出到 TXD 引脚，然后再发送数据位 D0 位到 TXD 引脚，之后每一个移位脉冲都使输出移位寄存器的各位向低端移动一位，并由 TXD 引脚输出。

第一次移位时，停止位"1"移入输出移位寄存器的第 9 位，之后每次移位高端都会移入"0"。当停止位移至输出位时，左边其余位全为 0，检测电路能检测到这一条件，使控制电路进行最后一次移位，并置 TI＝1，向 CPU 请求中断。

（2）方式 2 和方式 3 输入。在 RI＝0 的条件下，软件使接收允许位 REN 为 l 后，接收器就以波特率的 16 倍速率开始采样 RXD 引脚的电平状态，当检测到 RXD 引脚发生负跳变时，说明起始位有效，将其移入输入移位寄存器，开始接收这一帧数据。方式 2 和方式 3 的接收时序如图 7-28 所示。

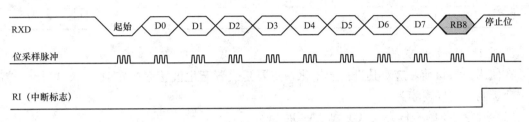

图 7-28　方式 2 和方式 3 的接收时序

接收时，数据从输入移位寄存器的低端移入，一个完整的帧除了起始位和停止位还包含 9 位信息。当 SM2＝0（不筛选地址帧，第 9 位信息是奇偶校验位）或当 SM2＝1 且 RB8＝1（此第 9 位信息是筛选地址帧时的地址帧标志）时，接收到的信息会自动地装入 SBUF，并置 RI 为 1。向 CPU 请求中断。而当 SM2＝1（筛选地址帧，第 9 位信息作为地址帧标志），但 RB8＝0（该帧不是地址帧）时，数据将不被接收（丢弃），且不置位 RI。

四、80C51 波特率的确定与初始化步骤

1. 波特率的确定

（1）波特率的计算。

在串行通信中，收发双方对发送或接收数据的速率要有约定。通过软件可对单片机串行口编程为四种工作方式，方式 0 和方式 2 的波特率是固定的为

方式 0 波特率＝$f_{osc}/12$

方式 2 波特率＝$(2^{SMOD}/64) \times f_{osc}$

方式 1 和方式 3 的波特率是可变的，由定时器 Tl 的溢出率来决定。用 Tl 作为波特率发生器时，典型的用法是使 Tl 工作在自动重装的 8 位定时方式（定时方式 2，且 TCON 的 TR1＝1，以启动定时器）。这时溢出率取决于 TH1 中的计数初值：

Tl 溢出率＝$f_{osc}/[12 \times (256-TH1)]$

由此可以得到计算方式 1 和方式 3 波特率为

方式 1 波特率＝$(2^{SMOD}/32) \times (T1$ 溢出率$)$

方式 3 波特率＝$(2^{SMOD}/32) \times (T1$ 溢出率$)$

（2）波特率的选择。在实际的应用中，波特率要选择为标称值，由于 TH1 的初值为整数，为了获得波特率标称值，依公式计算出的晶振频率应选 11.0592MHz。所以，方式 1 和方式 3 波特率与 TH1 初值的对应关系基本上是确定的。常用的串行口波特率以及各参数的关系见表 7-3。

表 7-3　　　　　　　　　　　　常用波特率与定时器 1 的参数关系

串行口工作方式及波特率（bPs）	f_{osc}(MHz)	SMOD	定时器 T1		
			C/$\overline{T}$	工作方式	初值
方式 1、3	62.5K	12	0	2	FFH
方式 1、3	19.2K	11.0592	1	0	2	FDH
方式 1、3	9600	11.0592	0	0	2	FDH
方式 1、3	4800	11.0592	0	0	2	FAH
方式 1、3	2400	11.0592	0	0	2	F4H
方式 1、3	1200	11.0592	0	0	2	E8H

2. 串行口初始化步骤

在使用串行口前，应对其进行初始化，主要是设置产生波特率的定时器 1、串行口控制和中断控制。主要内容为：

（1）确定 T1 的工作方式（编程 TMOD 寄存器）。

（2）计算 Tl 的初值，装载 TH1、TL1。

（3）启动 T1（置位 TR1）。

（4）确定串行口工作方式（编程 SCON 寄存器）。

（5）串行口在中断方式工作时，要进行中断设置（编程 IE、IP 寄存器）。

第三节　80C51 单片机串行口的应用

在计算机组成的测控系统中，经常要利用串行通信方式进行数据传输。80C51 单片机的串行口为计算机之间的通信提供了极为便利的条件。利用单片机的串行口还可以方便地扩展键盘和显示器，对于简单的应用非常便利。串行口的应用编程，可依据串行发送/接收标志位（TI/RI）的状态完成，方法有查询与中断两种方式。

一、利用单片机的串口的并行 I/O 扩展

当 80C51 的串行口没有用于串行通信时，可以让其串行口工作在方式 0，以同步方式操作。外接串入/并出或并入/串出器件，可实现 I/O 口的扩展。这里仅给出了接口电路，如图 7-29 所示。89C52 串行口外接 74LS164 串入/并出移位寄存器扩展 8 位并行输出口，外接 74LS165 并入/串出移位寄存器扩展 8 位并行输入口。8 位并行输出口的每一位都接一个发光二极管，要求从 8 位并行输入口读入开关的状态值，使闭合开关对应的发光二极管点亮。

数据的输入输出通过 RXD 接收和发送，移位时钟通过 TXD 送出，74LS164 用于串/并转换，74LS165 用于并/串转换。

二、单片机与单片机之间的串行通信

1. 双机通信

有两个单片机子系统，它们均独立地完成主系统的某一功能，且这两个子系统具有一定的信息交换需求，这时两个单片机子系统就可以利用串行口进行串行通信。

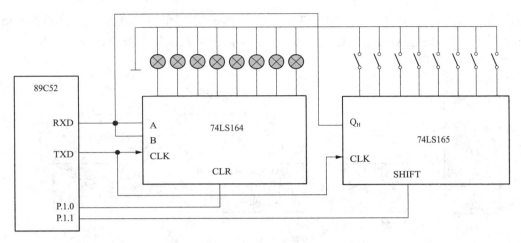

图 7-29　串行口扩展输入输出电路

（1）硬件连接。两个单片机之间若采用 TTL 电平直接传输信息，其传输距离一般不应超过 5m，如果同在一个电路板上或同处于一个机箱内，这时只要将两个单片机的 TXD 和 RXD 引出交叉相连即可；若两个单片机子系统不在一个机箱内，且相距有一定距离（几米或几十米）时，就要采用 RS-232C 接口进行连接。图 7-30 为两个单片机之间的通信连接方法，电平转换芯片采用 MAX232A 芯片。

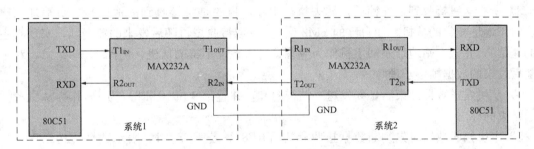

图 7-30　双机通信接口电路图

（2）通信协议。

在双机通信或多机通信时，通常要规定通信协议。所谓通信协议是指通信双方的一种约定。它对数据格式、同步方式、传送速度、传送步骤、检纠错方式及控制字符定义等问题做出统一规定，通信双方必须共同遵守。因此，也叫作通信控制规程，或称传输控制规程。

若采用串行口的工作方式 1 进行通信，每帧数据为 8 位，波特率为 9600bps，定时器 T1 工作在方式 2，晶振频率采用 11.0592MHz，查表 7-3 可以得到初始值为 $TH1 = TL1 = 0FDH$，且 PCON 寄存器的 SMOD 位为 0。

2. 多机通信

（1）硬件连接。单片机构成的多机系统常采用总线型主从式结构。所谓主从式，即在数个单片机中，有一个是主机，其余的均为从机，从机要服从主机的调度、支配。80C51 单片机串行口的方式 2 和方式 3 具有多机通信功能，能实现一台主单片机和若干从单片机构成的多机分布控制系统，其连接方式如图 7-31 所示。当然采用不同的通信标准时，还需进行相应的电平转换，有时还要对信号进行光电隔离。在实际的多机应用系统中，常采用 RS-485 串行标准总线进行数据传输。

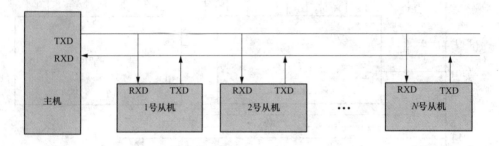

图 7-31　多机通信系统的硬件连接图

（2）通信协议。多机通信时，充分利用 80C51 单片机 SCON 中的多机通信控制 SM2 位。当从机 SM2＝1 时，从机只接收主机发来的地址帧（特点是第 9 位为 1），对数据帧不予理睬；当从机 SM2＝0 时，从机可以接收主机发来所有信息。过程如下。

1）置所有从机的 SM2＝1，都处于只接收地址帧的状态。

2）主机发送一帧地址，前 8 位是地址，第 9 位为地址/数据的区分标志，该位置 1 表示该帧信息为地址。

3）所有从机接收到地址帧后，转去执行中断，目的是将接收到的地址与自身地址相比较。对于地址相符的从机，使自己的 SM2 位置 0（以接收主机随后发来的数据帧，实现与主机的通信），并把本站地址发回主机作为应答；对于地址不符的从机，仍保持 SM2＝1，对主机随后发来的数据帧不予理睬。

4）从机发送数据结束后，要发送一帧校验和，并置第 9 位（TB8）为 1，作为从机数据传送结束的标志。

5）主机接收数据时先判断数据接收标志（RB8），若 RB8＝1，表示数据传送结束，并比较此帧校验和，若正确则回送正确信号 00H，此信号命令该从机复位（重新等待地址帧）；若校验和出错，则发送 0FFH，命令该从机重发数据。若接收帧的 RB8＝0，则存数据到缓冲区，并准备接收下帧信息。

6）主机收到从机应答地址后，确认地址是否相符，如果地址不符，发复位信号（数据帧中 TB8＝1）；如果地址相符，则清 TB8，开始发送数据。

7）从机收到复位命令后回到监听地址状态（SM2＝1，恢复多机通信的原始状态），否则开始接收数据和命令。

三、单片机与 PC 机之间的串行通信

在工控系统（尤其是多点现场工控系统）设计实践中，单片机与 PC 机组合构成分布式控制系统是一个重要的发展方向。分布式系统主从管理，层层控制。主控计算机监督管理各子系统分机的运行状况。子系统与子系统可以平等信息交换，也可以有主从关系。分布式系统最明显的特点是可靠性高，某个子系统的故障不会影响其他子系统的正常工作。分布式控制系统结构如图 7-32 所示。

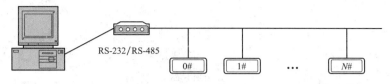

图 7-32　分布式控制系统结构图

一台 PC 机既可以与一个 80C51 单片机应用系统通信，也可以与多个 80C51 单片机应用系统通信；可以近距离也可以远距离。单片机与 PC 机的串行通信涉及单片机端通信软件的编写、通信协议的制定、硬件接地等综合技术，同时还涉及 PC 端的软件编程及一些串行口调试方法和技巧。

1. 单片机端的电平转换

PC 机串行口使用的是 RS-232C 标准，所以单片机的串行口要由 TTL 电平转换成 RS-232C 电平。电平转换的典型芯片是 MAX232，它采用单 +5V 的电源完成 TTL 与 RS-232C 电平的转换。该芯片需要 4 个 $1\sim22\mu F$ 的钽电容器（有时在 V_{CC} 与 GND 间还要加一个 $0.1\mu F$ 的去耦电容，以减小噪声对它的影响）。MAX232 的逻辑结构及单片机的连接如图 7-33 所示。

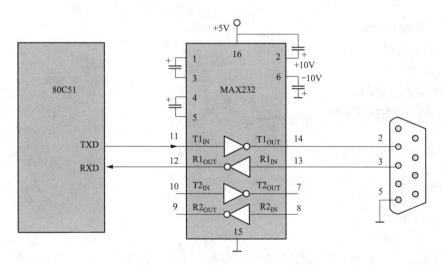

图 7-33　MAX232 的逻辑结构及与单片机的连接

2. 连机编程测试

连接单片机与 PC 的串行口，编写单片机串行口测试程序，利用 PC 的串行口调试软件实现字符或字符串的发送和接受。

单片机串行口测试程序如下。

```
#include<reg52.h>
#define uchar unsigned char
#define uint unsigned int
void Uart_WByte (uchar ch)
```

```
    {
        SBUF = ch;                      //发送字符
        While (! TI);                   //等待数据发送完
        TI = 0;                         //清标志
    }
    Void Uart_Init (void)               //中断方式如下
    {
        TMOD = 0x20;                    //置定时器 1 方式 2,自动重载模式
        SCON = 0x50;                    //置串口方式 1, REN = 1
        TH1 = 0xfd;                     //波特率 9600bps
        TL1 = 0xfd;
        TR1 = 1;                        //启动定时器
        ES = 1;                         //串口中断允许
        EA = 1;
    }
    void Uart_Isr (void) interrupt 4
    {
        Uchar Recv;
        While (! RI);
        RI = 0;
        Recv = SBUF;
        Uart_WByte (Recv);
    }
    void main (void)
    {
        Uart_Init ();
        while (1);
    }
```

该程序运行后,在串口调试软件的发送区键入的字符会由 PC 机的串行口发送到单片机串行口,单片机串行口接收的这些信息再由单片机的串行口发送到 PC 机,并由串口调试软件显示在接收区,如图 7-34 所示。

3. 通信程序的扩充和完善

在硬件连接和软件通信测试正常无误的基础上,进一步的工作就是系统功能的扩充和完善,这包括单片机和 PC 机两端通信协议的设计与实现、传送数据的组织与规划、数据传输的可靠性处理等内容。

采用方式 1 进行通信,每帧数据为 8 位,1 位起始位,1 位停止位,无校验,波特率为 9600bps 时,T1 工作在定时器方式 2,晶振的振荡频率采用 11.0592MHz,查表 7-3 可以得到 TH1＝TL1＝0FDH,且 PCON 寄存器的 SMOD 位为 0。

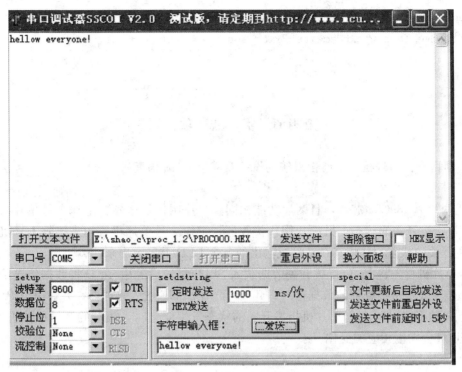

图 7-34　串口连机测试

　　PC 端程序可以采用汇编语言、C 语言、VB 语言或 VC 语言等进行开发。这里仅给出 VB 语言的测试程序如下：

```
  Private Sub Cmdsend_Click ()
      IF Textsend. Text = : : Then
          pp = MsgBox ("发送的数据不能为空!",16)
          Exit Sub
      End If
      MSComml. Output = Trim (Textsend. Text)
      For i = 1 To 20000000
      Next i
  End Sub
Private Sub Form_Load ()
  MSComm1. CommPort = 1                    '设置通信端口号为 COM1
  MSComml. Settings = "9600,n,8,1"          '设置串口参数
  MSComm1. InputMode = 0                   '接受文本型数据
  MSComm1. PortOpen = True                 '打开串行口
End Sub
Private Sub Timer1_Timer ()
  Dim buf $
  buf = Trim (MSComm1. Input)              '将缓冲区内的数据读入 buf 变量中
```

If Len（buf）<>0 Then　　　　　　　　　'判断缓冲区内是否存在数据

　　TextReceive. Text = TextReceive. Text + Chr(13) + Chr(10) + buf

　　End If

End Sub

第四节　实　践　项　目

一、项目一：单片机双机通信系统的设计及其 Proteus 仿真

1. 任务分析

利用两片 AT89C52 芯片，且两片功能相同，一片用作发送器，记作 1 号单片机，用来读入 P1 口指拨开关的状态；另一片用作接收器，记作 2 号单片机，用来接收 1 号机发送过来的指拨开关的状态，并将其在 2 号机输出的 8 个 LED 上显示出来。

1 号单片机首先将 P1 口指拨开关数据载入 SBUF，然后经由 TXD 将数据传送给 2 号单片机，2 号单片机将接收到的数据存入 SBUF，再由 SBUF 载入累加器，并输出至 P1 口，点亮相应端口的 LED 灯，1 号单片机指拨开关的状态发生变化时，相应的 2 号机 P1 口所接的 LED 灯会发生相应的变化。

2. 程序流程

两个单片机串行通信程序流程如图 7-35 所示。

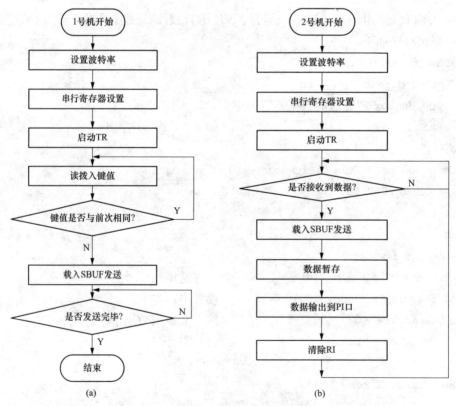

图 7-35　两个单片机串行通信程序流程图

(a) 1 号单片机流程图；(b) 2 号单片机流程图

3. C 语言源程序

(1) 单片机 U1 的 C 语言源程序。

```c
#include<reg52.h>
#define uint unsigned int
#define uchar unsigned char
void main(void)
{
    uchar i = 1;
    TMOD = 0x20;              //定时/计数器 T1，工作方式 2
    TH1 = 0xfd;
    TL1 = 0xfd;              //假设晶振频率为 11.0592MHz，波特率设置为 9600bps
    SCON = 0x40;            //设置方式 1，只能发送，不能接收
    TR1 = 1;
    P1 = 0xff;
    while(1)
    {
      if(P1 == 0xff)        //判断是否拨动了开关按钮
      {
        i = P1;              //读取键值
        SBUF = i;
        while(TI == 0);
        TI = 0;
    while(P1 == i);          //判断按键的状态是否发生变化
      }
      else
      {
        i = P1;              //读取键值
        SBUF = i;
        while(TI == 0);
        TI = 0;
    while(P1 == i);          //判断按键的状态是否发生变化
      }
}

}
```

(2) 单片机 U2 的 C 语言源程序。

```c
#include<reg52.h>
#define uint unsigned int
#define uchar unsigned char
```

```
void main(void)
{
    uchar i = 1;
    TMOD = 0x20;
    TH1 = 0xfd;
    TL1 = 0xfd;                 //假设晶振频率为 11.0592MHz，波特率设置为 9600bps
    SCON = 0x50;
    PCON = 0x00;
    TR1 = 1;                    //启动 T1
    while(1)
    {
        while(RI == 0);         //采用查询的方法判断是否接收到数据
        RI = 0;
        i = SBUF;
        P1 = i;
    }
}
```

4. 生成可执行文件

在 μVision 环境编译、连接，生成可执行文件。

5. 在 Proteus 环境仿真

进入 Proteus 软件，分别在两个单片机中载入目标程序，单击仿真运行按钮。

视频 7-1

程序运行后，两个单片机系统进行通信的仿真运行效果如图 7-36 所示。

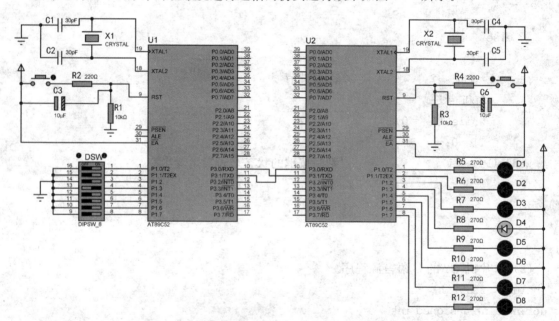

图 7-36　两个单片机系统通信的仿真效果图

二、项目二：单片机与 PC 串行通信的设计及其 Proteus 仿真

1. 任务分析

实现单片机向 PC 机连续发送一个字符串 01C 456.8，采用软件仿真的方式完成。

2. 编写 C51 程序

```c
#include<reg52.h>
#define uchar unsigned char
#define uint unsigned int
uchar TempData[]={'0','1','2','3','4','5','6','7','8','9'};
uchar DATA[10];
void scon_init();
void scon_deal();
void deal();
void main()
{
    uchar a;
    uint j;
    while(1)
    {
        scon_init();
        deal();
        scon_deal();
        for(j=0;j<12500;j++)
            for(a=0;a<5;a++);
    }
}
void scon_init()
{
    TMOD=0x20;
    TL1=0xfd;
    TH1=0xfd;
    SCON=0x50;
    PCON=0x00;
    TR1=1;
}
void scon_deal()
{
    unsigned char i=0;
    while(i<10)
    {
```

```
        SBUF= DATA[i];
        while(TI= = 0);
        TI= 0;
        i+ + ;
    }
    TR1= 0;
}
void deal()
{
    DATA[0]= TempData[0];
    DATA[1]= TempData[1];
    DATA[2]= 'C';
    DATA[3]= ' ';
    DATA[4]= TempData[4];
    DATA[5]= TempData[5];
    DATA[6]= TempData[6];
    DATA[7]= '.';
    DATA[8]= TempData[8];
    DATA[9]= 0x0d;
}
```

3. 生成可执行文件

在 μVision 环境编译，连接，生成可执行文件。

4. 在 Proteus 环境仿真

进入 Proteus 软件，在单片机中载入已经生成的目标程序，编辑 COMPIM 组件属性，配置为串口 COM1，按仿真运行按钮。程序运行后，单片机与 PC 机进行通信的仿真运行效果如图 7-37 所示。程序运行后，在 Proteus 软件侧的虚拟终端会显示单片机发送给 PC 机的字符串 01C 456.8。

视频 7-2

三、项目三：利用单片机的串口扩展 8 位并行 I/O 口。

1. 任务分析

使用串行口控制 8 个 LED，要求每按一次 INTO，LED 进行移位显示。单片机串行口在方式 0 下发送数据时，是把串行口设置成"串入并出"的输出口，这时需要外接一片 8 位串行输入和并行输出的同步移位芯片 74LS164。

2. 编写 C51 程序

```
#include"reg51.h"
#define uint unsigned int
#define uchar unsigned char
const uchar tab[]= {0xfe,0xfd,0xfb,0xf7,0xef,0xdf,0xbf,0x7f};
uchar i;
void main(void)
```

```
{       SCON = 0X00;              //方式 0 设置
        IT0 = 1;                  //设置成边沿触发方式
        EA = 1;                   //开放总中断
        EX0 = 1;                  //开放中断 0
        SBUF = 0XFE;              //运行之后亮一个灯
        while(TI = = 0);
        TI = 0;
        while(1);
}
void it0(void)interrupt 0 using 1
{ i++;
        if(i = = 8)               //与流水灯同理
              i = 0;
        SBUF = tab[i];
        while(TI = = 0);          //判断数据是否发送完毕
        TI = 0;
}
```

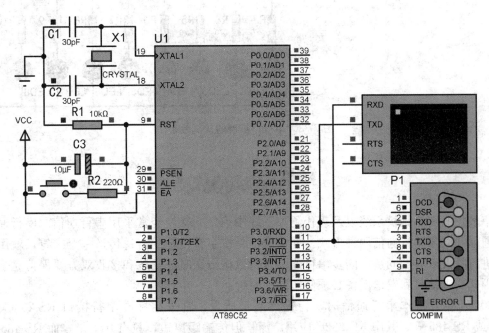

图 7-37　单片机与 PC 串行通信的仿真效果图

3. 生成可执行文件

在 μVision 环境编译，连接，生成可执行文件。

4. 在 Proteus 环境仿真

进入 Proteus 软件，在单片机中载入已经生成的目标程序，按仿真运行按钮。程序运行后，单片机串行口扩展的仿真运行效果如图 7-38 所示。

视频 7-3

按下 INT0，单片机相应的 LED 进行移位显示。

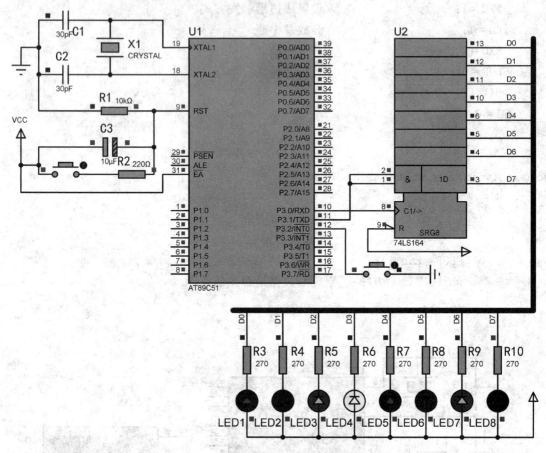

图 7-38　串行口扩展的仿真效果图

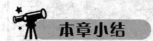

　　集散控制和多微机系统以及现代测控系统中信息的交换经常采用串行通信。串行通信有异步通信和同步串行通信两种方式。异步通信是按字符传输的，每传送一个字符，就用起始位来进行收发双方的同步；同步串行通信进行数据传送时，发送和接收双方要保持完全的同步，因此要求接收和发送设备必须使用同一时钟。

　　80C51 单片机作串行通信时，为提高通信质量，常采用标准串行接口 RS-232C、RS-422A 或 RS-485 等。其中 RS-232C 应用广泛，但传输距离短，只有几十米；而 RS-485 抗干扰能力强，接线简单，传输距离能达到 1200m。

　　80C51 单片机有一个全双工的串行口，它既可用于网络通信，也能实现串行异步通信，还可作为同步移位寄存器使用，应用非常灵活。

　　80C51 单片机串行口有四种工作方式：同步移位寄存器输入/输出方式，8 位数据的异步通信方式及波特率不同的两种 9 位数据的异步通信方式，分别是方式 0、方式 1、方式 2、方式 3。其中方式 0 常用于接口扩展；方式 1 常用于一般数据传送；方式 2 和方式 3 常用于双机或多机通信，方式0和方式2的波特率固定（SMOD确定后）；但方式1和方式3的波特率是可变的，由定时器T1的溢出率来决定。

80C51单片机的串行接口能完成以下基本任务。

（1）实现数据格式化：在异步通信方式下，对来自CPU的普通并行数据，接口自动生成起止的帧数据格式。

（2）进行串—并转换：这是串行接口电路的重要任务。它能把计算机处理的并行数据与串行口所需的串行数据进行转换。

（3）控制数据传输速率：串行通信接口电路具有对数据传输速率——波特率进行选择和控制的能力。

在工业控制系统中，采用单片机与PC机组合的形式构成的分布式控制系统是今后多点现场工控系统的一个重要的发展方向。

练　习　题

7-1　什么是串行通信和并行通信？各有何特点？

7-2　串行通信的接口标准有哪几种？

7-3　在串行通信中通信速率与传输距离之间的关系如何？

7-4　在利用RS-422/RS-485通信的过程中，如果通信距离（波特率固定）过长，应如何处理？

7-5　按照信息传送方向来分，串行通信有哪几种工作制式？80C51单片机采用哪种工作制式？

7-6　什么是同步通信和异步通信？

7-7　什么叫波特率？在80C51单片机中有几种产生波特率的方法？串行通信对波特率有什么基本的要求？

7-8　80C51单片机的UART中有哪些方式采用异步数据传输？哪些方式采用同步数据传输？

7-9　80C51单片机串行口有几种工作方式？由什么寄存器决定？如何选择？简述其特点。

7-10　串行缓冲寄存器SBUF有什么作用？简述串行口接收和发送数据的过程。

7-11　RS-232C和RS-485的信号逻辑电平各是什么？在与80C51单片机通信时，中间是否都要加装逻辑电平转换芯片？

7-12　某80C51单片机控制系统，晶振频率为12MHz，要求串行口发送数据为8位，波特率为1200bps，请编写它的初始化程序。

7-13　串行口控制寄存器SCON中TB8、RB8起什么作用？在什么方式下使用？

7-14　请编程将片内RAM 40H单元中的数据从串行口移位输出至串入并出芯片74LS164，输出完成后置位P1.0。

7-15　利用80C51的串行口UART实现一个数据块的接收。设接收数据缓冲区的首地址为40H，接收数据长度为10H，串行口工作于方式2（设SMOD=1）。

7-16　将片内RAM 50H～5FH中的数据串行发送，用第9个数据位作奇偶校验位，设晶振为11.0592MHz，波特率为2400bps，编制串行口方式3的发送程序。

第八章　80C51 单片机人机接口技术

学习目标

1. 了解 80C51 单片机并行口的驱动能力。
2. 掌握 80C51 单片机与发光二极管、数码管及 LED 点阵显示器的接口方法。
3. 掌握 80C51 单片机与开关、键盘及 HD7279A 芯片的接口方法。
4. 掌握 80C51 单片机与 LCD1602 的接口方法。

本章重点

1. 80C51 单片机与发光二极管和键盘的软硬件接口技术。
2. 驱动数码管及 LED 点阵显示器的软硬件接口技术。
3. 驱动 LCD1602 软硬件接口技术。
4. 80C51 单片机与 HD7279A 芯片的硬件接口技术。

　　单片机应用系统大多数都需要配置输入设备和输出设备。常用的输入设备有开关、键盘及各种传感器等；常用的输出设备有 LED 灯、LED 数码管、LED 点阵显示器、LCD 显示器、声音报警器、微型打印机及各种执行机构等。

　　80C51 单片机内部有 4 个并行 I/O 口和 1 个串行口，对于简单的 I/O 设备可以直接连接单片机的 I/O 口，实现信息的输入输出。对于较复杂的应用系统，往往需要利用单片机的总线扩展能力来完成接口的扩展并实现信息的输入输出。

第一节　单片机控制发光二极管显示

　　在单片机应用系统中，通常将发光二极管（LED）作为简单的输出设备之一，来显示系统的运行状态。常采用单片机口线直接驱动该设备，但必须得考虑口线的驱动能力。

　　单片机输出低电平时，将允许外部器件向单片机引脚内灌入电流，该电流称为"灌电流"，外部电路称为"灌电流负载"；单片机输出高电平时，则允许外部器件从单片机的引脚拉出电流，该电流称为"拉电流"，外部电路称为"拉电流负载"。

　　对于器件 AT89C52，当 I/O 引脚输出低电平时，单根口线最大可吸收 10mA 的灌电流；但 P0 口所有引脚吸收电流的总和不能超过 26mA，P1、P2 和 P3 口各口的所有引脚吸收电流的总和限制在 15mA；4 个并行口所有口线吸收电流的总和限制在 71mA。而当 I/O 引脚输出高电平时，单片机的拉电流不到 1mA。所以单片机输出低电平的时候，驱动能力尚可，而输出高电平的时候，几乎没有输出电流的能力。

一、单片机与发光二极管的连接

　　LED 是单片机应用系统较为常用的输出设备，应用形式有单个 LED、LED 数码管和

LED 点阵显示器。LED 是一种特殊二极管，也具有 PN
结特性，但其伏安特性与普通二极管有所不同，LED 的
伏安特性如图 8-1 所示。不同颜色的 LED 发光时，所需
的正向电流大小不同，本书选取其较典型的工作点
1.75V、10mA，LED 发光亮度较好。

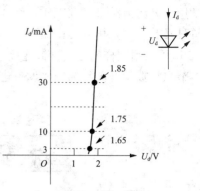

图 8-1　LED 的伏安特性

利用单片机的 I/O 引脚直接驱动 LED，常采用低电
平驱动，即灌电流方式，如图 8-2（a）所示，I/O 引脚
的灌电流足以使 LED 正常发光，是合理的连接方式。
P1、P2 和 P3 口内部具有约 30kΩ 的上拉电阻，在外部
可以不加上拉电阻，但 P0 口内部没有上拉电阻，其引
脚外部必须外加上拉电阻。若采用单片机高电平驱动 LED，即拉电流方式，其电路如图 8-2
（b）所示，由于 I/O 引脚的拉电流很小，LED 将不能够被驱动，所以是不合理的连接方式。

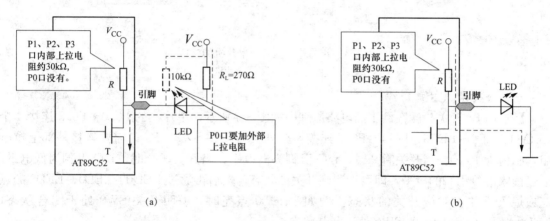

图 8-2　LED 与 AT89C52 并行口直接连接
（a）合理的连接：灌电流方式；（b）不合理的连接：拉电流方式

驱动单个 LED，如图 8-2（a）所示，场效应晶体管 T 的导通压降与通过的电流有关，
此处设其值为 0.45V，当限流电阻 R_L 的取值为 270Ω 时，LED 的发光亮度较好。

驱动多个 LED 时，若要保证 LED 较好的发光亮度，将会超过并行口的负载能力。其解
决方法：一是增加限流电阻的阻值（如 R_L 取 1kΩ），可以减小并行口的负担，缺点是影响了
LED 的发光亮度；二是增加驱动器件。

二、I/O 端口的 C51 编程控制

单片机与 LED 连接完成后，如图 8-2（a）所示，设单片机引脚为 P1.0，想要实现对
LED 显示的最终控制，还需要对 I/O 端口进行程序编写。根据 LED 的发光原理，当单片机
引脚 P1.0＝0 时，LED 处于正向导通状态，LED 被点亮；当单片机引脚 P1.0＝1 时，LED
处于反向截止状态，LED 被熄灭。

第二节　开关状态检测

在单片机应用系统中，通常将按键开关和拨动开关作为简单的输入设备，其中按键开关

常用于开始或结束某项工作，而拨动开关常用于预置和设定系统的工作状态。开关的外形、符号及其与单片机的接口如图 8-3 所示。图中开关直接与 AT89C52 的 P1 口连接，与 P2 口、P3 口可采用同样的方法进行连接。但与 P0 口连接时，需要加 $3.3 \sim 10 \mathrm{k\Omega}$ 的外部上拉电阻。本节只用拨动开关作为输入设备进行举例。

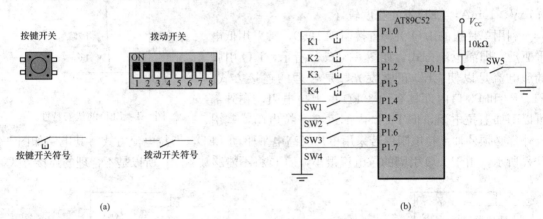

图 8-3　开关外形及其与单片机的接口

（a）开关外形；（b）开关与单片机的接口

一、开关检测案例 1

【例 8-1】　开关检测案例 1 的电路原理图如图 8-4 所示，单片机的 P0.0～P0.3 连接 4 个 LED 灯 LED0～LED3，P0.4～P0.7 连接 4 个开关 SW0～SW3，P0 需要连接外部上拉电阻，阻值为 $10 \mathrm{k\Omega}$。当开关断开时，I/O 引脚为高电平；当开关闭合时，I/O 引脚为低电平。通过读入 I/O 引脚的电平，即可检测到开关的状态。然后再通过 LED 灯 LED0～LED3 的点亮或熄灭反映出对应开关的状态。例如，LED0 点亮时，说明开关 SW0 处于闭合状态，LED0 熄灭时，说明开关 SW0 处于断开状态。

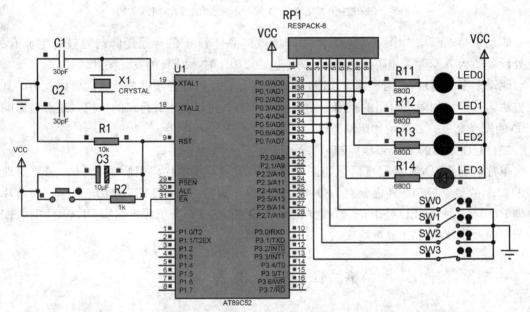

图 8-4　开关检测案例 1 的电路及仿真

参考程序为

```
#include<reg52.h>
typedef  unsigned int uint16;
typedef  unsigned char uchar8;
voidDelay(uint16 t);
void main()                        //主函数
{
   while(1)                        //反复循环执行下面的语句
    {
        uchar8 state;              //定义临时变量 state
        P0 = 0xff;                 //P0 口高 4 位置 1,作为输入
                                   //低 4 位置 1,发光二极管熄灭
        state = P0&0xf0;           //读 P0 口并屏蔽其低 4 位,送入 state 中
        state = state >>4;         //state 内容右移 4 位,P0 口高 4 位状态移到低 4 位
        P0 = state;                //state 中的数据送到 P0 口
        Delay(500);
    }
}
void Delay(uint16 t)               //子函数:延时子程序
{
    uint16   j;
    while(t- -)//11.0592MHz--113
    {
        for(j = 0;j<113;j + +);
    }
}
```

二、开关检测案例 2

【例 8-2】 开关检测案例 2 的电路原理图如图 8-5 所示,单片机的 P0.0~P0.7 接 8 个 LED 灯 LED0~LED7,P1.0~P1.2 连接 3 个开关 SW0~SW2,三个引脚上的高低电平有 8 种组合,这 8 种组合分别点亮 LED0~LED7,即 SW0、SW1、SW2 都闭合,仅点亮 LED0;SW0、SW1 闭合、SW2 打开,仅点亮 LED1;SW0、SW2 闭合、SW1 打开,仅点亮 LED2;SW0 闭合、SW1、SW2 打开,仅点亮 LED3;SW1、SW2 闭合、SW0 打开,仅点亮 LED4;SW1 闭合、SW0、SW2 打开,仅点亮 LED5;SW2 闭合、SW0、SW1 打开,仅点亮 LED6;SW0、SW1、SW2 打开,仅点亮 LED7;

参考程序为

```
#include<reg52.h>
typedef unsigned char uchar8;
void main()                                        //主函数
{
```

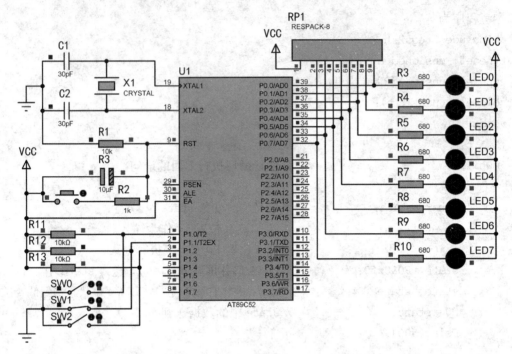

图 8-5 开关检测案例 2 的电路及仿真

```
uchar8 state;
while(1)                              //反复循环执行下面的语句
{
    P1 = 0xff;                        //P1 口置 1，作为输入
    state = P1;                       //读入 P1 口的状态，送入 state 中
    state = state&0x07;               //屏蔽 P1 口的高 5 位
    if(state = = 0x00)P0 = 0xfe;      //判断 P1 口的低 3 位的状态
                                      //P1.2、P1.1、P1.0 = 000，点亮
                                      //P0.0 口 LED0
    else if(state = = 0x01)P0 = 0xfd; //P1.2、P1.1、P1.0 = 001，点亮
                                      //P0.1 口 LED1
    else if(state = = 0x02)P0 = 0xfb; //P1.2、P1.1、P1.0 = 010，点亮
                                      //P0.2 口 LED2
    else if(state = = 0x03)P0 = 0xf7; //P1.2、P1.1、P1.0 = 011，点亮
                                      //P0.3 口 LED3
    else if(state = = 0x04)P0 = 0xef; //P1.2、P1.1、P1.0 = 100，点亮
                                      //P0.4 口 LED4
    else if(state = = 0x05)P0 = 0xdf; //P1.2、P1.1、P1.0 = 101，点亮
                                      //P0.5 口 LED5
    else if(state = = 0x06)P0 = 0xbf; //P1.2、P1.1、P1.0 = 110，点亮
                                      //P0.6 口 LED6
```

```
    else P0 = 0x7f;                    //P1.2、P1.1、P1.0 = 111，点亮
                                       //P0.7 口 LED7
    }
}
```

第三节　用I/O口控制的声音报警接口

当单片机应用系统发生故障或处于某种紧急状态时，单片机系统应能发出提醒人们警觉的声音报警。使用单片机系统的I/O口很容易实现该功能。

一、蜂鸣音报警接口

单片机应用系统通常使用电磁式蜂鸣器实现蜂鸣音报警电路。电磁式蜂鸣器有两种：一种是有源蜂鸣器，其内部含有音频振荡源，只要接上额定电压就可以连续发声；另一种是无源蜂鸣器，又称喇叭，其内部没有音频振荡源，工作时需要接入音频方波，改变方波频率可以得到不同音调的声音。有源蜂鸣器和无源蜂鸣器驱动电路相同，只是驱动程序不同。单片机应用系统利用蜂鸣器发出的不同声音提示操作者系统的状况。

蜂鸣器约需 10mA 的驱动电流，而单片机的单根口线最大可吸收 10mA 的灌电流，故可以直接连接而无须驱动器；当然如果单片机负载大的话，可以用一个晶体管驱动，如图 8-6（a）所示。也可以增加驱动集成电路，如 74LS06，如图 8-6（b）所示。

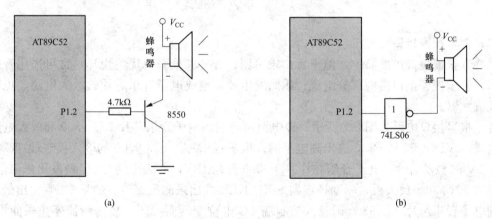

图 8-6　蜂鸣音报警接口电路
(a) 蜂鸣器由三极管驱动；(b) 蜂鸣器由集成电路驱动

【例 8-3】　蜂鸣器报警电路如图 8-6（a）所示，编程实现蜂鸣器发出频率为 500Hz 的连续报警声。

分析：频率为 500Hz，对应的周期为 1000/500ms，即 2ms，因此 P1.2 口输出的高电平和低电平时间均为 1ms。实现程序为

```
#include<reg52.h>
#define uchar8 unsigned char
sbit SPK = P1^2;                       //定义喇叭端口
void T0_init ();
```

```
main()                              //主函数
{
    T0_init ();                     //调用定时器初始化程序
    while(1);
}
void T0_init ()                     //子函数：定时器初始化子程序
{
    TMOD| = 0x01;                   //使用模式 1，16 位定时器
    TH0 = (65536-1000)/256;         //给定初值
    TL0 = (65536-1000) % 256;
    EA = 1;                         //总中断打开
    ET0 = 1;                        //定时器中断打开
    TR0 = 1;                        //定时器开关打开
}
void T0_isr(void) interrupt 1 using 0
{
    TH0 = (65536-1000)/256;         //重新赋值
    TL0 = (65536-1000) % 256;
    SPK = ! SPK;                    //端口电平取反
}
```

二、音乐报警接口

蜂鸣音报警接口虽然简单，但声音比较单调。若要求报警声优美悦耳，常可采用音乐报警电路。音乐报警接口由两部分组成：乐曲发生器，集成电子音乐芯片；放大电路，也可采用集成放大器。

音乐报警接口电路如图 8-7 所示，该电路由普通的电子音乐芯片 KD-9300 和放大电路两部分组成，AT89C52 从 P1.0 输出高电平时，电子音乐芯片 KD-9300 的输入控制端 TG 将获得约 1.5V 的触发信号，电子音乐芯片 KD-9300 开始工作，其输出端 OUT 便发出乐曲信号，经三极管 9013 功率放大后，驱动扬声器 SPEAKER 发出乐曲报警声。如果 P1.0 输出低电平时，则电子音乐芯片 KD-9300 因输入控制端 TG 电位变低而关闭，故扬声器停止乐曲报警。音乐报警接口的参考程序为

```
if(Control = = 1)       //Control 为是否要发出乐曲报警的控制变量
{
    P1. 0 = 1;          //P1.0 为高电平，发出乐曲报警
}
else
{
    P1. 0 = 0;          //P1.0 为低电平，停止乐曲报警
}
```

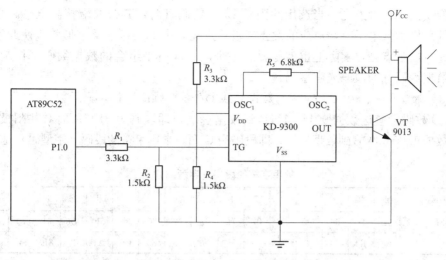

图 8-7　音乐报警接口电路

第四节　单片机控制 LED 数码管的显示

　　LED 数码管在单片机系统中应用极其普遍。它是由发光二极管构成的，所以在数码管前面冠以"LED"。

一、LED 数码管的显示原理

1. LED 数码管的结构

　　在单片机应用系统中使用的 8 段 LED 数码管，内部是由构成"8"字形的 7 个发光二极管和作为小数点的 1 个发光二极管组成，共计 8 段。根据内部发光二极管的连接形式不同，LED 数码管分为共阴极和共阳极两种。所有发光二极管的阴极连接在一起作为公共端，称为共阴极 LED 数码管；所有发光二极管的阳极连接在一起作为公共端，称为共阳极 LED 数码管。LED 数码管的结构及其连接如图 8-8 所示。

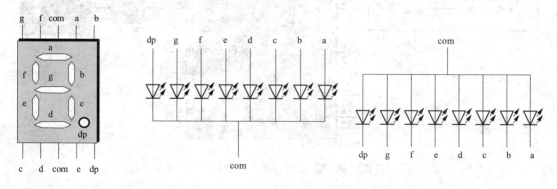

图 8-8　LED 的结构及其连接

2. LED 数码管的显示原理

　　当选用共阴极 LED 数码管时，其公共端接低电平。当某个发光二极管的阳极为高电平时，对应的发光二极管点亮。当选用共阳极 LED 数码管时，其公共端接高电平。当某个发光二极管的阴极为低电平时，对应的发光二极管点亮。因此要显示某字形就应使此字形的相应段的发光二极管点亮，实际上也就是要送一个用不同电平组合的数据编码来控制 LED 的显示，该数据编码称为段码或字型码。

如果 dp、g、f、e、d、c、b、a 与数据总线 D7～D0 顺序连接，显示数字"0"时，对于共阴极 LED 数码管应送数据 0011 1111B 到数据总线，即段码为 3FH；而对共阳极 LED 数码管应送数据 1100 0000B 到数据总线，即段码为 C0H。常用字符的段码（字型码）见表 8-1。

表 8-1 常用字符的段码（字型码）

字符	0	1	2	3	4	5	6	7	8	9	A	b	C	d	E	F	P	.	灭
共阴极	3F	06	5B	4F	66	6D	7D	07	7F	6F	77	7C	39	5E	79	71	73	80	00
共阳极	C0	F9	A4	B0	99	92	82	F8	80	90	88	83	C6	A1	86	8E	8C	7F	FF

注 若 dp、g、f、e、d、c、b、a 与数据总线 D7～D0 不是顺序连接，此时段码需要做相应调整。

【例 8-4】 单片机控制单个 LED 数码管显示数字，其电路原理图如图 8-9 所示，采用单片机控制一个共阳极 LED 数码管，循环显示数字 1～9。利用 P2 口的锁存功能，只需向 P2 口写入相应字符的段码便可实现。

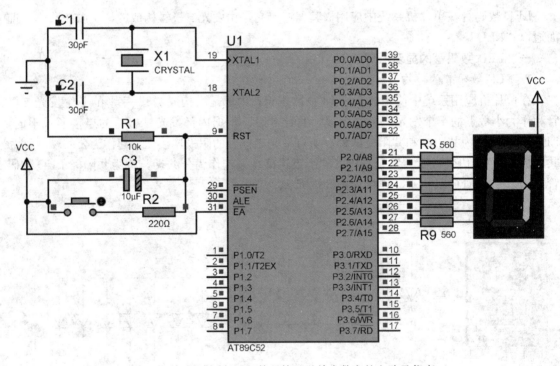

图 8-9 单片机控制 LED 数码管显示单个数字的电路及仿真

参考程序为

```
#include<reg52.h>
typedef  unsigned char  uchar8;
```

```
typedef   unsigned int   uint16;
uchar8 code DM[] = {0xc0,0xf9,0xa4,0xb0,0x99,0x92,0x82,0xf8,0x80,0x90};
                                          //共阳极数字段码表
void  Delay(uint16 t);
main()                                    //主函数
{
    while(1)
    {
        uchar8 i;
        for(i = 0;i<10;i + +)             //控制 10 个数字循环显示
        {
        P2 = DM[i];                       //将段码送到 P2 口显示
        Delay(1000);
        }
    }
}
void Delay(uint16 t)                      //子函数：延时子程序
{
    uint16 j;
    while (t--)                           //11. 0592MHz—113
    {
        for(j = 0;j<113;j + +);
    }
}
```

二、LED 数码管的静态显示与动态显示

LED 数码管的封装有单个、两个、三个及四个等形式。在单片机应用系统中，使用单个 LED 数码管形式的情况较少，通常需要多个 LED 数码管来显示多位数据或字符串。LED 数码管有静态显示和动态显示两种显示方式。

1. LED 数码管静态显示

所谓静态显示，是指需要显示的每位 LED 数码管同时处于显示状态。

LED 数码管的静态显示方式要求每位共阴极（或共阳极）LED 数码管的公共端接地（或接高电平）。由一个具有锁存功能的 8 位端口去控制每位 LED 数码管的段码线。这里的 8 位端口可以直接采用并行 I/O 接口，也可以采用扩展的串行输入/并行输出移位寄存器。4 位 LED 数码管静态显示电路如图 8-10 所示。

静态显示方式的优点是接口编程简单，显示无闪烁，亮度较高，CPU 无须定时扫描显示，可以节省 CPU 的时间。其缺点是占用 I/O 口线较多，如果显示器位数较多时，需要的接口芯片也较多，电路连接比较复杂，成本也会较高。因此在实际的单片机应用系统中常采用动态显示方式。

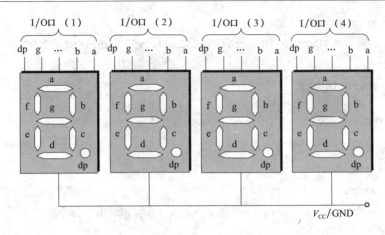

图 8-10　4 位 LED 数码管静态显示电路

2. LED 数码管动态显示

所谓动态显示，是指在任何时刻只允许一位 LED 数码管处于显示状态，即单片机采用定时"扫描"方式控制每位 LED 数码管轮流显示。

LED 数码管动态显示方式在单片机应用系统中是最常采用的显示方式之一。该方式要求将每位 LED 数码管的段码线连接在一起，由一个 8 位 I/O 口去控制，而每位 LED 数码管的共阴极（或共阳极）端各需一位 I/O 口线控制，构成每位 LED 数码管的分时控制显示。因此，LED 数码管采用动态显示，需要有两种信号码控制：一种是段码，用来控制显示内容；一种是位码，用来控制该时刻是第几位 LED 数码管显示相应内容。在这两种信号码的控制下，每位 LED 数码管从左到右依次轮流点亮一次，间隔一段时间再次轮流点亮，如此循环重复，当时间间隔足够短时，由于 LED 数码管的余光和人眼的"视觉暂留"作用，则可造成"多位 LED 数码管同时点亮"的假象，达到了人眼观察到多位 LED 数码管同时显示的效果。4 位共阳极 LED 数码管动态显示电路如图 8-11 所示。在单片机应用系统中，常采用的是 8 段 LED 数码管模块，是由多位 LED 数码管封装在一起组成，如图 8-12 所示，该模块性价比高。

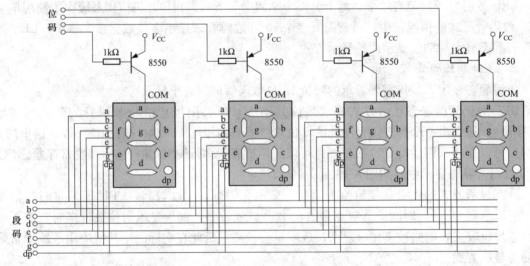

图 8-11　4 位共阳极 LED 数码管显示电路

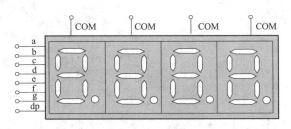

图 8-12　4 位共阳极 LED 数码显示模块

【例 8-5】　单片机控制 8 位 LED 数码管显示模块，其电路原理图如图 8-13 所示，分别滚动显示数字 1～8。程序运行后，单片机控制左边第一位数码管显示数字 1，其他不显示，延时一段时间后，左边第二位数码管显示数字 2，其他不显示，直到最右边数码管显示数字 8，其他不显示，循环重复上述过程。

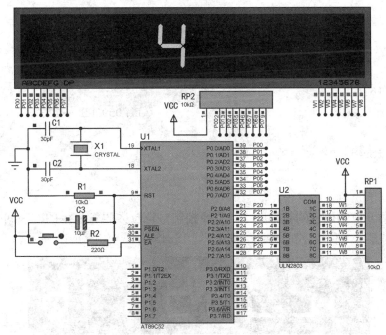

图 8-13　8 位共阴极 LED 数码管滚动显示数字 1～8 的电路及仿真

本例中 P0 口控制段码输出，需要外部上拉电阻，P2 口控制位码输出，通过 ULN2803 实现位驱动，对 8 位数码管进行位扫描。

参考程序为

```c
#include<reg52.h>
typedef  unsigned char  uchar8;
typedef  unsigned int  uint16;
uchar8 code DM[]={0x06,0x5b,0x4f,0x66,0x6d,0x7d,0x07,0x7f};
                                    //共阴极数字段码表
uchar8 code WM[]={0x01,0x02,0x04,0x08,0x10,0x20,0x40,0x80};
                                    //共阴极数码管位码表
void Delay(uint16 t);
```

```
main()                                      //主函数
{
    while(1)                                 //反复循环执行下面的程序
    {
        uchar8 i;
        for(i = 0;i<8;i + +)                 //控制8个数字分别显示在对应的LED上
        {
        P2 = WM[i];                          //将位码送到P2口显示
        P0 = DM[i];                          //将段码送到P0口显示
        Delay(5);
        }
    }
}
void Delay(uint16 t)                         //子函数：延时子程序
{
    uint16 j;
    while (t--)                              //11.0592MHz——113
    {
        for(j = 0;j<113;j + +);
    }
}
```

如果加快对8位数码管的扫描频率，只要控制好每位数码管显示的时间间隔，就会达到8位数码管同时显示8位数字的效果，即显示"12345678"，如图8-14所示。

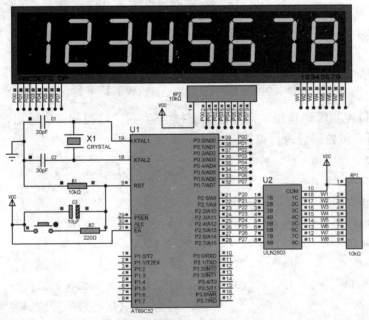

图8-14　8位共阴极LED数码管动态扫描同时显示数字的电路及仿真

第五节　单片机控制 LED 点阵显示器显示

LED 点阵显示器被广泛地应用在许多场合，如商场、车站、银行、医院、机场等都可以看到。下面介绍单片机如何控制单色 LED 点阵显示器显示。

一、LED 点阵显示器的结构与显示原理

1. LED 点阵显示器的结构

LED 点阵显示器是由 LED 按矩阵方式排列组成。按照点阵个数可将 LED 显示器分为 5×7、5×8、6×8、8×8 等形式，按照极性排列方式又可将 LED 显示器分为共阳极和共阴极。8×8 LED 点阵显示器的外形及内部结构如图 8-15 所示，由 64 只发光二极管组成，且每只发光二极管布置在行线（R0～R7）与列线（C0～C7）之间的交叉点上。

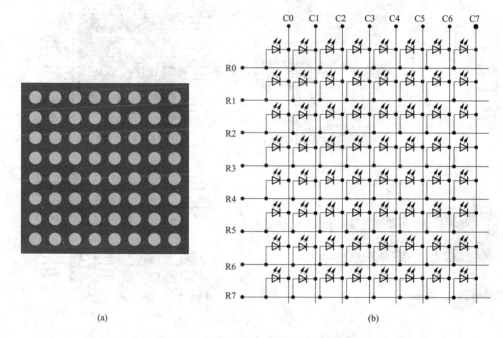

(a)　　　　　　　　　　　　　(b)

图 8-15　8×8 LED 点阵显示器（共阳极）的外形及内部结构

（a）8×8 LED 点阵显示器的外形；（b）8×8 LED 点阵显示器的内部结构

2. LED 点阵显示器的显示原理

LED 点阵显示器是通过点亮的 LED 构成显示的字符，在图 8-15（b）所示的 LED 点阵结构，点亮 LED 点阵中的一只二极管要具备的条件是对应行为高电平，列为低电平。同样采用动态扫描方式，控制加到行线上的位码和列线上的段码，在较短的时间内依次点亮每列段码控制点亮的发光二极管，LED 点阵显示器就可以稳定地显示相应的点阵字符。

二、控制 16×16 LED 点阵显示器的案例

16×16 LED 点阵显示器是由 4 个 8×8 LED 点阵显示器组成，16 行和 16 列。

【例 8-6】 设计一个由单片机控制 16×16 LED 点阵显示器（共阳极），来循环显示字符"单片机"。电路原理图如图 8-16 所示，图中 74LS138 为 3 线—8 线译码器，晶体管 8550 为驱动器，74HC595 为移位寄存器。

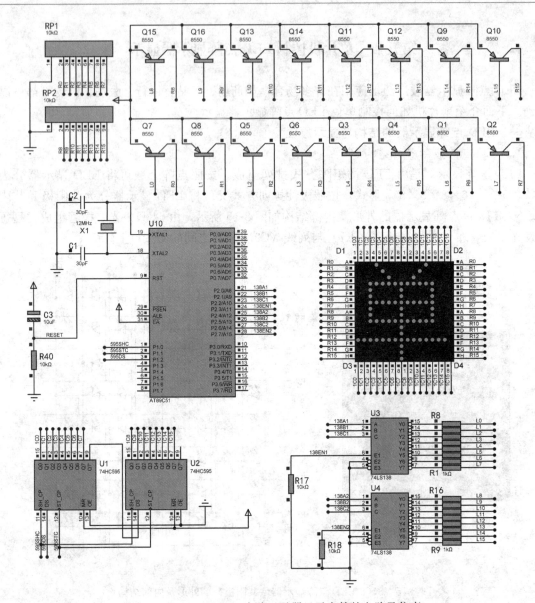

图 8-16　16×16 LED 点阵显示器显示字符的电路及仿真

　　图中 16×16 LED 点阵显示器的 16 行的行线 R0～R15 的电平，是由 P2 口经两个 3 线—8 线译码器 74LS138 的 16 条译码输出线 L0～L15 经晶体管 8550 驱动后来控制。16 列的列线 C0～C15 的电平是由 P1 口低 3 位经两个 74HC595 移位寄存器的 16 条输出线控制。

　　下面以"单"字显示为例说明其显示过程，从程序可以看出，"单"的第一行发光二极管的列码为"0xF7，0xF7，…"，由 P1 口和 P2 口控制输出，经 74HC595 移位寄存器输出的低八位 0xF7 加到列线 C7～C0 的二进制编码为 1111 0111，按照图 8-15 的 8×8 LED 内部结构，加到从左到右发光二极管对应的 C0～C7 的二进制编码为 1110 1111，即左边第 4 个发光二极管被点亮，其余 7 个都熄灭。同理，输出的高八位 0xF7 加到列线 C15～C8 的二进制编码为 1111 0111，即加到 C8～C15 上的二进制编码为 1110 1111，仍为左边第 4 个发光二极管被点亮，其余 7 个都熄灭。各行发光二极管的发光是同样的原理，都是由 16×16 LED

点阵显示器的列码所决定。

参考程序为。

```
#include<reg52.h>
typedef  unsigned char  uchar8;
typedef  unsigned int  uint16;
void Delay(uint16 t);
void SendZJ(uchar8 NR);
uchar8 code DM[] = {
0xF7,0xF7,0xEF,0xFB,0xDF,0xFD,0x03,0xE0,0x7B,0xEF,0x7B,0xEF,0x03,0xE0,0x7B,
0xEF, 0x7B,0xEF,0x03,0xE0,0x7F,0xFF,0x7F,0xFF,0x00,0x80,0x7F,0xFF,0x7F,0xFF,
0x7F,0xFF,
                                              //文字：单
0xFF,0xFD,0xF7,0xFD,0xF7,0xFD,0xF7,0xFD,0xF7,0xFD,0x07,0xC0,0xF7,0xFF,0xF7,
0xFF,0xF7,0xFF,0x07,0xF8,0xF7,0xFB,0xF7,0xFB,0xF7,0xFB,0xFB,0xFB,0xFB,0xFB,
0xFD,0xFB,                                    //文字：片
0xF7,0xFF,0x77,0xF0,0x77,0xF7,0x77,0xF7,0x40,0xF7,0x77,0xF7,0x73,0xF7,0x63,
0xF7,
0x55,0xF7,0x55,0xF7,0x76,0xF7,0x77,0xB7,0x77,0xB7,0xB7,0xB7,0xB7,0x8F,0xD7,
0xFF
};                                            //文字：机
sbit LS138_A1 = P2^0;                         //端口定义
sbit LS138_B1 = P2^1;
sbit LS138_C1 = P2^2;
sbit LS138_EN1 = P2^3;
sbit LS138_A2 = P2^4;
sbit LS138_B2 = P2^5;
sbit LS138_C2 = P2^6;
sbit LS138_EN2 = P2^7;
sbit HC595_SHC = P1^0;                        //SH_cp  锁存时钟 74HC595
sbit HC595_STC = P1^1;                        //ST_cp  移位时钟 74HC595
sbit HC595_DS = P1^2;                         //DS  数据 74HC595
void main(void)
{
    uchar8 i;
    uchar8 j;
    uchar8 k;
    uchar8 HM;
    LS138_EN1 = 0;                            //不使能 138 译码器
    LS138_EN2 = 0;                            //不使能 138 译码器
```

```
    while(1)
    {
        for(j = 0;j<3;j + + )
        {
            for(k = 0;k<30;k + + )
            {
                for(i = 0;i<16;i + + )
                {
                    HC595_STC = 0;
                    SendZJ(DM[i * 2 + j * 32 + 1]);        //译码显示
                    SendZJ(DM[i * 2 + j * 32]);            //译码显示
                    HC595_STC = 1;                        //数据已准备好
                    if(i<8)
                    {
                        P2 = i;                           //开启扫描的行数据
                        LS138_EN1 = 1;                    //打开前8行输出
                    }
                    else
                    {
                        HM = i-8;
                        P2 = HM≪4;                        //开启扫描的行数据
                        LS138_EN2 = 1;                    //打开后8行输出
                    }
                    Delay(2);
                    LS138_EN1 = 0;                        //关闭行输出
                    LS138_EN2 = 0;                        //关闭行输出
                }
            }
        }
    }
}
void Delay(uint16 t)                                      //子函数：延时子程序
{
    uint16    j;
    while (t- -)                                          //11.0592MHz—113
    {
        for(j = 0;j<113;j + + );
    }
```

```
}
void SendZJ(uchar8 NR)                              //子函数：发送一字节数据
{
    uchar8 i;

    for(i = 0;i<8;i + +)
    {
        HC595_DS = (bit)(NR & 0x80);                //判断输出数据
        HC595_SHC = 0;                              //初始化移位时钟
        NR≪ = 1;                                    //更新数据
        HC595_SHC = 1;
    }
}
```

第六节　单片机控制液晶显示模块 LCD 1602 的显示

液晶显示器（Liquid Crystal Display，LCD）具有体积小、重量轻、功耗低、抗干扰能力强等优点，因此被广泛地应用在单片机系统中。

按照显示内容，LCD 分为字段型、字符型和点阵图形型三种；按照电光效应，LCD 可分为电场效应类、电流效应类和电热效应类三种；按照采光方式，LCD 又可分为带背光源和不带背光源两类。

（1）字段型。以长条笔画状组成字符显示，主要用来显示数字，也可用来显示西文字母或其他字符，被广泛应用于电子表、数字仪表和计算器中。

（2）字符型。内置 192 个字符，主要用来显示字母、数字、符号等。另外，用户还可以自定义 5×7 点阵字符和其他点阵字符等。

（3）点阵图形型。主要用来显示图形，广泛用于彩色电视机、笔记本计算机和游戏机等。它是由多行、多列的矩阵式的晶格点排列在平板上来实现图形显示，其显示的清晰度是由晶格点的多少和大小决定。

字符型 LCD 在单片机应用系统中使用较为广泛，厂家用 PCB 将 LCD 控制器、驱动器、ROM、RAM 和显示器连接到一起，构成了液晶显示模块（LCd Module，LCM）。用户利用单片机向 LCD 显示模块写入对应的命令和数据就可以实现显示。

字符型 LCD 系列模块常用的有 16 字×1 行、16 字×2 行、20 字×2 行、20 字×4 行等模块，常用×××1602、×××1604、×××2002、×××2004 来表示型号，其中×××用来表示商标名称，16 表示每行可显示 16 个字符，02 表示可显示 2 行。下面对单片机系统中常见的 LCD1602 模块进行介绍。

一、LCD 1602 液晶显示模块简介

1. LCD1602 模块的外形及引脚

LCD1602 字符型显示器模块是 2 行×16 个字符 LCD 显示器。该器件由 32 个字符点阵块组成，能够显示 ASCII 码表中的所有可显示的字符。通常采用 16 引脚线，也有 14 引脚

线，即 8 条数据线、3 条控制线和 3 条电源线，其外形和引脚如图 8-17 所示。该显示模块的各引脚名称和功能见表 8-2。

(a)

(b)

图 8-17　LCD1602 模块的外形及引脚

(a) LCD1602 模块的外形；(b) LCD1602 模块的引脚

表 8-2　　　　　　　　　　　　　**LCD1602 模块的引脚名称和功能**

引脚	引脚名称	引脚功能
1	V_{SS}	供电电源地
2	V_{DD}	供电电源正输入端＋5V
3	V_{EE}	液晶显示器对比度调整端（通常接地，此时对比度最高）
4	RS	数据/命令寄存器选择端（1——数据寄存器，0——命令寄存器）
5	$R/\overline{W}$	读/写操作选择端（1——读，0——写）
6	E	使能端
7～14	D0～D7	8 位双向数据线
15	BLA	背光板电源，通常为＋5V，串联 1 个电位器，可以调节背光亮度；如果接地，此时无背光但不易发热
16	BLK	背光板电源地

2. LCD1602 模块的组成

LCD1602 模块是由液晶显示控制器 HD44780、驱动器 HD44100 和液晶板组成。液晶显示控制器 HD44780 只可以驱动单行 16 字符或 2 行 8 字符。对于 2 行 16 字符的 LCD1602 模块的显示还需要增加驱动器 HD44100。

　　HD44780 是由字符库 ROM（CGROM）、自定义字符 RAM（CGRAM）和显示缓冲区 DDRAM 组成。字符库 ROM（CGROM）存储了不同的点阵字符图形，包含数字、字母的大小写字符、常用的符号和日文字符等，共 192 个字符（5×7 点阵），每个字符对应一个固定的代码，且显示的数字和字母部分的代码，恰好是 ASCII 码表中的代码，见表 8-3。

表 8-3　　　　　　　　　　　**LCD1602 模块的 CGROM 字符库集**

LCD1602 模块内部有 64B 的自定义字符 RAM（CGRAM），可由用户自定义 8 个 5×7 点阵字符，地址的高 4 位为 0000 时对应 CGRAM 空间（0000×000B～0000×111B）。每个字符由 8 个字节编码组成，且每个字节编码只用低 5 位（4～0 位）。用 1 表示显示，用 0 表示不显示。最后一个字节编码要留给光标，所以通常是 0000 0000B。

程序初始化时要先将各字节编码写入到 CGRAM 中，然后这些自定义字符就可以如同 CGROM 一样使用了。自定义字符"干"的构造示例如图 8-18 所示。

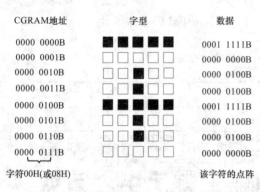

图 8-18 自定义字符

LCD1602 模块内部有 80B 的 DDRAM，但第 1 行仅用 00H～0FH 单元，第 2 行仅用 40H～4FH 单元。DDRAM 地址与显示位置的关系如图 8-19 所示。DDRAM 单元存放的是要显示字符的编码（ASCII），控制器以该编码为索引，到 CGROM 或 CGRAM 中取点阵字符送到液晶板显示。

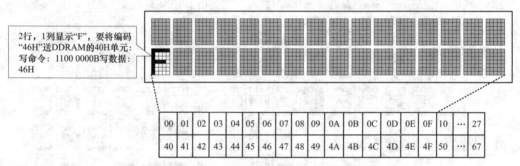

图 8-19 DDRAM 与显示位置的关系

3. LCD1602 模块的命令

在单片机应用系统中，对 LCD1602 模块的操作是通过单片机向 LCD1602 模块写入命令字来实现的。LCD1602 模块的操作命令字见表 8-4。

表 8-4　　　　　　　　　LCD1602 模块的操作命令字

序号	命令	RS	R/W	D7	D6	D5	D4	D3	D2	D1	D0
1	清屏	0	0	0	0	0	0	0	0	0	1
2	光标返回	0	0	0	0	0	0	0	0	1	×
3	光标和显示模式设置	0	0	0	0	0	0	0	1	I/D	S
4	显示与不显示设置	0	0	0	0	0	0	1	D	C	B
5	光标或屏幕内容移位设置	0	0	0	0	0	1	S/C	R/L	×	×
6	功能设置	0	0	0	0	1	DL	N	F	×	×
7	CGRAM 地址设置	0	0	0	1	CGRAM 地址				
8	DDRAM 地址设置	0	0	1	DDRAM 地址					
9	读忙标志和计数器地址设置	0	1	BF	计数器地址						
10	写数据	1	0	写入的数据							
11	读数据	1	1	读出的数据							

命令1：清屏。光标返回到第1行，第1列，地址为00H位置。

命令2：光标返回。光标返回到第1行，第1列，地址为00H位置。

命令3：光标和显示模式设置。可设置位有I/D和S。

I/D：光标移动方向，即DDRAM地址指针自动加1或减1选择位。

S：屏幕显示内容移动允许位。

若I/D=0，S=0时，光标左移一格，整屏显示内容不动；若I/D=0，S=1时，光标不动，整屏显示内容右移一格；若I/D=1，S=0时，光标右移一格，整屏显示内容不动；若I/D=1，S=1时，光标不动，整屏显示内容左移一格。

命令4：显示与不显示设置。可设置位有B、C、D。

D：整屏显示控制位。D=0关整屏显示；D=1开整屏显示。

C：光标显示控制位。C=0关光标显示；C=1开光标显示。

B：光标闪烁控制位。B=0光标不闪烁；B=1光标闪烁。

命令5：光标或屏幕内容移位设置。可设置位有S/C、R/L。

S/C：光标或屏幕内容移位选择控制位。S/C=0移动光标；S/C=1移动屏幕内容。

R/L：移位方向选择控制位。R/L=0左移；R/L=1右移。

命令6：功能设置。可设置位有DL、N、F。

DL：传输数据的有效长度选择控制位。DL=0为4位数据线接口；DL=1为8位数据线接口。

N：显示器显示行数选择控制位。N=0单行显示；N=1两行显示。

F：字符显示的点阵选择控制位。F=0显示5×7点阵字符；F=1显示5×10点阵字符。

命令7：CGRAM地址设置，地址范围为00H～3FH。

命令8：DDRAM地址设置，地址范围为00H～7FH。其中00H～0FH（第1行）、40H～4FH（第2行）可显示出字符，10H～27H（第1行）、50H～67H（第2行）不可显示出字符。

命令9：读忙标志或地址。可设置忙标志位BF，BF=0，表示LCD不忙；BF=1，表示LCD忙，此时LCD不能接受命令和数据。

命令10：写数据。需要与地址设置命令配合。

命令11：读数据。需要与地址设置命令配合。

4. LCD1602模块的基本操作

（1）LCD1602模块的初始化设置。对LCD1602模块进行操作时，首先要对其显示模式进行初始化设置。初始化的设置主要包括：

1）写命令38H，设置显示模式（16×2显示，5×7点阵，8位数据线接口）。

2）写命令08H，关闭显示。

3）写命令01H，清屏显示，数据指针地址清零。

4）写命令06H，光标右移。

5）写命令0CH，设置开整屏显示，关光标显示。

（2）LCD1602模块的读/写操作时序。

1）读状态，RS=0，R/W̄=1，E=1，输出D0～D7=状态字。

2）写命令，RS=0，R/W̄=0，D0～D7=指令，E=正脉冲，输出无。

3）读数据，RS＝1，R/$\overline{\text{W}}$＝1，E＝1，输出 D0～D7＝数据。

4）写数据，RS＝1，R/$\overline{\text{W}}$＝0，D0～D7＝数据，E＝正脉冲，输出无。

二、单片机控制字符型 LCD 1602 显示案例

【例 8-7】 采用 AT89C52 单片机控制字符型液晶显示器 LCD1602，实现两行文字 "Welcome to HuHot" 与 "Inner Mongolia"，电路原理图如图 8-20 所示。图中 LCD1602 液晶显示模块的仿真采用 LM016L 来实现。

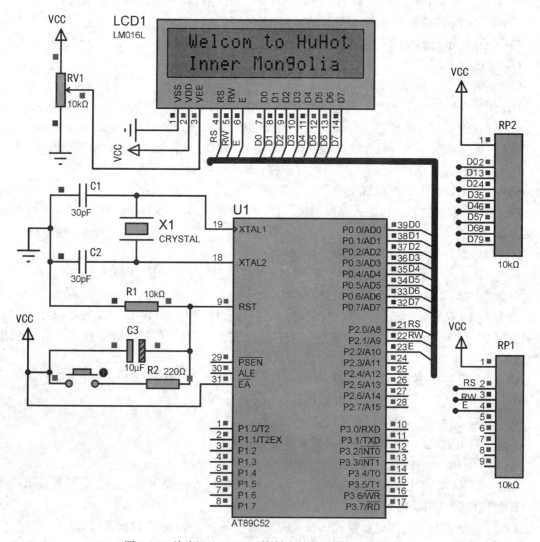

图 8-20　单片机 AT89C52 控制液晶显示器的电路及仿真

参考程序为。

```c
#include <reg52.h>
#include <intrins.h>
#define uchar8 unsigned char
#define uint16 unsigned int
```

```
#define out P0
sbitLCD_RS = P2^0;                          //端口定义
sbitLCD_RW = P2^1;
sbitLCD_E = P2^2;
void check_busy(void);                      //函数声明
void write_com(uchar8 com);
void write_data(uchar8 dat);
void LCD_init(void);
void string(uchar8 ad ,uchar8 * s);
void Delay(uint16 t);
void main(void)                             //主程序
{
    LCD_init();                             //调用 LCD1602 模块初始化子程序
    while(1)
    {
        string(0x81,"Welcom to HuHot");     //显示字符串
        string(0xC1,"Inner Mongolia");
        Delay(100);
        write_com(0x01);                    //清屏
        Delay(100);
    }
}
void Delay(uint16 t)                        //子函数：1ms 延时程序
{
    uchar8 i = 250;
    for(;t>0;t--)
    {
        while(--i);
        i = 249;
        while(--i);
        i = 250;
    }
}
void check_busy(void)                       //子函数：判忙程序
{
    uchar8 dt;
    do
    {
        dt = 0xff;                          //dt 为变量，初值为 0xff
```

```
            LCD_E = 0;
            LCD_RS = 0;                    //按照读/写操作时序：RS = 0，R/W̄ = 1
                                           //才可以判忙

            LCD_RW = 1;
            LCD_E = 1;
            dt = out;                      //out 为 P0 口，P0 口的状态送给 dt 变量
        }while(dt&0x80);                   //如果忙标志位 BF = 1，说明 LCD1602 模块
                                           //  块正忙，循环检测，进行等待
        LCD_E = 0;                         //检测到 BF = 0，说明 LCD1602 模块闲着，
                                           //  停止检测

    }
    void write_com(uchar8 com)             //子函数：写控制指令。定义命令 com 变量
    {
        check_busy();                      //调用判忙子函数
        LCD_E = 0;
        LCD_RS = 0;                        //按照读/写操作时序：RS = 0，R/W̄ = 0
                                           //  进行写命令操作

        LCD_RW = 0;
        out = com;                         //将命令 com 送到 P0 口
        LCD_E = 1;                         //E 需要正脉冲，因此前面先置 E 为 0
        _nop_();                           //空操作 1 个机器周期，等待硬件响应
        LCD_E = 0;                         //E 从高电平变为低电平，LCD1602 模块
                                           //  开始执行命令，写命令操作结束

        Delay(1);                          //进行延时，等待硬件反应
    }
    void write_data(uchar8 dat)            //子函数：写数据指令。定义数据 dat 变量
    {
        check_busy();                      //调用判忙子函数
        LCD_E = 0;
        LCD_RS = 1;                        //按照读/写操作时序：RS = 1，R/W̄ = 0
                                           //  进行写数据操作

        LCD_RW = 0;
        out = dat;                         //将数据 dat 送到 P0 口输出，即写到
                                           //  LCD1602 模块

        LCD_E = 1;                         //E 需要正脉冲，因此前面先置 E 为 0
        _nop_();                           //空操作 1 个机器周期，等待硬件响应
        LCD_E = 0;                         //E 从高电平变为低电平，写数据操作结束
        Delay(1);                          //进行延时，等待硬件反应
    }
```

```
void LCD_init(void)                        //子函数：LCD1602模块的初始化子程序
{
    write_com(0x38);                       //16×2 显示，5×7 点阵字符，8 位数据
                                           //线接口
    write_com(0x01);                       //清屏显示，数据指针地址清零
    write_com(0x06);                       //光标右移，
    write_com(0x0C);                       //开整屏显示，关光标显示，无黑块
    Delay(1);
}
void string(uchar8 ad,uchar8 * s)          //子函数：输出字符串
{
    write_com(ad);
    while( * s＞0)
    {
        write_data( * s＋＋);
        Delay(100);
    }
}
```

第七节 键 盘 接 口 设 计

在单片机应用系统中，使用的按键开关是一种常开型开关，平时按键的两个触点处于断开状态，按下键时才闭合，松开时又会断开。键盘就是有若干个按键开关构成。

按键按照结构原理可以分为触点式按键开关和无触点式按键开关两类。如机械式开关、导电橡胶式开关等属于触点式按键开关，而电气式按键、磁感应式按键等属于无触点式开关按键。单片机应用系统中最常见的是触点式按键开关。

按键按照接口原理可分为编码键盘和非编码键盘两类。编码键盘主要用硬件来实现对键的识别，非编码键盘主要是由软件来实现键盘的定义与识别。单片机应用系统中普遍采用非编码键盘。本书仅介绍非编码键盘。

一、键盘接口设计应解决的问题

若要设计一个优质的人机键盘接口，要求占用合理的单片机资源，并能够及时、准确地响应用户的输入信息。所以在进行单片机键盘接口设计时，应解决以下几个方面的问题。

（1）按键的编码。按键的编码指的是在单片机程序设计时每个按键对应的键值。每个按键将对应一个唯一的键值。当按键按下时，键盘将向单片机发送该按键对应的键值，单片机程序对该按键的键值做出相应的响应。键盘是如何向单片机发送按键的键值？

在硬件上，键盘按键通过 I/O 口线与 CPU 进行通信。键盘输入的不同键值，在单片机 I/O 口线上体现出不同的高低电平组合。键盘编码设计的主要任务就是选择合理的键盘结构，为每个按键分配不同的 I/O 口输入信号，以供单片机识别并响应。

（2）输入的可靠性。输入的可靠性即让单片机程序能够准确无误地响应按键对应操作。在单片机应用系统中若采用的是机械式触点开关，由于触点的机械弹性效应，按键在闭合和断开瞬间均有抖动现象，从而使输入电压信号也出现抖动，如图 8-21（a）所示。按键抖动时间与其机械特性有关，一般为 5～10ms。而抖动会产生一次开关动作的多次处理问题。因此需要采取措施消除抖动的影响。一般可用硬件或软件的办法来消抖。

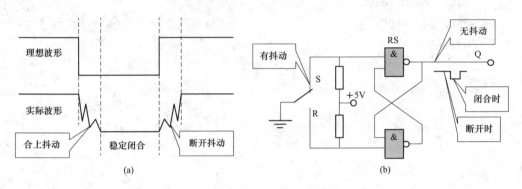

图 8-21　开关输入波形及消抖电路
(a) 开关输入波形；(b) 开关消抖电路

1）硬件消抖电路。常用 RS 触发器来实现硬件消抖电路，如图 8-21（b）所示。两个与非门构成一个 RS 触发器。电路的工作过程如下：当开关断开时，即打到 S 端，输入 S＝0，R＝1，输出 Q＝1。当开关闭合时，因开关机械抖动的影响，没有稳定到达 R 端时，因输入 S＝1，R＝1，输出 Q 保持为 1，不会产生机械抖动的波形。当开关稳定到 R 端时，因输入 S＝1，R＝0，使输出 Q＝0。当开关断开时，在开关未稳定到达 S 端时，因输入 S＝1，R＝1，输出 Q 保持为 0，也不会产生机械抖动的波形，消除了开关的机械抖动。

2）软件消抖。所谓的软件消抖就是在第一次检测到开关闭合时先不处理，利用软件延时一段时间（一般为 10ms），再次检测开关的状态，如果仍保持闭合状态，则确定开关闭合。当开关断开后，也要给 5～10ms 的延时，待开关抖动消失后再转入开关的处理程序。

对于两个或多个按键同时按下的重建问题，可以采用"先入有效"或"后留有效"的原则加以处理。"先入有效"是指当多个按键同时被按下时，只有第一个按下的按键动作有效，其他按键动作无效。"后留有效"是指当多个按键同时被按下时，只有最后被松开的按键动作有效，其他按键动作无效。

（3）程序检测及响应。单片机可以采用查询和中断两种方式对键盘进行检测。其中查询方式要求在程序中反复查询每个按键的状态，会占用大量的 CPU 处理时间，在较简单的单片机应用系统中采用。而中断方式则是在按键被按下时才向 CPU 申请中断响应，在按键没有动作时，是不会占用 CPU 的处理时间，在实时性要求较高的较复杂的单片机应用系统中采用。

二、独立式键盘接口设计案例

独立式键盘就是每个按键单独连接一根 I/O 口线，各按键相互独立，互不影响各自的工作状态，其接口电路如图 8-22 所示。因此，只要通过检测输入线的电平状态就可以判断出被按下的按键，单片机程序将对该按键做出相应的响应。

独立式键盘接口的优点是电路配置灵活，且软件编程简单。缺点是对单片机 I/O 口线占用数量较多。因此独立式键盘主要多用于按键较少或者操作速度要求较高的场合。

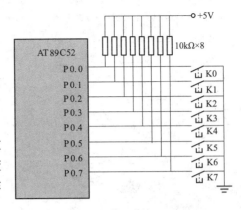

图 8-22　独立式键盘接口电路

【例 8-8】 设计一个具有 8 个按键的独立式键盘，8 个按键分别接到单片机的 P1.0～P1.7 引脚上，P0 口控制 1 位的共阳极数码管，利用数码管显示被按下按键的键号。电路原理图如图 8-23 所示。

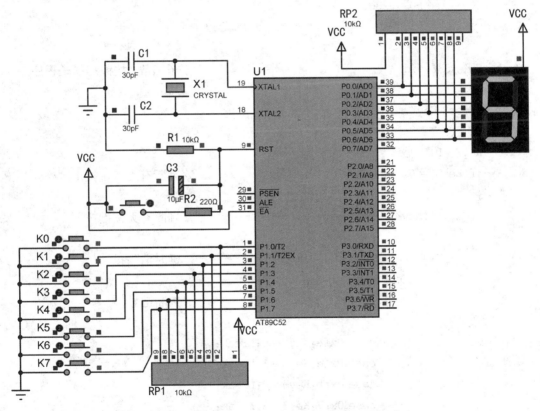

图 8-23　8 个按键的独立式键盘接口电路原理图及仿真

参考程序为。

```
#include<reg52.h>
typedef   unsigned char   uchar8;
typedef   unsigned int   uint16;
uchar8 code DM[] = {0xc0,0xf9,0xa4,0xb0,0x99,0x92,0x82,0xf8};    //共阳极数字段码表
```

```c
void Delay(uint16 t);                        //函数声明
uchar8 KeySM(void);
void main(void)                              //主函数
{
    uchar8 KeyH;
    while (1)
    {
        KeyH = KeySM();                      //调用键盘扫描子程序
        if(KeyH<8)
        {
            P0 = DM[KeyH];                   //向 P0 口送出按键对应的键号
            Delay(10);
        }
        else P0 = 0x8c;
    }
}
uchar8 KeySM(void)                           //子函数：按键扫描子程序
{
    uchar8 KeyZ,KeyM;
    P1 = 0xff;
    KeyZ = P1;
    if(KeyZ! = 0xff)                         //判断有无按键按下
    {
        if(KeyZ! = 0xff)                     //判断有无按键按下
        {
            Delay(10);                       //延时消除抖动
            KeyZ = P1;
            switch(KeyZ)                     //判断键号
            {
                case 0xfe:KeyM = 0;break;
                case 0xfd:KeyM = 1;break;
                case 0xfb:KeyM = 2;break;
                case 0xf7:KeyM = 3;break;
                case 0xef:KeyM = 4;break;
                case 0xdf:KeyM = 5;break;
                case 0xbf:KeyM = 6;break;
                case 0x7f:KeyM = 7;break;
                default:break;
            }
```

```
        return(KeyM);                          //返回键号
      }
    }
    else P1 = 0xff;                            //无按键按下
    return(8);
  }
  void Delay(uint16 t)                         //子函数：延时 1ms 子程序
  {
    uint16 j;
    while (t- -)                               //11.0592MHz—113
    {
      for(j = 0;j<113;j + +);
    }
  }
```

三、矩阵式键盘接口设计案例

矩阵式（行列式）键盘就是键盘上的按键按行列组成矩阵，在行列的每个交点上布置一个按键，其接口电路如图 8-24 所示。图中 4 根并口线作为行线，4 根并口线作为列线，构成一个4×4 矩阵键盘，可以布置 16 个按键，仅使用了 8 根口线。因此，在要求按键数量较多的单片机应用系统中，矩阵式键盘要比独立式键盘能节省较多的 I/O 口线。

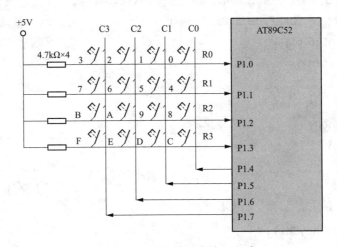

图 8-24　4×4 矩阵键盘接口电路

为了实现键盘的数据输入功能和命令处理功能，每个按键都对应一个处理子程序。为此每个按键对应一个键号，由键号来判断所要执行的按键处理子程序。因此，识别键号则是使用键盘的关键。常用的键识别方法有行或列扫描法和线反转法两种。

1. 行或列扫描法

下面以逐列扫描方法，对行或列扫描方法进行介绍。矩阵键盘的键识别过程需要完成下面三项任务。

（1）判断有无按键按下。将列线作为输出口，且输出低电平，行线作为输入口，读取行线状态，若读到的行线状态全为高电平，则判断没有按键被按下；若读到的行线状态不全为高电平，则可判断有按键按下。

（2）判断是哪个按键被按下。若判断有按键被按下时，再将列线 C0 输出低电平，其余列线输出高电平，此时读行线状态，若读到的行线状态不全为高电平，说明被按下的按键在列线 C0 上，记录下列号和行号；若读到的行线状态全为高电平，则说明按下的按键不在列线 C0 上，再将列线 C1 输出低电平，其余列线输出高电平，确定 C1 列有无按键按下。依次类推，采用以上方法就可以找到按键的行号和列号。

（3）计算键号。根据所确定的行号和列号便可以计算出按键的键号。

$$键号＝行首号＋列号$$

行首号等于行数乘以行号。根据键号就可以进入相应的按键处理子程序。

【例 8-9】 设计一个 4×4 矩阵键盘，由 P1 口控制，P0 口控制 1 位的共阳极数码管，利用数码管显示被按下按键的键号，4×4 矩阵键盘的键识别方法采用扫描法。其电路原理图如图 8-24 所示。

参考程序为。

```
#include<reg52.h>
#define uchar8 unsigned char
#define uint16 unsigned int
uchar8 code DM[]={0xc0,0xf9,0xa4,0xb0,0x99,0x92,0x82,0xf8,0x80,
0x90,0x88,0x83,0xc6,0xa1,0x86,0x8e,0x8c,0x7f,0xff};    //显示段码值 0～F
uchar8 code LM[]={0xef,0xdf,0xbf,0x7f};                //0 列起始
void Delay(uint16 t);                                  //函数声明
uchar8 KeySM(void);
void main(void)                                        //主函数
{
    uchar8 KeyH;
    P2 = 0x01;
    P0 = 0xff;
    while (1)                                           //主循环
    {
        KeyH = KeySM();
        if(KeyH<16)                                     //判断有效键号
        {
            P0 = DM[KeyH];                              //显示被按下键的键号
            Delay(10);
        }
        else P0 = 0x8c;                                 //显示字符"P"
    }
}
```

```
void Delay(uint16 t)                              //子函数：延时程序
{
    uint16   j;
    while (t- -)//11.0592MHz- -113
    {
        for(j = 0;j<113;j+ +);
    }
}
uchar8 KeySM(void)                                //子函数：键盘扫描程序
{
    uchar8 KeyZ,HangH,LieH,i;
    P1 = 0x0f;
    KeyZ = P1&0x0f;                               //读行线
    if(KeyZ! = 0x0f)                              //判断有无按键按下
    {
        if(KeyZ! = 0x0f)
        {
            Delay(10);
            KeyZ = P1&0x0f;                       //读行线
            switch(KeyZ)
            {
                case 0x07：HangH = 3;break;       //行号
                case 0x0b：HangH = 2;break;
                case 0x0d：HangH = 1;break;
                case 0x0e：HangH = 0;break;
                default：break;
            }
            for(i = 0;i<4;i+ +)
            {
                P1 = LM[i];                       //逐列扫描
                KeyZ = P1&0x0f;                   //读低四位
                KeyZ = ~KeyZ;                     //转成"1"有效
                if(KeyZ! = 0xf0)LieH = i;
            }                                     //低四位有"1"，对应列有
                                                  //键按下
                return(HangH * 4 + LieH);         //返回键号
        }
    }
    else P1 = 0xff;
```

```
        return(16);                              //无键按下返回无效码
}
```

2. 线反转法

另一种常用的键识别方法线反转法。线反转法识别按键的关键是需要把键号和键值对应起来。具体操作步骤如下。

（1）先将行线作为输入线，列线作为输出线，且使输出线输出全为低电平，此时读行线，若读到的某行线为低电平，则说明被按下的按键在该行，记录下此时的行线值。

（2）再将行线作为输出线，列线作为输入线，且使输出线输出全为低电平，此时读列线，若读到的某列线为低电平，则说明被按下的按键在该列，记录下此时的列线值。

（3）将行线值和列线值组合，最后根据键号和键值的对应关系得到键号。

如图 8-25 所示，假设键号"D"被按下。先将列线 P1.4～P1.7 输出全为 0，读入行线 P1.0～P1.3 的状态，结果为 X7H，其中"7"为行线值；然后行线 P1.0～P1.3 输出全为 0，读入列线 P1.4～P1.7 的状态，结果为 DXH，其中"D"为列线值。将列线值和行线值拼成一个字节即为 B7H，该值就是按键值，对应键号为"D"。

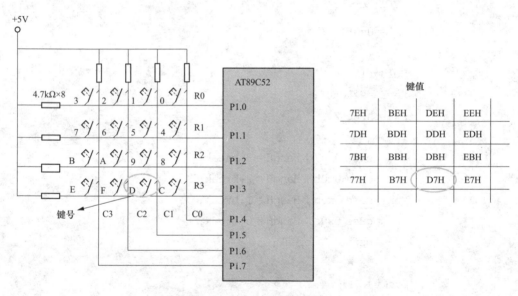

图 8-25 线反转法的矩阵键盘

【例 8-10】 设计一个 4×4 矩阵键盘，由 P1 口控制，P0 口控制 1 位的共阳极数码管，利用数码管显示被按下按键的键号，4×4 矩阵键盘的键识别方法采用线反转法。其电路原理图如图 8-25 所示。

参考程序为。

```
#include<reg52.h>
#define uchar8 unsigned char
#define uint16 unsigned int
uchar8 code DM[]={0xc0,0xf9,0xa4,0xb0,0x99,0x92,0x82,
0xf8,0x80,0x90,0x88,0x83,0xc6,0xa1,0x86,0x8e,0x8c,0x7f,0xff};//段码
uchar8 code KeyZM[]={0xee,0xde,0xbe,0x7e,0xed,0xdd,0xbd,
```

```
0x7d,0xeb,0xdb,0xbb,0x7b,0xe7,0xd7,0xb7,0x77};          //键值
void Delay(uint16 t);                                    //函数声明
uchar8 KeySM(void);
void main (void)                                         //主函数
{
    uchar8 KeyH;
    P2 = 0x01;
    while (1)                                             //主循环
    {
        KeyH = KeySM();
        if(KeyH<16)
        {
            P0 = DM[KeyH];
            Delay(10);
        }
        else P0 = 0x8c;
    }
}
void Delay(uint16 t)                                      //子函数：延时子程序
{
    uint16  j;
    while (t--)                                           //11.0592MHz—113
    {
        for(j = 0;j<113;j++);
    }
}
uchar8 KeySM(void)                                        //子函数：键盘扫描子
                                                         //程序
{
    uchar8 KeyZ,KeyZD,KeyZH,j;
    P1 = 0x0f;                                            //列线输出全 0
    KeyZD = P1&0x0f;                                      //读行线
    if(KeyZD! = 0x0f)                                     //判断有无按键按下
    {
        Delay(10);
        KeyZD = P1&0x0f;                                  //读行线
        if(KeyZD! = 0x0f)                                 //确定有无按键按下
        {
            P1 = 0xf0;                                    //行线输出全 0
```

```
                    KeyZH = P1&0xf0;                    //读列线
                    KeyZ = KeyZH|KeyZD;                 //合并行线值和列线值
                    for(j = 0;j<16;j + + )
                    {
                            if(KeyZ = = KeyZM[j])       //查表获得键号
                            return j;                    //返回键号
                    }
            }
            return(16);                                  //返回无效码
    }
    else   return(16);                                   //判断无按键按下,返
                                                         //回无效码
}
```

四、非编码键盘扫描方式的选择

在单片机应用系统中,单片机在忙于处理其他各项工作任务时,如何同时兼顾键盘的输入,这取决于键盘的扫描方式。键盘扫描方式选择的原则是,既要保证及时响应按键操作,又不要占用单片机过多的工作时间。通常,键盘扫描方式有编程扫描、定时扫描和中断扫描三种。

1. 编程扫描方式

编程扫描方式即查询方式,是当单片机在空闲时间时,调用键盘扫描子程序,通过反复扫描键盘,对键盘的输入请求做出响应。

采用查询方式,需要单片机选取合适的查询频率,若查询频率太高,虽能够及时对键盘的输入做出响应,但会影响到其他任务的进行。若查询频率太低,就不能够及时对键盘输入做出响应,甚至会漏判键盘输入。因此要根据单片机应用系统的繁忙程度和键盘的操作频率,来调整对键盘的查询频率。

2. 定时扫描方式

定时扫描方式就是每隔一定的时间对键盘进行一次扫描。采用定时扫描方式,通常需要通过单片机内定时器产生定时中断,转入到定时中断子程序进行对键盘的扫描,当有按键被按下时,便会识别出该键,并转入相应按键的子程序。一般每次按键的时间不会小于100ms,因此定时中断的时间周期应小于100ms,才不会漏判有效的按键输入。

3. 中断扫描方式

中断扫描方式的键盘接口电路如图 8-26 所示,只有当键盘上有按键被按下时,74LS21 输出才为低电平,就会通过中断请求输入 $\overline{INT0}$ 向 CPU 申请中断,CPU 响应键盘输入的中断,对键盘进行扫描,以识别哪个键处于按下状态,并对键盘输入的信息做出相应处理。中断扫描方式的优点是,无按键按下时,单片机不进行键盘扫描,只有按键被按下时,才进行相应处理,其实时性强,工作效率高。

五、专用键盘/显示器芯片 HD7279 的接口设计

目前,各种专用键盘/显示器接口芯片种类较多,较早流行的是由 Inter 公司开发的并行总线接口的专用键盘/显示器接口芯片 8279,当前流行的是采用串行通信方式的键盘/显示器接口芯片。常见的有 HD7279、ZLG7289、MAX7219 等。本节仅对目前使用较为广泛的一

种专用键盘/显示器接口芯片 HD7279A 进行简单介绍。

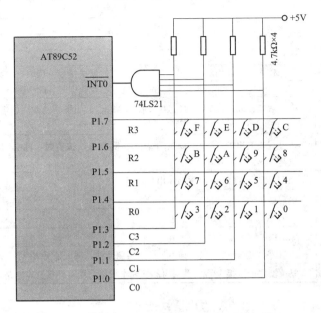

图 8-26　中断方式矩阵键盘接口电路（行扫描法）

1. HD7279A 简介

HD7279A 芯片能够同时驱动 8 个共阴极 LED 数码管（或者 64 个独立的 LED 发光二极管）和 64（8×8）键的编码键盘矩阵。HD7279A 采用动态扫描的循环方式对 LED 数码管进行控制，其特性如下。

（1）与 AT89C52 单片机间连接采用串行方式，仅占用 4 条口线，接口简单。

（2）内部含有译码器，可直接接收 BCD 码或十六进制码，同时具有两种译码方式，实现 LED 数码管的位寻址和段寻址，也可方便地控制每位 LED 数码管中的任意一段是否发光。

（3）内部含有驱动器，可以直接驱动不超过 25.4mm 的 LED 数码管。

（4）具有多种控制命令，如消隐、闪烁、左移、右移，以及位寻址、段寻址等。

（5）含有片选信号输入端，容易实现多于 8 位显示器或多于 64 键的键盘控制。

（6）具有自动消除按键抖动并识别有效键值的功能。

HD7279A 芯片占用口线少，外围电路简单，具有较高的性能价格比，已在键盘/显示器接口的设计中获得广泛应用。

HD7279A 芯片为 28 引脚标准双列直插型（DIP）封装，单一的 +5V 供电。其引脚如图 8-27 所示，引脚功能见表 8-5。

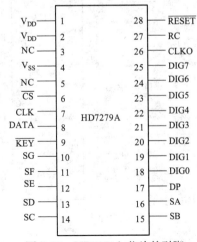

图 8-27　HD7279A 芯片的引脚

表 8-5　　　　　　　　　　　　　　**HD7279A 芯片的引脚功能**

引脚	名称	功能说明
1，2	V_{DD}	正电源（＋5V）
3，5	NC	无连接，必须悬空
4	V_{SS}	接地
6	$\overline{CS}$	片选输入端，此引脚为低电平时，可向芯片发送指令及读取键盘数据
7	CLK	同步时钟输入端，向芯片发送数据及读取键盘数据时，此引脚电平上升沿表示数据有效
8	DATA	串行数据输入/输出端，当芯片接收指令时，此引脚为输入端；当读取键盘数据时，此引脚在'读'指令最后一个分钟的下降沿变为输出端
9	$\overline{KEY}$	按键有效输出端，平时为高电平，当检测到有效按键时，此引脚变为低电平，并且一直保持到该按键释放为止
10～16	SG～SA	LED 数码管的 g～a 段驱动输出
17	DP	小数点驱动输出端
18～25	DIG0～DIG7	LED 数码管的为驱动输出端
26	CLKO	振荡信号输出端
27	RC	RC 振荡器连接端，该引脚用于外接振荡元件，典型值为 $R=1.5k\Omega$，$C=15pF$
28	$\overline{RESET}$	复位端，通常接＋5V。若对可靠性要求较高，则可外接复位电路，或直接由单片机控制

2. AT89C52 单片机与 HD7279A 芯片接口设计

AT89C52 单片机通过 HD7279A 芯片控制 8 个数码管及 64 键矩阵键盘的接口电路如图 8-28 所示。HD7279A 芯片与 AT89C52 单片机的连接只需 4 条口线：$\overline{CS}$、DATA、CLK、

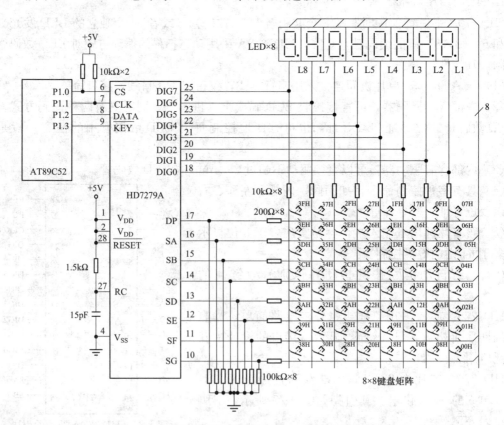

图 8-28　AT89C52 单片机与 HD7279A 芯片的接口电路

$\overline{KEY}$。晶振频率为 12MHz。上电后，HD7279A 芯片经过 15~18ms 的时间才进入工作状态。单片机通过 P1.3 脚对 $\overline{KEY}$ 引脚电平的检测，来判断矩阵键盘中是否有按键按下。HD7279A 芯片采用动态扫描方式对 LED 数码管进行控制，若用普通数码管亮度不够，可采用高亮度或超高亮度型号的数码管。

程序 8-1

程序中的短延时、长延时及 10ms 延时子函数没有给出，读者自行编写。

第八节　实践项目——基于单片机的抢答器设计及其 Proteus 仿真

1. 项目任务分析

利用 4 位 LED 数码管实现抢答选手号和计时时间的显示，由 P0 口和 P2 口分别对 LED 数码管段码和位码进行控制，P1 口连接选手抢答按键，并接有上拉电阻。P3 口连接主持人控制按键及蜂鸣器，利用蜂鸣器实现倒计时提示。其电路原理图如图 8-29 所示。

2. 编写 C51 程序

```c
#include<reg52.h>
#define uchar8 unsigned char
#define uint16 unsigned int
sbit Key_Clr = P3^0;                  //主持人操作的"清除设置时间"按键
sbit Key_Bign = P3^1;                 //主持人操作的"开始"按键
sbit Spk = P3^7;                      //控制蜂鸣器的引脚
uchar8 Sec = 30;                      //秒表计数值
uchar8 Count = 0;                     //计数器，每计数100，分加1
uchar8 Athlete = 0;                   //选手号
uchar8 code DM[] = {0x3F,0x06,0x5B,0x4F,0x66,0x6D,0x7D,0x07,0x7F,0x6F};
                                      //共阴极数码管段码表
uchar8 KeySM();                       //定义键盘扫描函数
void Delay(uint16 t);                 //定义延时子函数
void Time_Display(uchar8 s);          //定义显示时间子函数
void Scare_Display(uchar8 s);         //定义显示选手号子函数
void Control_Scan();                  //定义设置抢答时间子函数
void T1_init();                       //定义定时器初始化子函数

void main()                           //主函数
{
    while(1)
    {
        do
        {
```

```
        Control_Scan();
    }while(Key_Bign);                    //如果未按下"开始"键,则循环上面
                                         //程序

    while(～Key_Bign);                   //如果按下"开始"键,则继续向下执行
                                         //程序

    T1_init();                           //调用定时器初始化子程序
    TR1 = 1;                             //启动定时器 T1
    do
    {
        Time_Display(Sec);               //显示时间
        Scare_Display(Athlete);          //显示选手号
        Athlete = KeySM();
    }while((! Athlete)&&(Sec));           //运行直到抢答结束或者时间结束
    TR1 = 0;                             //关闭定时器 T1
    }
}
uchar8 KeySM()                           //子函数:键盘扫描子程序
{
    uchar8 KeyM,KeyZ;
    KeyM = 0;
    P1 = 0xff;                           //P1 口 8 个引脚置 1
    KeyZ = P1;
    if(～(P1&KeyZ))                       //如果 P1 口的引脚电平发生改变,说明
                                         //有键按下
    {
        switch(KeyZ)
        {
        case 0xfe: KeyM = 1;break;       //如果 P1.0 引脚电平为低电平,说明 1
                                         //号键按下
        case 0xfd: KeyM = 2;break;       //如果 P1.1 引脚电平为低电平,说明 2
                                         //号键按下
        case 0xfb: KeyM = 3;break;       //如果 P1.2 引脚电平为低电平,说明 3
                                         //号键按下
        case 0xf7: KeyM = 4;break;       //如果 P1.3 引脚电平为低电平,说明 4
                                         //号键按下
        case 0xef: KeyM = 5;break;       //如果 P1.4 引脚电平为低电平,说明 5
                                         //号键按下
        case 0xdf: KeyM = 6;break;       //如果 P1.5 引脚电平为低电平,说明 6
                                         //号键按下
```

```
            case 0xbf：KeyM = 7;break;    //如果 P1.6 引脚电平为低电平，说明 7
                                          //号键按下
            case 0x7f：KeyM = 8;break;    //如果 P1.7 引脚电平为低电平，说明 8
                                          //号键按下
            default：KeyM = 0;break;
        }
    }
    return KeyM;                          //返回键号
}
void Scare_Display(uchar8 s)             //子函数：显示抢答选手编号
{
    uchar8 i,j;
    i = s/10;
    j = s % 10;
    P0 = 0x00;
    P0 = DM[j];
    P2 = 0xfd;
    Delay(50);
    P0 = 0x00;
    P0 = DM[i];
    P2 = 0xfe;
    Delay(50);
}
void Time_Display(uchar8 s)              //子函数：显示抢答时间
{
    uchar8 i,j;
    i = s/10;
    j = s % 10;
    P0 = 0x00;
    P0 = DM[j];
    P2 = 0xf7;
    Delay(50);
    P0 = 0x00;
    P0 = DM[i];
    P2 = 0xfb;
    Delay(50);
}
void Control_Scan()                      //功能子函数：抢答时间设置
{
```

```
        Time_Display(Sec);                      //显示时间
        Scare_Display(Athlete);                 //显示抢答编号"00"
        if(~Key_Clr)                            //如果"设置时间"键按下,则改变抢答
                                                //时间
        {
                while(~Key_Clr);
                if(Athlete)                     //如果抢答编号未清空,则清空
                {
                Sec = 30;
                Athlete = 0;
                }
                if(Sec<60)                      //如果时间设置<60,则时间变量加1
                {
                Sec + +;
                }                               //如果时间设置≥60,则时间变量清零
                else
                {
                Sec = 0;
                }
        }
}

void T1_init()                                  //子函数:定时器 T1 初始化子程序
{
        EA = 1;
        ET1 = 1;
        TMOD = 0x10;                            //定时器 T1 选择工作方式 1
        TH1 = 0xd8;                             //设置定时器定时初值,10ms 中断一次
        TL1 = 0xfe;
}

void Delay(uint16 t)                            //子函数:延时 1ms
{
        uint16    j;
        while (t--);                            //11.0592MHz—113
        {
                for(j = 0;j<113;j + +);
        }
}

void T1_Isr() interrupt 3                       //定时器 T1 中断子程序
{
```

```
    if(Count<100)
    {
        Count + + ;
        if(Count = = 50)
        {
            Spk = 0;                    //控制蜂鸣器发音
        }
    }
    else
    {
        Spk = 1;
        Count = 0;
        Sec = Sec-1;
    }
    TH1 = 0xd8;                         //重新设置定时器 T1 初值
    TL1 = 0xfe;
    TR1 = 1;                            //启动 T1
}
```

3. 在 proteus 环境下仿真

进入 Proteus 软件，加入已生成的目标程序，按下仿真运行按钮，仿真效果如图 8-29 所

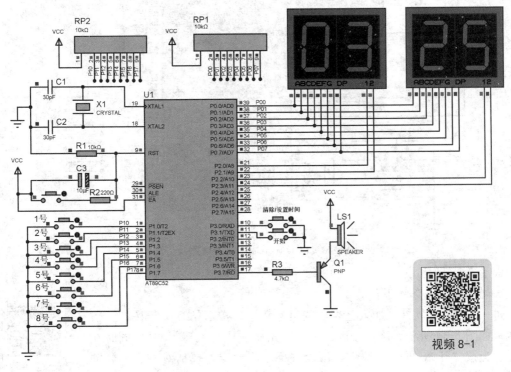

图 8-29　LED 显示抢答器电路及仿真

示。该程序运行时，首先显示选手号"00"、计时时间"30"秒。当主持人按"开始"按键，选手允许抢答，例如3号选手抢答结果显示为"03""25"。主持人通过"清除/设置时间"按键可以进行选手号清空和时间设置。

第九节　实践项目——LCD 显示数字时钟设计及其 Proteus 仿真

1. 项目任务分析

利用 LCD1602 液晶显示器实现数字时钟显示，由 P0 口和 P2 口进行控制，P1 口连接按键，并接有上拉电阻。由定时器 T1 实现时钟功能，并通过按键实现对时钟的调整。其电路原理图如图 8-30 所示。

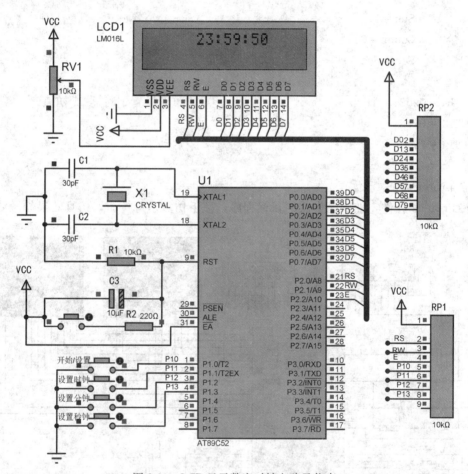

图 8-30　LCD 显示数字时钟电路及仿真

2. 编写 C51 程序

3. 在 Proteus 环境下仿真

进入 Proteus 软件，加入已生成的目标程序，按下仿真运行按钮，仿真效果如图 8-30 所示。该程序运行时，首先显示"23：59：50"，同时在计时。当按"开始/停止"按键，可以进行时间设定，包括对时钟、分钟和秒钟的设定，设定后再次按"开始/停止"按键，数字时钟正常显示。

程序 8-2

本章小结

对于器件 AT89C52，当 I/O 引脚输出低电平时，单根口线最大可吸收 10mA 的灌电流；但 P0 口所有引脚吸收电流的总和不能超过 26mA，P1、P2 和 P3 口各口的所有引脚吸收电流的总和限制在 15mA；4 个并行口所有口线吸收电流的总和限制在 71mA。而当 I/O 引脚输出高电平时，单片机的拉电流不到 1mA。所以单片机输出低电平的时候，驱动能力尚可，而输出高电平的时候，几乎没有输出电流的能力。

视频8-2

单片机应用系统常用的较简单的输出设备有 LED 灯、LED 数码管、LED 点阵显示器及 LCD 显示器、声音报警器等。用单片机驱动时，一是要考虑口线的驱动能力，二是要注意 P0 口上拉电阻的配置。LED 数码管有静态显示和动态显示两种显示方式，常采用动态显示方式。LED 点阵显示器是由 LED 按矩阵方式排列组成，其显示原理是通过点亮的 LED 构成显示的字符。

单片机应用系统常用的较简单的输入设备有开关、键盘等；非编码键盘扫描方式有编程扫描、定时扫描和中断扫描三种。独立式键盘通过检测输入线的电平状态就可以判断出被按下的按键。矩阵式键盘常用的键识别方法有行或列扫描法和线反转法两种。

各种专用键盘/显示器接口芯片种类繁多，各有特点，HD7279A 芯片占用口线少，具有自动消除按键抖动并识别有效键值的功能，外围电路简单，性能价格比较高，已在键盘/显示器接口的设计中获得广泛应用。

LCD 液晶显示器是单片机应用系统的一种常用的人机接口形式，其优点是体积小、重量轻、功耗低。字符型 LCD1602 液晶显示器主要用于显示数字、字母、简单图形符号及少量自定义符号。

练习题

8-1　AT89C52 单片机的 4 个并行口 P0～P3 的驱动能力各为多少？若想获得较大的输出驱动能力，采用"灌电流方式"还是"拉电流方式"。

8-2　LED 数码管有哪两种类型？其段码是如何确定的？

8-3　数码管的静态显示方式与动态显示方式有什么区别？各自有何优缺点？

8-4　说明 LED 点阵显示器的显示原理。

8-5　声音报警接口有哪两种？它们的区别在哪里？

8-6　按键开关为什么需要消除机械抖动？消除机械抖动常采用的方法是什么？

8-7　说明矩阵式键盘的键识别方法及识别过程。

8-8　非编码键盘有哪三种扫描方式？每种扫描方式的工作原理及特点是什么？

8-9　简述 LCD 液晶显示器的分类。

8-10　简述 LCD1602 模块的基本组成。

第九章　80C51 的串行总线扩展及应用

学习目标

1. 理解一线总线时序及与单片机的接口方法。
2. 理解 I²C 总线时序及与单片机的接口方法。
3. 理解 SPI 总线时序及与单片机的接口方法。

本章重点

1. 单片机与 DS18B20 的接口方法。
2. 单片机与 TLC549 的接口方法。
3. 单片机与 AT24C02 的接口方法。

采用串行总线扩展技术可以使系统的硬件设计简化，系统的体积减小，同时，系统的更改和扩充更为容易。串行扩展总线的应用是单片机目前发展的一种趋势。常用的串行扩展总线有单总线、I²C 总线、SPI、Microwire 总线和 SPI 总线。51 单片机没有串行总线接口，利用其自身的通用并行线可以模拟多种串行总线时序信号，因此可以充分利用各种串行接口芯片资源。

第一节　单总线串行扩展

与其他所有的数据通信传输方式一样，单总线芯片在数据传输过程要求采用严格的通信协议，以保证数据的完整性。单总线芯片在数据传输过程中，每个单总线芯片都拥有唯一的地址，系统主机一旦选中某个芯片，就会保证通信连接直到复位，其他器件则全部脱离总线，在下次复位之前不参与任何通信。

一、单总线器件温度传感器 DS18B20 简介

1. DS18B20 特点

DS18B20 是 Dallas 半导体公司最新推出的单线数字温度传感器，是世界上第一片支持"一线总线"接口的温度传感器，其体积更小、适用电压更宽、更经济，使用户可轻松地组建传感器网络。DS18B20 温度传感器的测量温度范围为 $-55\sim+125℃$，在 $-10\sim+85℃$ 内，准确度为 $\pm0.5℃$。现场温度直接以"一线总线"的数字方式传输，大大提高了系统的抗干扰性，适合于恶劣环境的现场温度测量，如环境控制、设备或过程控制、测温类消费电子产品等。用户设定的报警温度存储在 DS18B20 的 EEPROM 中，掉电后依然保存，DS18B20 温度传感器的特性如下。

（1）只要求一个端口即可实现通信。

（2）在 DS18B20 中的每个器件上都有独一无二的序列号。

（3）实际应用中不需要外部任何元器件即可实现测温。

（4）测量温度范围在 $-55\sim+125℃$。

（5）数字温度计的分辨率用户可以从9位到12位选择。

（6）内部有温度上下限告警设置。

2. DS18B20引脚介绍

DS18B20芯片的常见封装为TO-92，也就是普通直插三极管的样子，当然也可以找到以SO（DS18B20Z）和μSOP（DS18B20U）形式封装的产品，图9-1为DS18B20各种封装的图示及引脚图。

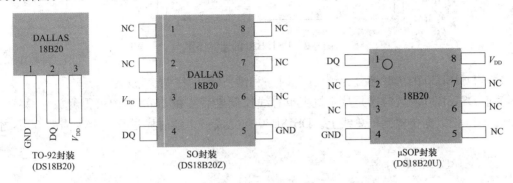

图9-1　DS18B20各种封装的图示及引脚图

表9-1为DS18B20引脚功能描述。

表9-1 **DS18B20引脚功能描述**

TO-92封装	μSOP封装	名称	引脚功能描述
1	5	GND	地信号
2	4	DQ	数据输入/输出
3	3	V_{DD}	工作电源

3. DS18B20的使用方法

由于DS18B20采用的是1-Wire总线协议方式，即在一根数据线实现数据的双向传输，而对51单片机来说，硬件上并不支持单总线协议，因此，必须采用软件的方法来模拟单总线的协议时序来完成对DS18B20芯片的访问。由于DS18B20是在一根I/O线上读写数据，因此，对读写的数据位有着严格的时序要求。DS18B20有严格的通信协议来保证各位数据传输的正确性和完整性。该协议定义了几种信号的时序：初始化时序、读时序、写时序，所有时序都是将主机作为主设备，单总线器件作为从设备。而每一次命令和数据的传输都是从主机主动启动写时序开始，如果要求单总线器件回送数据，在进行写命令后，主机需启动读时序完成数据接收。数据和命令的传输都是低位在先。

（1）DS18B20的初始化时序。

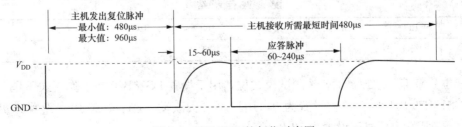

图9-2　DS18B20的复位时序图

（2）DS18B20 的读时序。

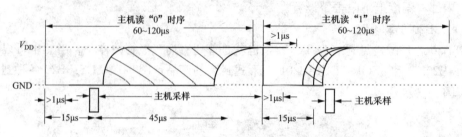

图 9-3　DS18B20 的读时序图

对于 DS18B20 的读时序分为读"0"时序和读"1"时序两个过程。

对于 DS18B20 的读时序是从主机把单总线拉低之后，在 $15\mu s$ 之内就得释放单总线，以让 DS18B20 把数据传输到单总线上。DS18B20 在完成一个读时序过程，至少需要 $60\mu s$ 才能完成。

（3）DS18B20 的写时序。

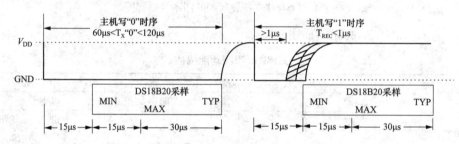

图 9-4　DS18B20 的写时序图

对于 DS18B20 的写时序仍然分为写"0"时序和写"1"时序两个过程。

对于 DS18B20 写"0"时序和写"1"时序的要求不同，当要写"0"时序时，单总线要被拉低至少 $60\mu s$，保证 DS18B20 能够在 $15\mu s$ 到 $45\mu s$ 之间能够正确地采样 IO 总线上的"0"电平，当要写"1"时序时，单总线被拉低之后，在 $15\mu s$ 之内就得释放单总线。

4. DS18B20 温度传感器的存储器

DS18B20 温度传感器的内部存储器包括一个高速暂存 RAM 和一个非易失性的可电擦除的 EERAM，后者存放高温度和低温度触发器 TH、TL 和结构寄存器。

（1）配置寄存器。该字节各位的意义见表 9-2。

表 9-2　　　　　　　　　　　配 置 寄 存 器 结 构

BIT7	BIT6	BIT5	BIT4	BIT3	BIT2	BIT1	BIT0
TM	R1	R0	1	1	1	1	1

低五位一直都是"1"，TM 是测试模式位，用于设置 DS18B20 在工作模式还是在测试模式。在 DS18B20 出厂时该位被设置为 0，用户不要去改动。R1 和 R0 用来设置分辨率，见表 9-3（DS18B20 出厂时被设置为 12 位）。

表 9-3　　　　　　　　　　　　温度分辨率设置表

R1	R0	分辨率	温度最大转换时间
0	0	9 位	93.75ms
0	1	10 位	187.5ms
1	0	11 位	375ms
1	1	12 位	750ms

DS18B20 中的温度传感器可完成对温度的测量，以 12 位转化为例：用 16 位符号扩展的二进制补码读数形式提供，以 $0.0625℃/LSB$ 形式表达，其中 S 为符号位，表 9-4 为 DS18B20 温度格式表。

表 9-4　　　　　　　　　　　DS18B20 温度值格式表

低 8 位	BIT7	BIT6	BIT5	BIT4	BIT3	BIT2	BIT1	BIT0
	2^3	2^2	2^1	2^0	2^{-1}	2^{-2}	2^{-3}	2^{-4}
高 8 位	BIT15	BIT14	BIT13	BIT12	BIT11	BIT10	BIT9	BIT8
	S	S	S	S	S	2^6	2^5	2^4

这是 12 位转化后得到的 12 位数据，存储在 DS18B20 的两个 8BIT 的 RAM 中，二进制中的前面 5 位是符号位，如果测得的温度大于 0，这 5 位为 0，只要将测到的数值乘于 0.0625 即可得到实际温度；如果温度小于 0，这 5 位为 1，测到的数值需要取反加 1 再乘于 0.0625 即可得到实际温度。例如，+125℃ 的数字输出为 07D0H，+25.0625℃ 的数字输出为 0191H，−25.0625℃ 的数字输出为 FE6FH，−55℃ 的数字输出为 FC90H。

（2）高速暂存存储器。高速暂存存储器由 9 个字节组成，其分配如表 9-5 所示。当温度转换命令发布后，经转换所得的温度值以二字节补码形式存放在高速暂存存储器的第 0 个和第 1 个字节。单片机可通过单线接口读到该数据，读取时低位在前，高位在后，数据格式见表 9-4。对应的温度计算：当符号位 S＝0 时，直接将二进制位转换为十进制；当 S＝1 时，先将补码变为原码，再计算十进制值。第九个字节是冗余检验字节。

表 9-5　　　　　　　　　　DS18B20 暂存寄存器分布

寄存器内容	字节地址
温度值低位（LS Byte）	0
温度值高位（MS Byte）	1
高温限值（TH）	2
低温限值（TL）	3
配置寄存器	4
保留	5
保留	6
保留	7
CRC 校验值	8

根据 DS18B20 的通讯协议，主机（单片机）控制 DS18B20 完成温度转换必须经过三个步骤：每一次读写之前都要对 DS18B20 进行复位操作，复位成功后发送一条 ROM 指令，最

后发送 RAM 指令，这样才能对 DS18B20 进行预定的操作。复位要求主 CPU 将数据线下拉 $500\mu s$，然后释放，当 DS18B20 收到信号后等待 $16\sim60\mu s$，后发出 $60\sim240\mu s$ 的存在低脉冲，主 CPU 收到此信号表示复位成功，表 9-6 和表 9-7 分别为 ROM 指令表和 RAM 指令表。

表 9-6　　　　　　　　　　　　ROM 指令表

指令	约定代码	功　能
读 ROM	33H	读 DS1820 温度传感器 ROM 中的编码（64 位地址）
符合 ROM	55H	发出此命令之后，接着发出 64 位 ROM 编码，访问单总线上与该编码相对应的 DS1820 使之做响应，为下一步对该 DS1820 的读写做准备
搜索 ROM	0F0H	用于确定挂接在同一总线上 DS1820 的个数和识别 64 位 ROM 地址，为操作各器件做好准备
跳过 ROM	0CCH	忽略 64 位 ROM 地址，直接向 DS1820 发温度变换命令，适用于单片工作
告警搜索命令	0ECH	执行后只有温度超过设定值上限或下限的片子才做出响应

表 9-7　　　　　　　　　　　　RAM 指令表

指令	约定代码	功　能
温度变换	44H	启动 DS1820 进行温度转换，12 位转换时最长为 750ms（9 位为 93.75ms）。结果存入内部 9 字节 RAM 中
读暂存器	0BEH	读内部 RAM 中 9 字节的内容
写暂存器	4EH	发出向内部 RAM 的 3、4 字节写上、下限温度数据命令，紧跟该命令之后，是传送两字节的数据
复制暂存器	48H	将 RAM 中第 3、4 字节的内容复制到 EEPROM 中
重调 EEPROM	0B8H	将 EEPROM 中内容恢复到 RAM 中的第 3、4 字节
读供电方式	0B4H	读 DS1820 的供电模式。寄生供电时 DS1820 发送 "0"，外接电源供电 DS1820 发送 "1"

5. DS1820 使用注意事项

DS1820 虽然具有测温系统简单、测温准确度高、连接方便、占用口线少等优点，但在实际应用中也应注意以下几个方面的问题。

（1）较小的硬件开销需要相对复杂的软件进行补偿，由于 DS18B20 与微处理器间采用串行数据传送，因此，在对 DS18B20 进行读写编程时，必须严格地保证读写时序，否则将无法读取测温结果。

（2）在 DS18B20 的有关资料中均未提及单总线上所挂 DS18B20 数量问题，容易使人误认为可以挂任意多个 DS18B20，在实际应用中并非如此。当单总线上所挂 DS18B20 超过 8 个时，就需要解决微处理器的总线驱动问题，这一点在进行多点测温系统设计时要加以注意。

（3）连接 DS18B20 的总线电缆是有长度限制的。试验中，当采用普通信号电缆传输长度超过 50m 时，读取的测温数据将发生错误。当将总线电缆改为双绞线带屏蔽电缆时，正常通信距离可达 150m，当采用每米绞合次数更多的双绞线带屏蔽电缆时，正常通信距离进一步加长。这种情况主要是由总线分布电容使信号波形产生畸变造成的。因此，在用 DS18B20 进行长距离测温系统设计时要充分考虑总线分布电容和阻抗匹配问题。

（4）在 DS18B20 测温程序设计中，向 DS18B20 发出温度转换命令后，程序总要等待 DS18B20 的返回信号，一旦某个 DS18B20 接触不好或断线，当程序读该 DS18B20 时，将没有返回信号，程序进入死循环。这一点在进行 DS18B20 硬件连接和软件设计时也要给予一定的重视。测温电缆线建议采用屏蔽 4 芯双绞线，其中一组接地线与信号线，另一组接 V_{DD} 和地线，屏蔽层在源端单点接地。

二、设计案例：单总线 DS18B20 温度测量系统

图 9-5 为单总线 DS18B20 温度测量系统原理图，温度传感器 DS18B20 的 DQ 引脚与单片机的 P3.7 引脚相连，四位的共阳数码管的段码与单片机的 P0 口连接，位码与单片机的 P2 口的低 4 位相连，单片机的仿真频率为 11.0592MHz。单片机读取 DS18B20 的温度值并在数码管上进行显示。

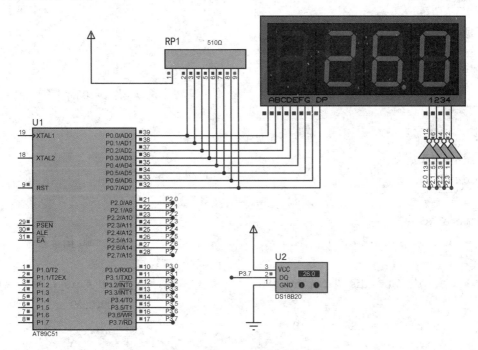

图 9-5　DS18B20 温度测量系统

编写程序完成采集温度，并显示在 LED 数码管上。程序为

```
# include"reg51.h"
# include"intrins.h"               //_nop_()延时函数用

# define disdata P0                //段码输出口
# define discan P2                 //位码扫描口
# define uchar unsigned char
# define uint unsigned int
sbit DQ = P3^7;                    //温度输入口
sbit DIN = P0^7;                   //LED 小数点控制

uint h,t;                          //t:开机显示 4 个 8 时，小数点显示标志位
//温度小数部分用查表法
```

```
uchar code ditab[16] = {0x00,0x01,0x01,0x02,0x03,0x03,0x04,0x04,0x05,
0x06,0x06,0x07,0x08,0x08,0x09,0x09};
/* 共阳 LED 段码表"0","1","2","3","4","5","6","7","8","9","不亮","·"* /
uchar code dis_7[12] = {0xc0,0xf9,0xa4,0xb0,0x99,0x92,0x82,0xf8,0x80,
0x90,0xff,0xbf};
uchar code scan_con[4] = {0xf7,0xfb,0xfd,0xfe};        //列扫描控制字
uchar data temp_data[2] = {0x00,0x00,};                //读出温度暂存
uchar data display[5] = {0x00,0x00,0x00,0x00,0x00};    //显示单元数据


//延时函数
void delay(uint l)
{
    for(;l>0;l- -);                                     //当 l = 0 时下行
}


//显示扫描函数
void scan()
{
    char k;
    for(k = 0;k<4;k + +)                                //4 位 LED 扫描控制
    {
        disdata = dis_7[display[k]];                    //即 P1 = dis_7[0x00] = 0xc0 =
                                                        //  1100,0000
        if(k = = 1 && t !  = 0)
        {
            DIN = 0;                                    //当 k = = 1 时，P1^7 口为低
                                                        //  电平
        }
        discan = scan_con[k];                           //P3 口 = {0xfb,0xf7,0xef,
                                                        //  0xdf}，列扫描

        delay(90);
        discan = 0xff;                                  //P3 = {1111,1111}
    }
}
//DS18B20 复位函数
void ow_reset()
{
    char presence = 1;
```

```
      while(presence)
      {
        while(presence)
        {
            DQ = 1;
            _nop_();   _nop_();
            DQ = 0;
            delay(50);                          //延时 550ms，读时序
            DQ = 1;
            delay(6);                           //延时 66ms

            presence = DQ;                      //presence = 0，继续下一步
        }
        delay(45);                              //延时 495μs
        presence = ~DQ;
      }
      DQ = 1;
}


//DS18B20 写命令函数，向 1-WIRE 总线上写一字节
void write_byte(uchar val)
{
    uchar i;
    for(i = 8;i>0;i--)
    {
        DQ = 1;
        _nop_();   _nop_();

        DQ = 0;
        _nop_();  _nop_();  _nop_();  _nop_();  _nop_();   //5μs
        DQ = va l& 0x01;                        //最低位移出

        delay(6);                               //66μs
        val = val/2;                            //右移 1 位
    }
    DQ = 1;
    delay(1);
}
```

```c
//DS18B20 读 1 字节函数,从总线上读取 1 字节
uchar read_byte(void)
{
    uchar i;
    uchar value = 0;
    for(i = 8;i>0;i--)
    {
        DQ = 1;
        _nop_();  _nop_();
        value>> = 1;
        DQ = 0;
        _nop_();  _nop_();  _nop_();  _nop_();        //4μs
        DQ = 1;
        _nop_();  _nop_();  _nop_();  _nop_();        //4μs

        if (DQ)
            value | = 0x80;
        delay(6);                                     //66μs
    }
    DQ = 1;
    return(value);
}


//读出温度函数
void read_temp()
{
    ow_reset();                            //总线复位
    write_byte(0xcc);                      //发 Skip ROM 命令
    write_byte(0xbe);                      //发读命令

    temp_data[0] = read_byte();            //温度低 8 位
    temp_data[1] = read_bytc();            //温度高 8 位

    ow_reset();
    write_byte(0xcc);                      //跳过 ROM
    write_byte(0x44);                      //发转换命令
}


//处理温度数据函数
```

```c
void work_temp()
{
    uchar n = 0;
    if(temp_data[1]>127)
    {
        temp_data[1] = (256-temp_data[1]);        //负温度求补码
        temp_data[0] = (256-temp_data[0]);
        n = 1;
    }

    display[4] = temp_data[0]& 0x0f;
    display[0] = ditab[display[4]];
    display[4] = ((temp_data[0]& 0xf0)>>4) | ((temp_data[1] & 0x0f)<<4);
    display[3] = display[4]/100;
    display[1] = display[4] % 100;
    display[2] = display[4]/10;
    display[1] = display[4] % 10;

    if(! display[3])
    {
        display[3] = 0x0a;
        if(! display[2])                          //最高位为 0 时都不显示
        {
            display[2] = 0x0a;
        }
    }

    if(n)
    {
        display[3] = 0x0b;                         //负温度时最高位显示
    }
}

//主函数
main()
{
    t = 0;                                        //开机小数点不显示
    disdata = 0xff;                               //初始化端口
    discan = 0xff;
```

```
for(h = 0;h<4;h + + )
{
    display[h] = 8;                          //开机显示 8888
}


ow_reset();                                  //开机转换一次
write_byte(0xcc);                            //跳过 ROM
write_byte(0x44);


for(h = 0;h<500;h + + )                       //开机显示 8888 2s
{
    scan();
}


while(1)
{
    t = 1;                                   //显示温度时置 t = 1,显示
                                             //  小数点

    read_temp();                             //读温度数据
    work_temp();                             //处理温度数据

    for(h = 0;h<500;h + + )                   //显示温度值 2s
    {
        scan();
    }
}
}
```

第二节　SPI总线串行扩展

一、SPI总线的扩展结构

1. 工作原理

SPI（Serial Peripheral Interface）是串行外围设备接口，是 Motorola 首先在其 MC68HCXX 系列处理器上定义的。SPI 是一种高速的、全双工、同步的串行总线接口，主要应用在 EEPROM、FLASH、实时时钟、AD 转换器和 D/A 转换器等芯片中。SPI 接口在芯片的管脚上只占用四根线，减少了芯片的管脚数，同时为 PCB 的布局节省了空间，简化了设计过程。正是由于这些特性，现在越来越多的芯片集成了这种通信协议。

SPI 总线系统可直接与各个厂家生产的多种标准外围器件直接接口，该接口一般使用 4

条线：串行时钟线（SCK）、主机输入/从机输出数据线 MISO、主机输出/从机输入数据线 MOSI 和低电平有效的从机选择线 SS。

SPI 以主从方式工作，即有一个主设备和一个或多个从设备。SPI 主设备与从设备通过 SPI 总线连接时，时钟线 SCK、数据线 MOSI 和 MISO 都是同名端相连，从机选择线 SS 则一般由控制逻辑来产生。在实际应用中，MCU 一般作为主 SPI 设备，带 SPI 接口的外围器件作为从设备。

SPI 总线双向传输数据时至少需要 4 根线，单向传输数据时至少需要 3 根线。各信号定义及功能如下。

（1）MOSI：主设备数据输出，从设备数据输入。

（2）MISO：主设备数据输入，从设备数据输出。

（3）SCK：时钟信号，由主设备产生。

（4）SS：从设备使能信号，由主设备控制。

当从设备使能信号有效时，所选中的从设备才能与主设备进行通信。这就允许在同一总线上连接多个 SPI 从设备，图 9-6 是 SPI 总线接口模型。

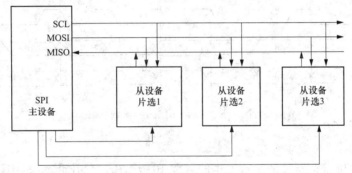

图 9-6　SPI 总线接口模型

SPI 的数据通信是在 SCK 时钟脉冲信号控制下一位一位传输的。主设备数据输出通过 MOSI 线，数据在时钟上升沿或下降沿时改变，在紧接着的下降沿或上升沿被读取，完成一位数据传输；主设备数据输入通过 MISO 线，也使用同样原理。这样，8 次时钟信号的改变（上沿和下沿为一次），就可以完成 8 位数据的传输。从设备发送数据是通过 MISO 线，接收数据是通过 MOSI 线，从设备数据发送和接收的原理与主设备的原理完全一致。

要注意的是，SCK 信号线只由主设备控制，从设备不能控制该信号，因此，在一个基于 SPI 的系统至少要有一个主设备。SPI 的传输方式与普通的串行通信不同，普通的串行通信一次连续传送至少 8 位数据，而 SPI 允许数据一位一位地传送，甚至允许暂停，因为 SCK 时钟线由主控设备控制，当没有时钟跳变时，从设备不采集或传送数据。也就是说，主设备通过对 SCK 时钟线的控制可以完成对通信的控制。

SPI 有四种操作模式：模式 0、模式 1、模式 2 和模式 3，它们的区别是定义了在时钟脉冲的哪条边沿转换（toggles）输出信号，哪条边沿采样输入信号，还有时钟脉冲的稳定电平值（时钟信号无效时是高还是低）。每种模式由一对参数刻画，它们称为时钟极（clock polarity）CPOL 与时钟相位（clock phase）CPHA。如果 CPOL＝0，串行同步时钟的空闲状态为低电平；如果 CPOL＝1，串行同步时钟的空闲状态为高电平。时钟相位（CPHA）能够配置用于选择两种不同的传输协议之一进行数据传输。如果 CPHA＝0，在串行同步时钟的第一个跳变沿（上升或下降）数据被采样；如果 CPHA＝1，在串行同步时钟的第二个跳变沿（上升或下降）数据被采样。SPI 主模块和与之通信的外设时钟相位和极性应该一致，SPI 接口数据传输时序如图 9-7 和图 9-8 所示。

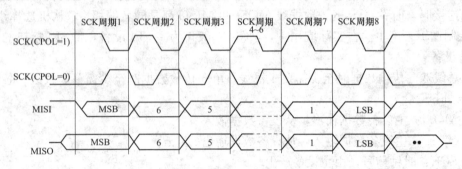

图 9-7　CPHA＝0 时 SPI 总线数据传输时序

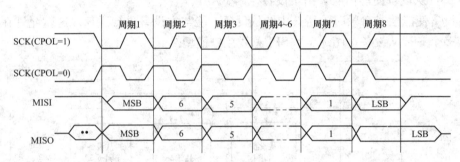

图 9-8　CPHA＝1 时 SPI 总线数据传输时序

2. 数据通信示例

假设下面的 8 位寄存器装的是待发送的数据 10101010，上升沿发送、下降沿接收、高位先发送。那么第一个上升沿来的时候数据将会是 SDO＝1；寄存器＝0101010x。下降沿到来的时候，SDI 上的电平将所存到寄存器中去，那么这时寄存器＝0101010SDI，这样在 8 个时钟脉冲以后，两个寄存器的内容互相交换一次。这样就完成了一个 SPI 时序。

例：假设主机和从机初始化就绪，并且主机的 SBUFF＝0xaa，从机的 SBUFF＝0x55，下面将分步对 SPI 的 8 个时钟周期的数据情况演示一遍，假设上升沿发送数据。

表 9-8 SPI 数据传输示例

脉冲	主机 SBUFF	从机 SBUFF	SDI	SDO
0	10101010	01010101	0	0
1 上	0101010x	1010101x	0	1
1 下	01010100	10101011	0	1
2 上	1010100x	0101011x	1	0
2 下	10101001	01010110	1	0
3 上	0101001x	1010110x	0	1
3 下	01010010	10101101	0	1
4 上	1010010x	0101101x	1	0
4 下	10100101	01011010	1	0
5 上	0100101x	1011010x	0	1

脉冲	主机 SBUFF	从机 SBUFF	SDI	SDO
5 下	01001010	10110101	0	1
6 上	1001010x	0110101x	1	0
6 下	10010101	01101010	1	0
7 上	0010101x	1101010x	0	1
7 下	00101010	11010101	0	1
8 上	0101010x	1010101x	1	0
8 下	01010101	10101010	1	0

这样就完成了两个寄存器 8 位的交换，上面的上表示上升沿、下表示下降沿，SDI、SDO 相对于主机而言的。其中 SS 引脚作为主机的时候，从机可以把它拉低被动选为从机，作为从机时，可以作为片选脚用。根据以上分析，一个完整的传送周期是 16 位，即两个字节，因为，首先主机要发送命令过去，然后从机根据主机的名准备数据，主机在下一个 8 位时钟周期才把数据读回来。

要注意的是，SCLK 信号线只由主设备控制，从设备不能控制信号线。同样，在一个基于 SPI 的设备中，至少有一个主控设备。这样的传输方式有一个优点，与普通的串行通信不同，普通的串行通信一次连续传送至少 8 位数据，而 SPI 允许数据一位一位的传送，甚至允许暂停，因为 SCLK 时钟线由主控设备控制，当没有时钟跳变时，从设备不采集或传送数据。也就是说，主设备通过对 SCLK 时钟线的控制可以完成对通信的控制。SPI 还是一个数据交换协议：因为 SPI 的数据输入和输出线独立，所以允许同时完成数据的输入和输出。不同的 SPI 设备的实现方式不尽相同，主要是数据改变和采集的时间不同，在时钟信号上沿或下沿采集有不同定义。

在点对点的通信中，SPI 接口不需要进行寻址操作，且为全双工通信，显得简单高效。在多个从设备的系统中，每个从设备需要独立的使能信号。

3. 主要特性

(1) 全双工通信，可以同时发出和接收串行数据。

(2) 1.05Mbit/s 的最大主机位速率。

(3) 四种可编程主机位速率。

(4) 可编程串行时钟极性与相位。

(5) 可以当作主机或从机工作。

(6) 提供频率可编程时钟。

(7) 发送结束中断标志。

(8) 写冲突保护。

(9) 总线竞争保护等。

4. 应用范围

SPI 主要应用在高速数据传输的外设上，如 SD 卡、FLASH 芯片等。在集成电路飞速发展的近几年 SPI 总线应用非常广泛，大量的新型器件如 LCD 模块、FLASH、EEPROM 存储器、数据输入、输出设备、实时时钟、AD 转换器、数字信号处理器和数字信号解码器等都有采用 SPI 接口。在早期的单片机系统中，CPU 大都不具有 SPI 接口，因此，对 SPI 接口设备的访问，基本都是通过软件模拟产生 SPI 接口所需要的时序。但是随着单片机技术的进步，新型的单片机一般都已将 SPI 接口控制器集成在单片机内部。SPI 在单片机上的应用是其应用范围上的一大转折点，进一步拓宽了其应用领域，使得 SPI 的优势能在更多的领域体现。

二、设计案例：扩展带有 SPI 接口的 8 位串行 A/D 转换器 TLC549

1. TLC549 介绍

TLC549 是美国德州仪器公司生产的 8 位串行 A/D 转换器芯片，可与通用微处理器、

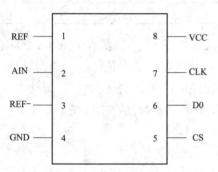

图 9-9　TLC549 的引脚分布图

控制器通过 CLK、CS、DATA OUT 三条口线进行串行接口。具有 4MHz 片内系统时钟和软、硬件控制电路，转换时间最长 $17\mu s$，TLC549 为 40000 次/s。总失调误差最大为 ± 0.5LSB，典型功耗值为 6mW。采用差分参考电压高阻输入，抗干扰，可按比例量程校准转换范围，V_{REF-} 接地，$V_{REF+} - V_{REF-} \geqslant 1V$，可用于较小信号的采样。TLC549 的引脚名称如图 9-9 所示。

TLC549 的极限参数如下。

（1）电源电压：6.5V。

（2）输入电压范围：$0.3 \sim V_{CC} + 0.3V$。

（3）输出电压范围：$0.3 \sim V_{CC} + 0.3V$。

（4）峰值输入电流（任一输入端）：± 10mA。

（5）总峰值输入电流（所有输入端）：± 30mA。

（6）工作温度：TLC549C：$0 \sim 70℃$；TLC549I：$-40 \sim 85℃$；TLC549M：$-55 \sim 125℃$。

2. 工作原理

TLC549 均有片内系统时钟，该时钟与 I/O CLOCK 是独立工作的，无须特殊的速度或相位匹配。其工作时序如图 9-10 所示。当 CS 为高时，数据输出 DO（DATA OUT）端处于高阻状态，此时 I/O CLOCK 不起作用。这种 CS 控制作用允许在同时使用多片 TLC549 时，共用 I/O CLOCK，以减少多路 A/D 并用时的 I/O 控制端口。

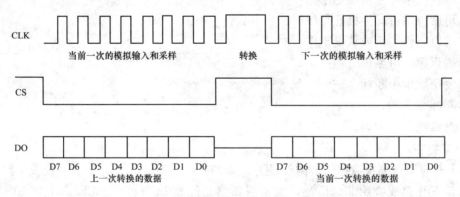

图 9-10　TLC549 工作时序图

一组通常的控制时序如下。

（1）将 CS 置低。内部电路在测得 CS 下降沿后，首先等待两个内部时钟上升沿和一个下降沿，再确认这一变化，最后自动将前一次转换结果的最高位（D7 位）输出到 DATA OUT 端上。

（2）前四个 I/O CLOCK 周期的下降沿依次移出第 2、3、4、5（D6、D5、D4、D3）个转换位，片上采样保持电路在第 4 个 I/O CLOCK 下降沿开始采样模拟输入。

（3）接下来的 3 个 I/O CLOCK 周期的下降沿移出第 6、7、8（D2、D1、D0）个转换位。

（4）最后，片上采样保持电路在第 8 个 I/O CLOCK 周期的下降沿将移出第 6、7、8（D2、D1、D0）个转换位。保持功能将持续 4 个内部时钟周期，然后开始进行 32 个内部时钟周期的 A/D 转换。第 8 个 I/O CLOCK 后，CS 必须为高，或 I/O CLOCK 保持低电平，这种状态需要维持 36 个内部系统时钟周期以等待保持和转换工作的完成。如果 CS 为低时 I/O CLOCK 上出现一个有效干扰脉冲，则微处理器/控制器将与器件的 I/O 时序失去同步；若 CS 为高时出现一次有效低电平，则将使引脚重新初始化，从而脱离原转换过程。

在 36 个内部系统时钟周期结束之前，实施步骤（1）～（4），可重新启动一次新的 A/D 转换，与此同时，正在进行的转换终止，此时的输出是前一次的转换结果而不是正在进行的转换结果。

若要在特定的时刻采样模拟信号，应使第 8 个 I/O CLOCK 时钟的下降沿与该时刻对应，因为芯片虽在第 4 个 I/O CLOCK 时钟下降沿开始采样，却在第 8 个 I/O CLOCK 的下降沿开始保存。

3. TLC549 简易电压表的设计

现代检测技术中，常需用高准确度数字电压表进行现场检测，将检测到的数据送入微计算机系统，完成计算、存储、控制和显示等功能。用 AT89S51 单片机和 8 位串行 A/D 转换芯片 TLC549 设计制作的一路数据采集系统，实现了数字电压表的硬件电路与软件设计，A/D 转换器在单片机的控制下完成对模拟信号的采集和转换，最后由数码管显示采集的电压值，测量范围为 0～5V，图 9-11 为 TLC549 简易电压表原理图。

编写程序为：

```c
#include<reg51.h>
#include<stdio.h>
#include<intrins.h>
#include<math.h>
#define uint unsigned int
#define uchar unsigned char
#define ulong unsigned long

//0 1 2 3 4 5 6 7 8 9含小数点,共阳极
uchar tab[]={0x40,0x79,0x24,0x30,0x19,0x12,0x02,0x78,0x00,0x10};
//0 1 2 3 4 5 6 7 8 9不含小数点
uchar a[]={0xc0,0xf9,0xa4,0xb0,0x99,0x92,0x82,0xf8,0x80,0x90};
uchar disb[]={0x08,0x04,0x02,0x01};                    //段选
```

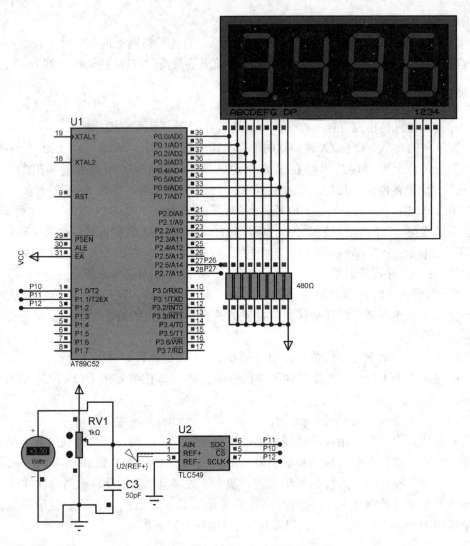

图 9-11　TLC549 简易电压表原理图

```c
uchar ConvertValue = 0;
ulong da0,da1,da2,da3;
uchar da,i;
float xs;
ulong bb;

sbit Clock = P1^2;
sbit DataOut = P1^1;
sbit CS = P1^0;

//延时
#define Wait1us          {_nop_();}
```

```
#define Wait2us           {_nop_();_nop_();}
#define Wait4us           {Wait2us;Wait2us;}
#define Wait8us           {Wait4us;Wait4us;}
#define Wait10us          {Wait8us;Wait2us;}
#define Wait20us          {Wait10us;Wait10us;}
#define Wait30us          {Wait10us;Wait10us;}

void delay(uint t)
{
    uint i;
    while(t- -)
    {
        for(i = 0;i< = 125;i+ +);
    }
}


//显示
void display(void)
{
    uchar j;
    for(j = 0;j<10;j+ +)
    {
        P2 = disb[0];        //个位
        P0 = a[Vda3];
        delay(3);

        P2 = disb[1];
        P0 = a[da2];
        delay(3);

        P2 = disb[2];
        P0 = a[da1];
        delay(3);

        P2 = disb[3];
        P0 = tab[da0];
        delay(3);
    }
}
```

```
//采集转换函数
unsigned char ADCSelChannel(void)
{
    CS = 1;
    Clock = 0;
    CS = 0;
    Wait4us;

    for(i = 0;i<8;i+)                    //输入采样转换时钟
    {
        Clock = 1;
        Clock = 0;
    }

    CS = 1;
    Wait10us;                            //等待转换结束
    CS = 0;
    Wait4us;

    for(i = 0;i< = 7;i++)
    {
        Clock = 1;
        Clock = 0;
        ConvertValue≪ = 1;

        if(DataOut)
        {
            ConvertValue += 1;
        }
    }

    Clock = 1;
    Clock = 0;
    CS = 1;

    da = ConvertValue;
    Wait30us;
    xs = (da/256.00) * 5.00;
```

```
        return(xs);
}


//主函数
void main(void)
{
        SCON = 0x40;                    //串口方式 1
        PCON = 0;                       //SMOD = 0
        REN = 1;                        //允许接收
        TMOD = 0x20;                    //定时器 1，定时方式 2
        TH1 = 0xe6;                     //12MHz，1200bps
        TL1 = 0xe6;
        TR1 = 1;
        while(1)
        {
                ADCSelChannel();

                bb = xs * 1000.00;
                da0 = bb/1000;
                bb = bb % 1000;
                da1 = bb/100;

                bb = bb % 100;
                da2 = bb/10;
                da3 = bb % 10;

                display();
                SBUF = da;
                while(TI = = 0);
                TI = 0;
                delay(10);
        }
}
```

第三节　I^2C 总线串行扩展

内置集成电路（Inter-Integrated Circuit，I^2C）总线是一种由 PHILIPS 公司开发的两线式串行总线，用于连接微控制器及其外围设备。I^2C 总线产生于在 20 世纪 80 年代，最初为音频和视频设备开发，如今主要在服务器管理中使用，其中包括单个组件状态的通信。例如管理员可对各个组件进行查询，以管理系统的配置或掌握组件的功能状态，如电源和系统风扇。可随时监控内存、硬盘、网络、系统温度等多个参数，增加了系统的安全性，方便了管理。

一、I^2C 总线基础

I^2C 总线最主要的优点是其简单性和有效性。由于接口直接在组件之上，因此 I^2C 总线占用的空间非常小，减少了电路板的空间和芯片管脚的数量，降低了互联成本。总线的长度可高达 25ft（7.62m），并且能够以 10Kb/s 的最大传输速率支持 40 个组件。I^2C 总线的另一个优点是，它支持多主控（multimastering），其中任何能够进行发送和接收的设备都可以成为主总线。一个主控能够控制信号的传输和时钟频率。当然，在任何时间点上只能有一个主控。

1. 总线的构成及信号类型

I^2C 总线是由数据线 SDA 和时钟 SCL 构成的串行总线，可发送和接收数据。在 CPU 与被控 IC 之间、IC 与 IC 之间进行双向传送，最高传送速率 100kb/s。如图 9-12 所示，各种被控制电路均并联在这条总线上，但就像电话机一样只有拨通各自的号码才能工作，所以每个电路和模块都有唯一的地址，在信息的传输过程中，I^2C 总线上并接的每一模块电路既是主控器（或被控器），又是发送器（或接收器），这取决于它所要完成的功能。CPU 发出的控制信号分为地址码和控制量两部分，地址码用来选址，即接通需要控制的电路，确定控制的种类；控制量决定该调整的类别（如对比度、亮度等）及需要调整的量。这样，各控制电路虽然挂在同一条总线上，却彼此独立，互不相关。

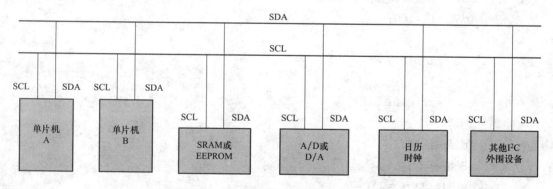

图 9-12　I^2C 总线接口模块的连接方式

I^2C 总线通过上拉电阻接正电源。当总线空闲时，两根线均为高电平。连到总线上的任一器件输出的低电平，都将使总线的信号变低，即各器件的 SDA 及 SCL 都是线"与"关系。每个接到 I^2C 总线上的器件都有唯一的地址。主机与其他器件间的数据传送可以是由主机发送数据到其他器件，这时主机即为发送器。由总线上接收数据的器件则为接收器。在多主机系统中，可能同时有几个主机企图启动总线传送数据。为了避免混乱，I^2C 总线要通过总线仲裁，以决定由哪一台主机控制总线。在 80C51 单片机应用系统的串行总线扩展中，经常遇到的是以 80C51 单片机为主机，其他接口器件为从机的单主机情况。I^2C 总线工作方式如图 9-13 所示。

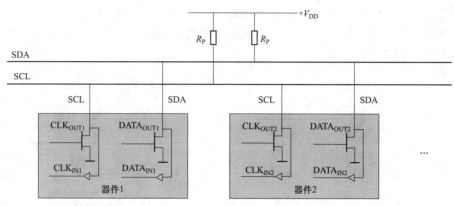

图 9-13　I²C 总线的工作方式

　　I²C 总线在传送数据过程中共有三种类型信号，它们分别是：开始信号、结束信号和应答信号。

　　（1）开始信号：SCL 为高电平时，SDA 由高电平向低电平跳变，开始传送数据。

　　（2）结束信号：SCL 为高电平时，SDA 由低电平向高电平跳变，结束传送数据。

　　（3）应答信号：接收数据的 IC 在接收到 8bit 数据后，向发送数据的 IC 发出特定的低电平脉冲，表示已收到数据。CPU 向受控单元发出一个信号后，等待受控单元发出一个应答信号，CPU 接收到应答信号后，根据实际情况做出是否继续传递信号的判断。若未收到应答信号，由判断为受控单元出现故障。

　　目前有很多半导体集成电路都集成了 I²C 接口。带有 I²C 接口的单片机有：CYGNAL 的 C8051F0×× 系列，PHILIPSP87LPC7×× 系列，MICROCHIP 的 PIC16C6×× 系列等。很多外围器件如存储器、监控芯片等也提供 I²C 接口。

　　2. 总线基本操作

　　I²C 规程运用主/从双向通信。器件发送数据到总线上，则定义为发送器，器件接收数据则定义为接收器。主器件和从器件都可以工作于接收和发送状态。总线必须由主器件（通常为微控制器）控制，主器件产生串行时钟（SCL）控制总线的传输方向，并产生起始和停止条件。SDA 线上的数据状态仅在 SCL 为低电平期间才能改变，SCL 为高电平期间，SDA 状态的改变被用来表示起始和停止条件。

　　（1）数据位的有效性规定。I²C 总线进行数据传送时，时钟信号为高电平期间，数据线上的数据必须保持稳定，只有在时钟线上的信号为低电平期间，数据线上的高电平或低电平状态才允许变化。I²C 总线的数据位有效性规定如图 9-14 所示。

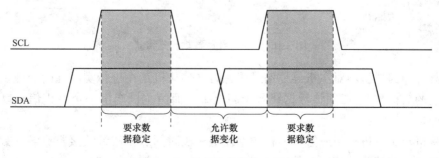

图 9-14　I²C 总线的数据位有效性规定

（2）起始和终止信号。SCL 线为高电平期间，SDA 线由高电平向低电平的变化表示起始信号；SCL 线为高电平期间，SDA 线由低电平向高电平的变化表示终止信号。I²C 总线的起始和终止信号如图 9-15 所示。

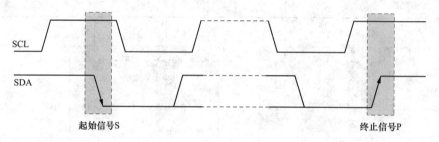

图 9-15　I²C 总线的起始和终止信号

起始和终止信号都是由主机发出的，在起始信号产生后，总线就处于被占用的状态；在终止信号产生后，总线就处于空闲状态。

连接到 I²C 总线上的器件，若具有 I²C 总线的硬件接口，则很容易检测到起始和终止信号。对于不具备 I²C 总线硬件接口的有些单片机来说，为了检测起始和终止信号，必须保证在每个时钟周期内对数据线 SDA 采样两次。

接收器件收到一个完整的数据字节后，有可能需要完成一些其他工作，如处理内部中断服务等，可能无法立刻接收下一个字节，这时接收器件可以将 SCL 线拉成低电平，从而使主机处于等待状态。直到接收器件准备好接收下一个字节时，再释放 SCL 线使之成为高电平，从而使数据传送可以继续进行。

（3）数据传送格式。

1）字节传送与应答。每一个字节必须保证是 8 位长度。数据传送时，先传送最高位（MSB），每一个被传送的字节后面都必须跟随一位应答位（一帧共有 9 位）。I²C 总线的数据传送格式如图 9-16 所示。

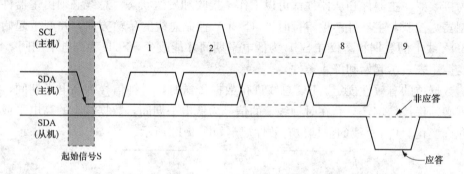

图 9-16　I²C 总线的数据传送格式

由于某种原因从机不对主机寻址信号应答时（如从机正在进行实时性的处理工作而无法接收总线上的数据），它必须将数据线置于高电平，而由主机产生一个终止信号以结束总线的数据传送。

如果从机对主机进行了应答，但在数据传送一段时间后无法继续接收更多的数据时，从机可以通过对无法接收的第一个数据字节的“非应答”通知主机，主机则应发出终止信号以结束数据的继续传送。

当主机接收数据时，它收到最后一个数据字节后，必须向从机发出一个结束传送的信号。这个信号是由对从机的"非应答"来实现的。然后，从机释放 SDA 线，以允许主机产生终止信号。

2）数据帧格式。I²C 总线上传送的数据信号是广义的，既包括地址信号，也包括真正的数据信号。

在起始信号后必须传送一个从机的地址（7 位），第 8 位是数据的传送方向位，用"0"表示主机发送数据（T），用"1"表示主机接收数据（R）。每次数据传送总是由主机产生的终止信号结束。但是，若主机希望继续占用总线进行新的数据传送，则可以不产生终止信号，马上再次发出起始信号对另一从机进行寻址。

在总线的一次数据传送过程中，可以有以下两种组合方式。

第一种：主控制器向被控器发送数据。

S	从机地址	0	A	数据	A	数据	A/$\overline{A}$	P

注　有阴影部分表示数据由主机向从机传送，无阴影部分则表示数据由从机向主机传送。

A 表示应答，$\overline{A}$ 表示非应答（高电平）。S 表示起始信号，P 表示终止信号。

操作过程为：①主控器在检测到总线为"空闲状态"（SDA、SCL 线均为高电平）时，发送一个启动信号"S"，开始一次通信；②主控器接着发送一个命令字节。该字节由 7 位的外围器件地址和 1 位读写控制位 R/W 组成（此时 R/W＝0）；③相对应的被控器收到命令字节后向主控器回馈应答信号 ACK（ACK＝0）；④主控器收到被控器的应答信号后开始发送第一个字节的数据；⑤被控器收到数据后返回一个应答信号 ACK；⑥主控器收到应答信号后再发送下一个数据字节，以此循环；⑦当主控器发送最后一个数据字节并收到被控器的 ACK 后，通过向被控器发送一个停止信号 P 结束本次通信并释放总线。被控器收到 P 信号后也退出与主控器之间的通信。

第二种：主控器接收数据。

S	从机地址	1	A	数据	A	数据	$\overline{A}$	P

操作过程为：①主机发送启动信号后，接着发送命令字节（其中 R/W＝1）；②对应的被控器收到地址字节后，返回一个应答信号并向主控器发送数据；③主控器收到数据后向被控器反馈一个应答信号；④被控器收到应答信号后再向主控器发送下一个数据，以此循环；⑤当主机完成接收数据后，向被控器发送一个"非应答信号（ACK＝1）"，被控器收到 ASK＝1 的非应答信号后便停止发送；⑥主机发送非应答信号后，再发送一个停止信号，释放总线结束通信。

主控器所接收数据的数量是由主控器自身决定，当发送"非应答信号 $\overline{A}$"时被控器便结束传送并释放总线（非应答信号的两个作用：一是前一个数据接收成功，二是停止从机的再次发送）。

二、80C51 的 I²C 总线时序模拟

对于具有 I²C 总线接口的单片机来说，整个通信的控制过程和时序都是由单片机内部的 I²C 总线控制器来实现的。编程者只要将数据送到相应的缓冲器、设定好对应的控制寄存器

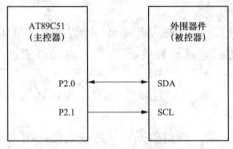

图 9-17　单片机与 I²C 器件的连接

即可实现通信的过程。对于不具备这种硬件条件的 AT89C51 单片机来说只能借助软件模拟的方法实现通信的目的。软件模拟的关键是要准确把握 I²C 总线的时序及各部分定时的要求。

单片机与 I²C 器件的连接如图 9-17 所示，(设单片机的系统时钟 f_{osc} 为 11.0592MHz，即单周期指令的运行时间为 1.085μs)。

为了保证数据传送的可靠性，标准的 I²C 总线的数据传送有严格的时序要求。I²C 总线的起始信号、终止信号、发送"0"及发送"1"的模拟时序 I²C 总线的模拟时序如图 9-18 所示。

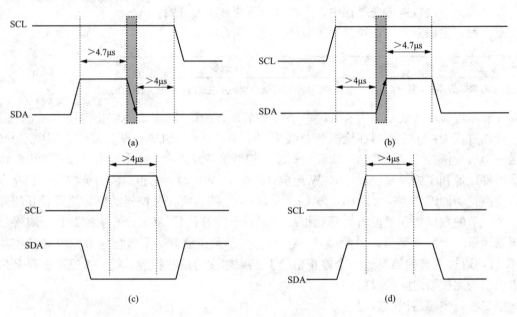

图 9-18　I²C 总线的模拟时序
(a) 起始信号 S；(b) 终止信号 P；(c) 应答/"0"；(d) 非应答/"1"

下面给出几个典型信号的模拟子程序。

```c
#include<reg51.h>
#define uchar unsigned char
sbit sda = P2^0;
sbit scl = P2^1;     //用单片机的两个 I/O 口模拟 I²C 接口
uchar a;

void delay()        //简单延时函数
{
    _nop_(); _nop_();_nop_(); _nop_();_nop_();
}
```

1. 发送启动信号 S

在同步时钟线 SCL 为高电平时，数据线出现的由高到低的下降沿。启动信号子程序为

```
void start()
{
    sda = 1;            //释放 sda 总线
    delay();
    scl = 1;
    delay();
    sda = 0;
    delay();
    scl = 0;
}
```

2. 发送停止信号 P

在 SCL 为高电平期间 SDA 发生正跳变。停止信号子程序为

```
void stop()
{
    sda = 0;
    delay();
    scl = 1;
    delay();
    sda = 1;
    delay();
    scl = 0;
}
```

3. 发送应答信号 "0"

在 SDA 为低电平期间，SCL 发送一个正脉冲。应答信号子程序为

```
voidack()
{
    sda = 0;
    scl = 1;
    delay();
    scl = 0;
    sda = 1;
}
```

4. 发送非应答信号 "1"

在 SDA 为高电平期间，SCL 发送一个正脉冲。应答信号子程序为

```
void ack()
{
    sda = 1;
```

```
      scl = 1;
      delay();
      scl = 0;
      sda = 0;
}
```

三、设计案例：AT24C02 存储器的存储和读取

1. AT24C02 结构原理

AT24CXX 是美国 ATMEL 公司的低功耗 CMOS 串行 EEPROM，典型的型号有AT24C01A/02/04/08/16 等五种，它们的存储容量分别是 1024 位、2048 位、4096 位、8192位、16384 位，也就是 128 字节、256 字节、512 字节、1024 字节、2048 字节；使用电压级

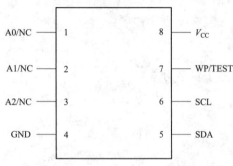

别有 5V、2.7V、2.5V、1.8V。采用 I²C 总线接口，占用单片机的资源少、使用方便、功耗低、容量大，被广泛应用于智能化产品设计中。本章介绍的 AT24C02 即 256 字节存储器，它具有工作电压宽（2.5～5.5V）、擦写次数多（大于 10000次）、写入速度快（小于 10ms）等特点。

（1）24 系列 EEPROM 芯片的引脚定义。24系列 EEPROM 芯片引脚如图 9-19 所示，说明如下。

图 9-19　24 系列 EEPROM 芯片引脚图

SDA：串行数据输入/输出端，漏极开路结构，使用时必须外接一个 5.1kΩ 的上拉电阻。通信时高位在先。

SCL：串行时钟输入端，用于对输入数据的同步。

WP：写保护。用于对写入数据的保护。WP=0 不保护；WP=1 保护，即所有的写操作失效，此时的 EEPROM 实际上就是一个只读存储器。

TEST：测试端。生产厂家用于对产品的检验，用户可以忽略。

A0～A2：器件地址编码输入。I²C 总线外围器件的地址由 7 位组成：其中高 4 位为生产厂家为每一型号芯片固定设置的地址也称"特征码"；低 3 位以"器件地址编码输入"的形式留给用户自行定义地址。理论上在同一个 I²C 总线系统中最多可以使用 8 个同一型号的外围器件。

V_{CC}：+5V 电源输入端。

NC：空脚。

GND：电源负极性端。

（2）24 系列 EEPROM 芯片特性及分类。在 24 系列产品中芯片可以划分四种类型。由于设计的年代不同，其性能、容量、器件地址编码的方式等各不相同。

第一类的芯片属于早期产品，不支持用户引脚自定义地址功能，所以在一个系统中只能使用一个该型号的芯片。同时还不具备数据保护功能。

第二类的芯片是目前常用的类型。不仅具备数据保护，还有用户引脚地址定义功能，所以在一个系统中可以同时使用 1～8 个该信号的芯片。

第三类芯片基本上类似于第二类，区别在于器件地址的控制比较特殊。

第四类芯片的主要特点是大容量，并支持全部的器件定义地址，因此在一个系统中可同

时使用 8 个该型号的芯片。

2. AT24C02 芯片的读写操作

（1）写操作。写操作为字节写模式，在这种方式中，主控器首先发送一个命令字（特征码＋器件地址＋R/W），待得到外围器件的应答信号 ACK 后，再发送一个字节/二个字节的内部单元地址，这个内部单元地址被写入 EEPROM 的地址指针中去。主控器收到 EEPROM 的应答信号后就向 EEPROM 发送一个字节的数据（高位在先），EEPROM 将 SDA 线上的数据逐位接收存入输入缓冲器中，并向主控器反馈应答信号。当主控器收到应答信号后，向 EEPROM 发出停止信号 P 并结束操作、释放总线。而 EEPROM 收到 P 信号后，激活内部的数据编程周期，将缓冲器中的数据烧写到指定的存储单元中。在 EEPROM 的数据编程周期中为了保证数据烧写的正确性和完整性，对所有的输入都采取无效处理、不产生任何的应答信号，直到数据编程周期结束，数据被写入指定的单元后，EEPROM 才恢复正常的工作状态。AT24C02 的字节写入帧格式如图 9-20 所示。

S	1010××	R/W	A	EEPROM内部地址	A	写入8位数据	A	P

图 9-20　AT24C02 的字节写入帧格式

（2）读操作。与写操作不同，读操作分两个步骤来完成。

1）利用一个写操作（R/W＝0）发出寻址命令并将内部的存储单元地址写入 EEPROM 的地址指针中。在这个过程中 EEPROM 反馈应答信号，以保证主控器判断操作的准确性。

2）主控器重新发出一个开始信号 S、再发送一个读操作的命令字（R/W＝1），当 EEPROM 收到命令字后，返回应答信号并从指定的存储单元中取出数据通过 SDA 线送出。

另外，因为读操作没有"数据烧写"操作，因此不使用数据缓冲器。这样连续读数据的数量不受数据缓冲器数量的限制。

读操作有两种情况。

1）读当前地址单元中的数据在串行 EEPROM 芯片内部有一个可以自动加 1 的地址指针。每当完成一次读/写操作时，其指针都会自动加 1 指向下一个单元。只要芯片不断电，指针中的内容就一直保留。当主控器没有指定某一存储单元地址时，则 EEPROM 就按当前地址指针中的地址内容寻址、操作。在这种情况下，因为不用对 EEPROM 中的地址指针重新赋值，所以省去对 EEPROM 的写操作（图 9-21）。

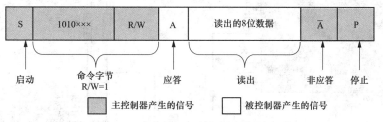

图 9-21　读当前地址单元数据的帧格式

2）读指定地址存储单元中的数据

首先利用一个写操作（R/W＝0）发出寻址命令以便将后续的内部地址写入 EEPROM 的地址指针中。然后主控器重新发出一个开始信号 S、再发送一个读操作的命令字（R/W＝1），当 EEPROM 收到命令字后，回应答信号并从指定的存储单元中取出数据通过 SDA 线送出（图 9-22）。

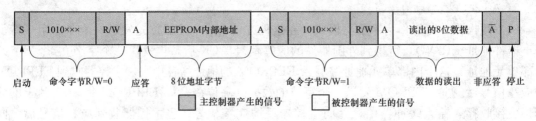

图 9-22　读指定地址存储单元中的数据帧格式

3. AT24C02 存储器的存储和读取示例

单片机将按键次数写入 AT24C02 中，然后从 AT24C02 中读取并送 LCD1602 显示。

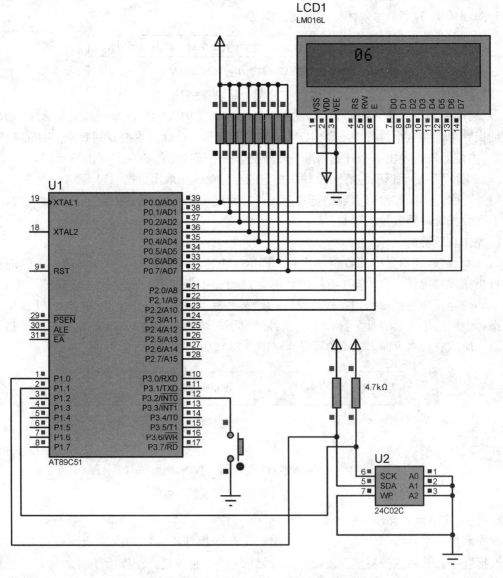

图 9-23　AT24C02 存储器的存储和读取原理图

4. 软件设计

程序 9-1　　　视频 9-1

第四节　实践项目：数字温度计设计及其 Proteus 仿真

在测试领域，温度传感器的运用越来越广泛，较多使用的有热敏电阻、热电偶、集成式模拟温度传感器等，其特点是测试的温度范围有所区别，测量准确度低，且外围电路复杂，测试的结果无法保存，不能长时间测试的特点。DALLAS 公司的数字式温度传感器 DS1624，其主要功能含有测量功能和存储器功能。构成测试系统时，与之相连的接口电路简单且外围电路关系明确，与之相连的单片机能通过输入输出接口，协调控制与之相连的外围设备，达到测量与控制的作用。而且加上多片 DS1624 可以用一个控制器芯片控制。具有测试系统需求的 13 位数字温度显示输出，精度可以达到一般温度测试系统要求。

一、数字温度传感器 DS1621

1. DS1621 芯片简介

DS1621 是 DALLAS 公司生产的一种功能较强的数字式温度传感器和恒温控制器。与同系列的 DS1620 相比控制更为简单，接口与 I^2C 总线兼容，且可以使用一片控制器控制多达 8 片的 DS1621。其数字温度输出达 9 位，准确度为 0.5℃。通过读取内部的计数值和用于温度补偿的每摄氏度计数值，利用公式计算还可提高温度值的准确度。DS1621 可工作在最低 2.7V 电压下，适用于低功耗应用系统。利用 DS1621 和一片 8051 单片机即可构成一个简洁但功能强大的低电压温度测量控制系统。

（1）DS1621 基本特性。DS1621 无须外围元件即可测量温度，将结果以 9 位数字量（两字节传输）给出，测量范围为 −55~+125℃，准确度为 0.5℃；典型转换时间为 1s；用户可自行设置恒温计的温度值，且将该设置值存储在非易失存储器中。数据的读出和写入通过一个 2—线串行接口完成，DS1621 采用 8 脚 DIP 或 SOIC 封装。

（2）引脚描述及功能方框图。DS1621 的引脚排列如图 9-24 所示，引脚功能描述见表 9-9。

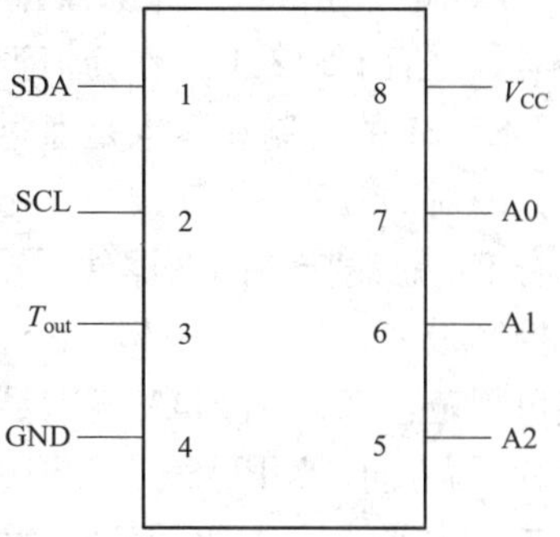

图 9-24　DS1621 的引脚排列图

表 9-9　　　　　　　　　　　　　DS1621 的引脚功能表

引脚	符号	功能描述
1	SDA	2—线 I^2C 串行数据输入/输出
2	SCL	2—线 I^2C 串行时钟端

引脚	符号	功能描述
3	T_{out}	温度上下限超出输出
4	GND	接地端
5	A2	片选地址输入 A2 位
6	A1	片选地址输入 A1 位
7	A0	片选地址输入 A0 位
8	V_{CC}	电源端（＋2.7～5.5V）

2. DS1621 的工作方式

DS1621 既可独立工作（此时作为恒温控制器），也可通过 2—线接口在 MPU 的控制下完成温度的测量和计算。DS1621 的工作方式是由片上的设置/状态寄存器来决定的，该寄存器的定义如下。

DONE	THF	TLF	NVB	1	0	PCL	1SHOT

寄存器各位的含义如下。

（1）DONE 为转换完成位，温度转换结束时置 1，正在进行转换时为 0。

（2）THF 为高温标志位，当温度超过 TH 预置值时置 1。

（3）TLF 为低温标志位，当温度低于 TL 预置值时置 1。

（4）NVB 为非易失存储器忙位，向片内 EEPROM 写入时置 1，写入结束后复位写入 EEPROM通常需要 10ms。

（5）PCL 为输出极性位，为 1 时激活状态为逻辑高电平，为 0 时激活状态为逻辑低电平，该位是非易失的。

（6）1SHOT 为一次模式位，该位为 1 时每次收到开始转换命令执行一次温度转换，为 0 时执行连续温度转换，该位也是非易失的。

3. DS1621 的操作流程如下

DS1621 在嵌入一个系统前，需由 MPU 将设置/状态寄存器值通过 2—线接口写入该寄存器，之后 DS1261 或作为恒温计独立工作，或在 MPU 控制下进行温度测量和计算。MPU 对 DS1621 的控制和写入是通过 2—线接口进行数据传输的，MPU 对 DS1621 发命令字，之后完成对 DS1621 的读或写。由于数据传输协议满足 I^2C 总线规范，MPU 可将 DS1621 作为具有 I^2C 总线接口的从器件对待，器件地址为 1001A2A1A0R/W，通过 A2A1A0 编码，一次可控制最多 8 片 DS1621，完成 8 点温度采样。写入和读出数据格式和时序完成按串行通信接口规范，SCL 和 SDA 线满足串口通信启动条件，MPU 发出器件地址字节，其中 R/W 决定读/写方向。MPU 发出 DS1621 的命令字，DS1621 发出 ACK 信号，之后为从器件的数据字节，主器件的 ACK 信号，循环发送从器件的数据字节和主器件的 ACK 信号，直至数据发送完成，最后为串口通信结束条件，完成一次数据通信。

器件地址读时为：1001A2A1A01，器件地址写时为：1001A2A1A00，当只有一个 DS1621 时：器件地址读为：0x91，写为：0x90。

4. DS1621 的操作命令

DS1621 的命令集包含下述 8 个命令字。

（1）读温度命令［AAh］。该命令读出最近一次温度转换的结果。DS1621 将送出两字节数据：第一字节为 8 位二进制温度值（摄氏温度），该数据以二进制补码形式给出，其中最高位为温度符号位（0 为高于 0℃，1 为低于 0℃），第二字节最高位为精度位（0 为 0.0℃，1 为 0.5℃），其余位不用。

（2）读写 TH 寄存器命令［A1h］。若 R/W 为 0，该命令写入高温寄存器 TH，之后MPU 发出两字节温度上限值以确定 DS1621 的恒温上限；若 R/W 为 1，DS1621 送出两字节的 TH 寄存器值。

（3）读写 TL 寄存器命令［A2h］。若 R/W 为 0，该命令写入低温寄存器 TL，之后MPU 发出两字节温度下限值以确定 DS1621 的恒温下限；若 R/W 为 1，DS1621 送出两字节的 TL 寄存器值。

（4）读写设置命令［ACh］。若 R/W 为 0，该命令写入设置/状态寄存器，之后 MPU 发出一字节设置/状态寄存器值以确定 DS1621 的工作方式；若 R/W 为 1，DS1621 送出设置/状态寄存器值。

（5）读计数器命令［A8h］。该命令只在 R/W 为 1 时有效，发出命令后，DS1621 送出计数器计数值 COUNT_REMAIN。

（6）读斜率命令［A9h］。该命令只在 R/W 为 1 时有效，发出命令后，DS1621 送出用于温度补偿的斜率计数器值，即前面提到的每摄氏度计数值 COUNT_RER 栈。

（7）开始温度转换命令［EEh］。该命令启动温度转换，无须更多数据。在一次工作方式下，该命令启动转换，DS1621 完成之后保持空闲；在连续工作方式下，该命令启动DS1621 连续进行温度转换。

（8）结束温度转换命令［22h］。该命令结束温度转换，无须更多数据。在连续工作方式下，该命令停止 DS1621 的温度转换，之后 DS1621 保持空闲直到 MPU 发出新的开始温度转换命令来继续温度转换。

通过该命令集可以看出，DS1621 既可以作为独立的恒温控制器单独工作（利用命令A1h、A2h、ACh），也可以进行实时的温度测量（利用命令 AAh、ACh、EEh、22h，精度为 0.5℃），还可配合命令 A8h、A9h，通过软件计算得到更高的温度准确度，即

$$T = T_R - 0.25 + [(N-M)/N]$$

式中：T_R 为读出温度值；N 为计数器计数值 COUNT_RER_C；M 为每摄氏度计数值COUNT_REMAIN。

二、液晶显示屏 12864LCD

1. 概述

带中文字库的 12864LCD 是一种具有 4 位/8 位并行、2 线或 3 线串行多种接口方式，内部含有国标一级、二级简体中文字库的点阵图形液晶显示模块；其显示分辨率为 128×64，内置 8192 个 16×16 点汉字，和 128 个 16×8 点 ASCII 字符集，利用该模块灵活的接口方式和简单、方便的操作指令，可构成全中文人机交互图形界面。可以显示 8×4 行 16×16 点阵的汉字，也可完成图形显示，低电压低功耗是其又一显著特点。由该模块构成的液晶显示方案与同类型的图形点阵液晶显示模块相比，不论硬件电路结构或显示程序都要简洁得多，且该模块的价格也略低于相同点阵的图形液晶模块。

图 9-25   12864 液晶显示屏

2. 基本特性

（1）低电源电压（V_{DD}：＋3.0～＋5.5V）。

（2）显示分辨率：128×64 点。

（3）内置汉字字库，提供 8192 个 16×16 点阵汉字（简繁体可选）。

（4）内置 128 个 16×8 点阵字符。

（5）2MHz 时钟频率。

（6）显示方式：STN、半透、正显。

（7）驱动方式：1/32DUTY，1/5BIAS。

（8）视角方向：6 点。

（9）背光方式：侧部高亮白色 LED，功耗仅为普通 LED 的 1/5～1/10。

（10）通信方式：串行、并口可选。

（11）内置 DC-DC 转换电路，无须外加负压。

（12）无须片选信号，简化软件设计。

（13）工作温度：0～＋55℃，存储温度：－20～＋60℃。

3. 模块接口说明

DS12864 的引脚功能见表 9-10。

表 9-10   DS12864 的引脚功能

管脚号	管脚名称	电平	管脚功能描述
1	V_{SS}	0V	电源地
2	V_{CC}	3.0+5V	电源正
3	V0	—	对比度（亮度）调整
4	RS(CS)	H/L	RS="H"，表示 DB7——DB0 为显示数据 RS="L"，表示 DB7——DB0 为显示指令数据
5	R/W(SID)	H/L	R/W="H"，E="H"，数据被读到 DB7——DB0 R/W="L"，E="H→L"，DB7——DB0 的数据被写到 IR 或 DR
6	E(SCLK)	H/L	使能信号
7	DB0	H/L	三态数据线
8	DB1	H/L	三态数据线
9	DB2	H/L	三态数据线
10	DB3	H/L	三态数据线
11	DB4	H/L	三态数据线

管脚号	管脚名称	电平	管脚功能描述
12	DB5	H/L	三态数据线
13	DB6	H/L	三态数据线
14	DB7	H/L	三态数据线
15	PSB	H/L	H：8 位或 4 位并口方式，L：串口方式（见注释 1）
16	NC	—	空脚
17	/RESET	H/L	复位端，低电平有效（见注释 2）
18	V_{OUT}	—	LCD 驱动电压输出端
19	A	V_{DD}	背光源正端（＋5V）（见注释 3）
20	K	V_{SS}	背光源负端（见注释 3）

注 1. 如在实际应用中仅使用串口通讯模式，可将 PSB 接固定低电平，也可以将模块上的 J8 和 "GND" 用焊锡短接。
　　2. 模块内部接有上电复位电路，因此在不需要经常复位的场合可将该端悬空。
　　3. 如背光和模块共用一个电源，可以将模块上的 JA、JK 用焊锡短接。

4. 控制器接口信号说明
RS、R/W 的配合选择决定控制界面的四种模式。

表 9-11　　　　　　　　　　**RS、R/W 信号的组合功能表**

RS	R/W	功能说明
L	L	MPU 写指令到指令暂存器（IR）
L	H	读出忙标志（BF）及地址计数器（AC）的状态
H	L	MPU 写入数据到数据暂存器（DR）
H	H	MPU 从数据暂存器（DR）中读出数据

表 9-12　　　　　　　　　　　　　**E 信号的功能表**

E 状态	执行动作	结果
高→低	I/O 缓冲→DR	配合/W 进行写数据或指令
高	DR→I/O 缓冲	配合 R 进行读数据或指令
低/低→高	无动作	

（1）忙标志：BF。BF 标志提供内部工作情况，BF＝1 表示模块在进行内部操作，此时模块不接受外部指令和数据。BF＝0 时，模块为准备状态，随时可接受外部指令和数据。

（2）字型产生 ROM（CGROM）。字型产生 ROM（CGROM）提供 8192 个此触发器是用于模块屏幕显示开和关的控制。DFF＝1 为开显示（DISPLAY ON），DDRAM 的内容就显示在屏幕上，DFF＝0 为关显示。（DISPLAY OFF）。DFF 的状态是指令 DISPLAY ON/OFF 和 RST 信号控制的。

（3）显示数据 RAM（DDRAM）。模块内部显示数据 RAM 提供 64×2 个位元组的空间，最多可控制 4 行 16 字（64 个字）的中文字型显示，当写入显示数据 RAM 时，可分别显示 CGROM 与 CGRAM 的字型；此模块可显示三种字型，分别是半角英数字型（16 * 8）、CGRAM 字型及 CGROM 的中文字型，三种字型的选择，由在 DDRAM 中写入的编码选择，在 0000H—0006H 的编码中（其代码分别是 0000、0002、0004、0006 共 4 个）将选择 CGRAM 的自定义字型，02H～7FH 的编码中将选择半角英数字的字型，至于 A1 以上的编码将自动的结合下一个位元组，组成两个位元组的编码形成中文字型的编码 BIG5（A140—D75F），GB（A1A0—F7FFH）。

（4）字型产生 RAM（CGRAM）。字型产生 RAM 提供图像定义（造字）功能，可以提供四组 16×16 点的自定义图像空间，使用者可以将内部字型没有提供的图像字型自行定义到 CGRAM 中，便可和 CGROM 中的定义一样地通过 DDRAM 显示在屏幕中。

（5）地址计数器 AC。地址计数器是用来储存 DDRAM/CGRAM 之一的地址，它可由设定指令暂存器来改变，之后只要读取或是写入 DDRAM/CGRAM 的值时，地址计数器的值就会自动加 1，当 RS 为"0"时而 R/W 为"1"时，地址计数器的值会被读取到 DB6～DB0 中。

（6）光标/闪烁控制电路。此模块提供硬体光标及闪烁控制电路，由地址计数器的值来指定 DDRAM 中的光标或闪烁位置。

5. 指令说明

模块控制芯片提供两套控制命令，基本指令和扩充指令如下。

表 9-13　　　　　　　　　　12864 模块的基本指令表（RE＝0）

指令	指令码										功能
	RS	R/W	D7	D6	D5	D4	D3	D2	D1	D0	
清除显示	0	0	0	0	0	0	0	0	0	1	将 DDRAM 填满"20H"，并且设定 DDRAM 的地址计数器（AC）到"00H"
地址归位	0	0	0	0	0	0	0	0	1	X	设定 DDRAM 的地址计数器（AC）到"00H"，并且将游标移到开头原点位置，这个指令不改变 DDRAM 的内容
显示状态开/关	0	0	0	0	0	0	1	D	C	B	D=1：整体显示 ON，C=1：游标 ON，B=1：游标位置反白允许
进入点设定	0	0	0	0	0	0	0	1	I/D	S	指定在数据的读取与写入时，设定游标的移动方向及指定显示的移位
游标或显示移位控制	0	0	0	0	0	1	S/C	R/L	X	X	设定游标的移动与显示的移位控制位，这个指令不改变 DDRAM 的内容
功能设定	0	0	0	0	1	DL	X	RE	X	X	DL=0/1：4/8 位数据；RE=1：扩充指令操作；RE=0：基本指令操作
设定 CGRAM 地址	0	0	0	1	AC5	AC4	AC3	AC2	AC1	AC0	设定 CGRAM 地址
设定 DDRAM 地址	0	0	1	0	AC5	AC4	AC3	AC2	AC1	AC0	设定 DDRAM 地址（显示位址），第一行：80H—87H，第二行：90H—97H
读取忙标志和地址	0	1	BF	AC6	AC5	AC4	AC3	AC2	AC1	AC0	读取忙标志（BF）可以确认内部动作是否完成，同时可以读出地址计数器（AC）的值
写数据到 RAM	1	0	数据								将数据 D7—D0 写入到内部的 RAM（DDRAM/CGRAM/IRAM/GRAM）
读出 RAM 的值	1	1	数据								从内部 RAM 读取数据 D7—D0（DDRAM/CGRAM/IRAM/GRAM）

表 9-14　　　　　　　　　　　12864 模块的扩充指令表（RE＝1）

指令	指令码										功能
	RS	R/W	D7	D6	D5	D4	D3	D2	D1	D0	
待命模式	0	0	0	0	0	0	0	0	0	1	进入待命模式，执行其他指令都终止
卷动地址开关开启	0	0	0	0	0	0	0	0	1	SR	SR＝1：允许输入垂直卷动地址； SR＝0：允许输入 IRAM 和 CGRAM 地址
反白选择	0	0	0	0	0	0	0	1	R1	R0	选择 2 行中的任一行作反白显示，并可决定反白与否。初始值 R1R0＝00，第一次设定为反白显示，再次设定变回正常
睡眠模式	0	0	0	0	0	1	SL	X	X		SL＝0：进入睡眠模式； SL＝1：脱离睡眠模式
扩充功能设定	0	0	0	0	1	CL	X	RE	G	0	CL＝0/1：4/8 位数据； RE＝1：扩充指令操作； RE＝0：基本指令操作； G＝1/0：绘图开关
设定绘图RAM 地址	0	0	1	0 AC6	0 AC5	0 AC4	AC3 AC3	AC2 AC2	AC1 AC1	AC0 AC0	设定绘图 RAM； 先设定垂直（列）地址 AC6AC5…AC0 再设定水平（行）地址 AC3AC2AC1AC0，将以上 16 位地址连续写入即可

注　当 IC1 在接受指令前，微处理器必须先确认其内部处于非忙碌状态，即读取 BF 标志时，BF 需为零，方可接受新的指令；如果在送出一个指令前并不检查 BF 标志，那么在前一个指令和这个指令中间必须延长一段较长的时间，即是等待前一个指令确实执行完成

三、MAX1241 芯片介绍

1. 概述

MAX1241 是低功耗，12 位串行模数转换器，共有 8 个管脚，工作电压为＋2.7～＋5.5V，连续 AD 转换时间为 7.5μs，跟踪时间为 1.5μs，它使用逐次逼近技术完成 A/D 转换过程。最大非线性误差小于 1LSB，转换时间 9μs。采用三线式串行接口，内置快速采样/保持电路，片上自备时钟电路。在芯片以 73ksps 最大采样速率工作时，消耗功率仅为 37mw（V_{dd}＝3V）。关闭模式也可以降低功耗，但这时传输速率也会降低。

MAX1241 需要一个外部参考电压，参考电压输入范围一般为 0～2.5V，MAX1241 能接收的电压范围为 0～2.5V，输入电压过大会烧掉芯片，一般不应超过 3V。采用单电源供电，动态功耗在以每秒 73KB 转换速率工作时，仅需 0.9mA 电流。当把 MAX1241 的模式控制端 SHDN 置低时，芯片处于关闭模式或称休眠模式，此时工作电流低于 15μA，置高后，它能在 4μs 内从休眠状态转到工作状态。如不使用，可以接高电平或悬空。在停止转换时，可通过 SHDN 控制端使其处于休眠状态，以降低静态功耗。休眠方式下，电源电流仅 1μA。

MAX1241 具有一个 3 线连续接口，直接与微控制器的 I/O 口相连，并与 SPI 和 MICROWIRE 接口相兼容。SPI 接口是一种三线制接口，这三线分别是片选线 CS，数据线 DOUT，时钟信号线 SCLK。SCLK 的下降沿输出数据，数据位为先高后低依次出现。它的引脚的排列如图 9-26 所示，其引脚功能见表 9-15。

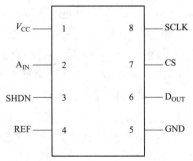

图 9-26　MAX1241 的引脚图

表 9-15　　　　　　　　　　　　　**MAX1241 的引脚功能表**

引脚	符号	功能描述
1	V_{CC}	电源输入
2	A_{IN}	模拟电压输入
3	SHDN	节电方式控制端
4	REF	参考电压 VREF 输入端
5	GND	模拟、数字地
6	D_{OUT}	串行数据输出
7	CS	芯片选通
8	SCLK	串行输出驱动时钟输入

2. MAX1241 时序图

MAX1241 的时序图如图 9-27 所示。

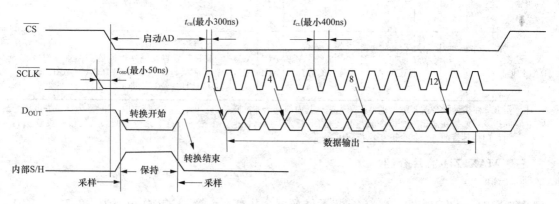

图 9-27　MAX1241 的时序图

其工作过程是：在开始加电 20ms 内不要有任何转换工作。将 CS 置低电平后，开始转化。在 CS 的下降沿，采样保持电路进入保持状态，而且转化正式开始，经过一段内部转化时间后，转化结束的标志是 D_{OUT} 信号置高。数据然后能在外部时钟的作用下依次送出。

操作过程：

(1) 使用 CPU 上的一个通用 I/O 接口去拉低 CS，保持 SCLK 低电平。

(2) 等待最大转换时间或查询 D_{OUT} 是否为高电平来决定转换是否结束。

(3) 转换结束后，在 SCLK 的下降沿开始 D_{OUT} 数据输出。

(4) 在第 13 个脉冲将 CS 置高，如果 CS 继续保持低电平，以下输出数据为 0。

(5) 在开始一次新的转换之前，等待最小规定时间 t_{cs}，这期间 CS 应为高电平。如果在转换过程中通过拉高 CS 来放弃转换，在开始一段新的转换之前，也要等待一段时间（t_{acq}）。CS 必须在所有数据转换结束前一直保持低电平。

四、电路仿真和程序设计

1. 电路仿真

带存储功能的数字温度计电路 Proteus 仿真如图 9-28 所示，电路启动后，液晶显示屏上先显示字符"欢迎使用液晶模块　Welcome used"，清屏后，显示电池的电压值和温度测试值，可以调节 DS1621 的值来进行测试。

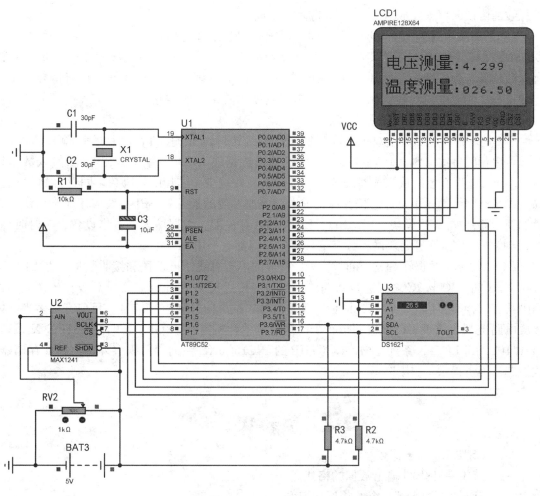

图 9-28 带存储的数字温度计电路 Proteus 仿真图

2. 程序设计

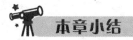

本章小结

DS18B20 是 Dallas 半导体公司最新推出的单线数字温度传感器，其体积更小、适用电压宽，使用户可轻松地组建传感器网络。DS18B20 温度传感器的测量温度范围为 $-55\sim$ $+125\,^{\circ}\mathrm{C}$。由于 DS18B20 采用的是 1-Wire 总线协议方式，即在一根数据线实现数据的双向传输，而对 51 单片机来说，硬件上并不支持单总线协议，因此，必须采用软件的方法来模拟单总线的协议时序来完成对 DS18B20 芯片的访问。

在 DS18B20 测温程序设计中，向 DS18B20 发出温度转换命令后，程序总要等待 DS18B20 的返回信号，一旦某个 DS18B20 接触不好或断线，当程序读该 DS18B20 时，将没有返回信号，程序进入死循环。这一点在进行 DS18B20 硬件连接和软件设计时也要给予一定的重视。测温电缆线建议采用屏蔽 4 芯双绞线，其中一对线接地线与信号线，另一组接 V_{DD} 和地线，屏蔽层在源端单点接地。

SPI 是一种高速的、全双工、同步的串行总线接口，SPI 接口在芯片的管脚上只占用 4 根线：串行时钟线（SCK）、主机输入/从机输出数据线 MISO、主机输出/从机输入数据线 MOSI 和低电平有效的从机选择线 SS。SPI 串行总线减少了芯片的管脚数，同时为 PCB 的布局节省了空间，简化了设计过程。在集成电路飞速发展的近几年 SPI 总线应用非常广泛，大量的新型器件如 LCD 模块、FLASH、EEPROM 存储器、数据输入、输出设备、实时时钟、AD 转换器、数字信号处理器和数字信号解码器等都有采用 SPI 接口。

I^2C 总线是由数据线 SDA 和时钟 SCL 构成的串行总线，可发送和接收数据。在 CPU 与被控 IC 之间、IC 与 IC 之间进行双向传送，最高传送速率 100kbps。I^2C 总线在传送数据过程中共有三种类型信号，它们分别是：开始信号、结束信号和应答信号。目前有很多半导体集成电路上都集成了 I^2C 接口。带有 I^2C 接口的单片机有：CYGNAL 的 C8051F0XX 系列，PHILIPSP87LPC7XX 系列，MICROCHIP 的 PIC16C6XX 系列等。很多外围器件如存储器、监控芯片等也提供 I^2C 接口。

练 习 题

9-1　DS18B20 属于什么总线？

9-2　简述 DS18B20 输出数据的格式。

9-3　SPI 接口线有哪几个？作用如何？

9-4　简述 SPI 数据传输的基本过程。

9-5　I^2C 总线的起始信号和终止信号是如何定义的？

9-6　I^2C 总线的数据传送方向如何控制？

9-7　常用的 I^2C 总线接口器件有哪些？

9-8　I^2C 总线的寻址方式如何？

9-9　I^2C 总线的数据传送时，应答是如何进行的？

第十章 单片机应用系统设计方法与综合案例

（1）了解 80C51 单片机应用系统设计的步骤。
（2）了解提高单片机应用系统设计可靠性的方法。
（3）了解实时时钟芯片的基本原理。

📖 **本章重点**

（1）单片机应用系统的一般设计步骤。
（2）单片机应用系统设计的可靠性方法。
（3）芯片的接口及操作方法。

单片机作为微型计算机的一个分支，其应用系统的设计方法和思想与一般的微型计算机应用系统的设计在许多方面是一致的。但由于单片机应用系统通常作为系统的最前端，设计时更应注意应用现场的工程实际问题，使系统的可靠性能够满足用户的要求。

第一节 单片机应用系统设计的基本要求

在单片机应用系统设计的过程中会有很多技术要求，但一个良好的单片机应用系统，在进行设计时要满足以下 4 个基本要求。

1. 可操作性

操作性强，涵盖两个方面的内容：一个是使用方便，另一个是维修容易。这个要求对应用系统来说是很重要的，硬件和软件设计都要考虑这个问题。应用系统是由用户自己编制或修改的，如果应用程序采用机器语言直接编写，显然是十分麻烦的，尽可能采用汇编语言，配上高级语言，以使用户便于掌握。在硬件配置方面，应该考虑使系统的控制开关不能太多，太复杂，而且操作顺序要简单等。

故障一旦发生，应易于排除，这是系统设计者必须考虑的。从软件角度讲，最好配置查错程序或诊断程序，以便在故障发生时用程序来查找故障发生的部位，从而缩短排除故障的时间。从硬件方面讲，零部件的配置应便于维修。

2. 通用性

通用性要好，计算机应用系统可以控制多个设备和不同的过程参数，但各个设备和控制对象的要求是不同的，而且控制设备还有更新，控制对象还有增减。系统设计时应考虑能适应各种不同设备和各种不同的控制对象，使系统不必大改动就能很快适应新的情况。这就要求系统的通用性要好，能灵活地进行扩充。

要使控制系统达到上述要求，设计时必须使系统设计标准化，尽量采用标准接口，并尽可能采用通用的系统总线结构，以便在需要扩充时，只要增加插件版就能实现。接口最好采用通用的接口芯片，在速度允许的情况下，尽可能把接口硬件部分的操作功能用软件实现。

系统设计时的设计指标留有一定的余量，这样便于系统功能扩展，也便于系统升级。如CPU 的工作速度、电源功率、内存容量、过程通道等，均应留有一定余度。

3. 可靠性

可靠性要高，是应用系统设计最重要的一个基本要求。一旦系统出现故障，将造成整个生产过程的混乱，引起严重后果。特别是对单片机系统模块的可靠性要求应更严格。

在大型计算机应用系统中，因为硬件价格不高，故经常配置常规控制装置作为后备，一旦计算机控制系统出现故障，就把后备装置切换到控制回路中去，以维持生产过程的正常运行。而单片计算机应用系统或 PLC 控制系统的硬件价格较低，通常可组成多微处理器控制系统来提高系统的可靠性。

4. 性价比

一个单片机系统能否被广泛使用，关键在于是否有较高的性价比，而硬件电路软件化是提高系统性能性价比的较好的方法，它是将需要通过硬件实现的功能通过软件编程的方式来实现。在进行总体设计时，应尽量减少硬件成本，提高其使用的灵活性，能用软件实现的功能尽量不用硬件来实现，以求实现最高的性价比。

在设计单片机应用系统时，把握上述 4 个方面是至关重要的，由目的和设计要求去设计才能设计出实用性适合应用的单片机系统。

第二节　单片机应用系统设计的步骤

单片机虽然是一个计算机，但其本身无自主开发能力，必须由设计者借助于开发工具来开发应用软件并对硬件系统进行诊断。另外，由于在研制单片机应用系统时，通常都要进行系统扩展与配置，因此，要完成一个完整单片机应用系统的设计，必须完成下述工作。

（1）硬件电路设计、组装和调试。

（2）应用软件的编写、调试。

（3）完整应用软件的调试、固化和脱机运行。

1. 硬件系统设计原则

一个单片机应用系统的硬件设计包括两部分：一是系统扩展，即单片机内部功能单元不能满足应用系统要求时，必须在片外给出相应的电路；二是系统配置，即按照系统要求配置外围电路，如：键盘、显示器、打印机、A/D 转换和 D/A 转换等。

系统扩展与配置应遵循下列原则。

（1）尽可能选择典型电路，并符合单片机的常规使用方法。

（2）在充分满足系统功能要求的前提下，留有余地以便于二次开发。

（3）硬件结构设计应与软件设计方案一并考虑。

（4）整个系统相关器件要力求性能匹配。

（5）硬件上要有可靠性与抗干扰设计。

（6）充分考虑单片机的带载驱动能力。

2. 应用软件设计特点

应用系统中的应用软件是根据功能要求设计的，应可靠地实现系统的各种功能。应用系统种类繁多，应用软件各不相同，但是一个优秀的应用系统的软件应具有下列特点。

（1）软件结构清晰、简洁、流程合理。

（2）各功能程序实现模块化、子程序化，这样既便于调试、连接，又便于移植、修改。

（3）程序存储区、数据存储区规划合理，既能节省内存容量，又使操作方便。

（4）运行状态实现标志化合理，各个功能程序运行状态、运行结果及运行要求都设置状态标志以便查询，程序的转移、运行、控制都可通过状态标志条件来控制。

（5）经过调试修改后的程序应进行规范化，除去修改"痕迹"。规范化的程序便于交流、借鉴，也为今后的软件模块化、标准化打下基础。

（6）实现全面软件抗干扰设计，软件抗干扰是计算机应用系统提高可靠性的有力措施。

（7）为了提高运行的可靠性，在应用软件中设置自诊断程序，在系统工作运行前先运行自诊断程序，用以检查系统各特征状态参数是否正常。

3. 应用系统开发过程

应用系统的开发过程应包括 4 部分内容，即系统硬件设计、系统软件设计、系统仿真调试及脱机运行调试。

（1）系统需求与方案调研。系统需求与方案调研的目的是通过市场或用户了解用户对拟开发应用系统的设计目标和技术指标。通过查找资料，分析研究，解决以下问题。

① 了解国内外同类系统的开发水平、器材、设备水平、供应状态；对接收委托研制项目，还应充分了解对方技术要求、环境状况、技术水平，以确定课题的技术难度。

② 了解可移植的硬、软件技术。能移植的尽量移植，以防止大量低水平重复劳动。

③ 摸清硬件、软件技术难度，明确技术主攻方向。

④ 综合考虑硬件、软件分工与配合方案。在单片机应用系统设计中，硬件、软件工作具有密切的相关性。

（2）可行性分析。可行性分析的目的是对系统开发研制的必要性及可行性作明确的判定结论。根据这一结论决定系统的开发研制工作是否进行下去。

可行性分析通常从以下几个方面进行论证：

①市场或用户的需求情况；②经济效益和社会效益；③技术支持与开发环境；④现在的竞争力与未来的生命力；

（3）系统功能设计。系统功能设计包括系统总体目标功能的确定及系统硬件、软件模块功能的划分与协调关系。

系统功能设计是根据系统硬件、软件功能的划分及其协调关系，确定系统硬件结构和软件结构。系统硬件结构设计的主要内容包括单片机系统扩展方案和外围设备的配置及其接口电路方案，最后要以逻辑框图形式描述出来。系统软件结构设计主要完成的任务是确定出系统软件功能模块的划分及各功能模块的程序实现的技术方法，最后以结构框图或流程图描述出来。

（4）系统详细设计与制作。系统详细设计与制作就是将前面的系统方案付诸实施，将硬件逻辑框图转化成具体电路，并制作成电路板，软件结构框图或流程图用程序加以实现。

（5）系统调试与修改。系统调试是检测所设计系统的正确性与可靠性的必要过程。单片机应用系统设计是一个相当复杂的劳动过程，在设计、制作中，难免存在一些局部性问题或错误。系统调试可发现存在的问题或错误，以便及时地进行修改。调试与修改的过程可能要反复多次，最终使系统试运行成功，并达到设计要求。

（6）生成正式系统或产品。系统硬件、软件调试通过后，就可以把调试完毕的软件固化在 EPROM 中，然后脱机运行。如果脱机运行正常，再在真实环境或模拟真实环境下运行，经反复运行正常，开发过程即告结束。这时的系统只能作为样机系统，给样机系统加上外壳、面板，再配上完整的文档资料，就可生成正式的系统或产品。

第三节　提高系统可靠性的方法

在日常生活中，经常会遇到这样一些现象。比如听收音机时，有汽车经过，喇叭就会出现刺耳的噪声，这就是干扰。所谓干扰，就是有用信号外的噪声或造成恶劣影响的变化部分的总称。

1. 单片机控制系统干扰的主要原因

在进行单片机应用产品的开发过程中，经常会碰到一个很棘手的问题，即在实验室环境下系统运行很正常，但小批量生产并安装在工作现场后，却出现一些不太规律、不太正常的现象。究其原因主要是系统的抗干扰设计不全面，导致应用系统的工作不可靠。引起单片机控制系统干扰的主要原因有以下几类。

（1）供电系统的干扰。电源开关的通断、电机和大的用电设备的启停会使供电电网发生波动，受这些因素的影响，电网上常常出现几百伏，甚至几千伏的尖峰脉冲干扰，这就会使同一电网供电的单片机控制系统无法正常运行。这种干扰是危害最严重也是最广泛的一种干扰形式。

（2）过程通道的干扰。在单片机应用系统中，开关量输入、输出和模拟量输入、输出通道是必不可少的。这些通道不可避免地会使各种干扰直接进入单片机系统。同时，在这些输入输出通道中的控制线及信号线彼此之间会通过电磁感应而产生干扰，从而使单片机应用系统的程序错误，甚至会使整个系统无法正常运行。

（3）空间电磁波的干扰。空间干扰主要来自太阳及其他天体辐射电磁波、广播电台或通信发射台发出的电磁波及各种周围电气设备发射的电磁干扰等。如果单片机应用系统工作在电磁波较强的区域而没有采取相关的防护措施，就容易引起干扰。但这种干扰一般可通过适当的屏蔽及接地措施加以解决。

2. 提高系统可靠性的方法

（1）良好的接地方式。在任何电子线路设备中，接地是抑制噪声、防止干扰的重要方法，地线可以和大地连接，也可以不和大地相连。接地设计的基本要求是消除由于各电路电流流经一个公共地线，由阻抗所产生的噪声电压，避免形成环路。

单片机应用系统中的地线分为数字电路的地线（数字地）和模拟电路的地线（模拟地），如有大功率电气设备（如继电器、电动机等），还有噪声地，仪器机壳或金属件的屏蔽地，这些地线应分开布置，并在一点上和电源地相连。每单元电路宜采用一个接地点，地线应尽量加粗，以减少地线的阻抗。

模拟地和数字地，最终都要接到一块的，那干吗还要分模拟地和数字地呢？这是因为虽然是相通的，但是距离长了，就不一样了。同一条导线，不同的点的电压可能是不一样的，特别是电流较大时。因为导线存在着电阻，电流流过时就会产生压降。另外，导线还有分布电感，在交流信号下，分布电感的影响就会表现出来。所以要分成数字地和模拟地，因为数字信号的高频噪声很大，如果模拟地和数字地混合的话，就会把噪声传到模拟部分，造成干扰。如果分开接地的话，高频噪声可以在电源处通过滤波来隔离掉。但如果两个地混合，滤波效果较差。

（2）光电隔离技术。在单片机应用系统的输入、输出通道中，为减少干扰，普遍采用了通道隔离技术。用于隔离的器件主要有隔离放大器、隔离变压器、纵向扼流圈和光电耦合器等，其中应用最多的是光电耦合器。

光电耦合器具有一般的隔离器件切断地环路、抑制噪声的作用，此外，还可以有效地抑制尖峰脉冲及多种噪声。光电耦合器的输入和输出间无电接触，能有效地防止输入端的电磁干扰以电耦合的方式进入计算机系统。光电耦合器的输入阻抗很小，一般为 $100\Omega \sim 1\Omega$，噪声源的内阻通常很大，因此能分压到光电耦合器输入端的噪声电压很小。

（3）"看门狗"技术。看门狗（Watch Dog Timer），即看门狗定时器，实质上是一个监视定时器，它的定时时间是固定不变的，一旦定时时间到，产生中断或溢出脉冲，使系统复位。在正常运行时，如果在小于定时时间间隔内对其进行刷新（重置定时器，称为喂狗），定时器处于不断的重新定时过程，就不会产生中断或溢出脉冲，利用这一原理给单片机加一个看门狗电路，在执行程序中或在小于定时时间内对其进行重置。而当程序因干扰而跑飞时，因没能执行正常的程序而不能在小于定时时间内对其刷新。当定时时间到，定时器产生中断，在中断程序中使其返回到起始程序，或利用溢出产生的脉冲控制单片机复位。

在 ATMEL 公司的 AT89S51/52 系列单片机中设有看门狗定时器，89S51 与 89C51 功能相同，指令兼容，HEX 程序无须任何转换可以直接使用。AT89S51/52 比起 AT 89C51/52 除可在线编程外，就是增加了一个看门狗功能。AT89S51/52 内的看门狗定时器是一个 14 位的计数器，每过 16384 个机器周期看门狗定时器溢出，产生一个 98/fOSC 的正脉冲并加到复位引脚上，使系统复位。使用看门狗功能，需初始化看门狗寄存器 WDTRST（地址为 A6H），对其写入 1EH，再写入 E1H，即激活看门狗。在正常执行程序时，必须在小于 16383 个机器周期内进行喂狗，即对看门狗寄存器 WDTRST 再写入 1EH 和 0E1H。

看门狗具体使用方法如下。

在 C 语言中要增加一个声明语句。

在 reg52.h 声明文件中：

```
sfr WDTRST = 0xA6;
main()
{
WDTRST = 0xle;
WDTRST = 0xel;                        //初始化看门狗
```

```
while(1)
{
  WDTRST = 0xle;
  WDTRST = 0xel;                    //喂狗指令
}
}
```

注意事项：

（1）AT89S51/52 单片机的看门狗必须由程序激活后才开始工作，所以必须保证单片机有可靠的上电复位，否则看门狗也无法工作。

（2）看门狗使用的是单片机的晶振，在晶振停振的时候看门狗也无效。

（3）AT89S51/52 单片机只有 14 位计数器。在 16383 个机器周期内必须至少喂狗一次，而且这个时间是固定的，无法更改。当晶振为 12MHz 时每 16 个毫秒以内需喂狗一次。

第四节　单片机应用系统设计案例

一、多通道实时数据采集系统设计

本案例是一个典型的模数混合应用系统，通过多路模拟选择器将 8 路模拟电压信号依次转换成数字信号，并通过 SPI 接口传输至单片机；同时，采用时钟芯片实时记录数据采集时间，是一个典型的工程应用案例。

该案例可应用于既需要对多个输出为电压信号的传感器或仪器进行监测或数据采集，又需实时记录数据采集时间的场合，如：仪器仪表的监测、传感器的标定、环境信息的采集、工业设备的监控等。

1. 设计要求与目标

采用单片机及必要的外围元器件设计一个可实时记录采集时间的多路数据采集系统。该系统需要实现以下功能和目标。

（1）实现 8 通道模拟电压信号的循环采集，模数转换精度为 16 位，输入电压范围 0～5V。

（2）实现按照"年-月-日，时-分-秒"的格式实时显示数据采集时间，并可通过按键实现时间的修改。

（3）实现按照"通道号＋电压值"的格式将采集到的电压值循环显示在液晶显示器的相应位置上。

（4）可通过全屏显示或屏幕切换的方式显示数据采集时间和各模拟通道上的电压值。

2. 设计分析与器件选择

由设计要求可知：该系统需要采用 16 位准确度的 A/D 转换器和模拟数据选择器实现 8 路电压信号的循环采集；需要采用实时时钟完成采集时间的实时记录；可采用 LCD1604 或 LCD1602 液晶显示器实现电压值和时间等信息的全屏和切屏显示。为了节约成本，系统采用实时时钟芯片、单通道 AD 转换器、8 通道模拟数据选择器和 LCD1602 液晶显示器来实现设计要求。

所选主要器件及功能如下：

（1）DS1302 是一款高性能、低功耗的实时时钟芯片，内部集成了一个 31×8 的用于临时性存放数据的 RAM 寄存器，可对年、月、日、周、时、分、秒进行计时，具有闰年补偿功能；采用三线制串行接口与 CPU 进行通信，同时提供了对后备电源进行涓细电流充电的能力。DS1302 的引脚排列如图 10-1（a）所示，各引脚功能如下所述。

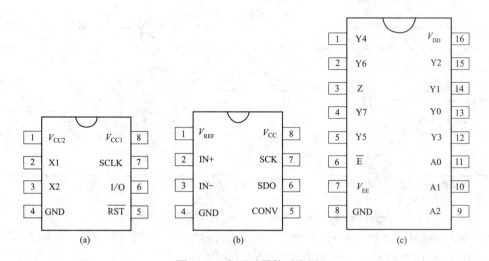

图 10-1　主要元器件引脚图

（a）DS1302 引脚图；（b）LTC18643 引脚图；（c）74HC4051 引脚图

1）V_{CC2}、V_{CC1} 分别为主电源和后备电源，DS1302 由 V_{CC1} 或 V_{CC2} 两者中的较大者供电。

2）X1 和 X2 是振荡源，外接 32.768kHz 晶振。

3）RST 是复位/片选线：当 RST 为高电平时，初始化数据传送，允许对 DS1302 进行操作；当 RST 为低电平时，终止数据传送，I/O 引脚为高阻态。

4）I/O 和 *SCLK* 分别为串行数据输入输出端和时钟输入端。

另外，上电运行时，在 $V_{CC} > 2.0V$ 之前，RST 必须保持低电平；只有在 SCLK 为低电平时，才能将 RST 置为高电平。

（2）LTC1864 是一款采用 MSOP 封装的微功率、16 位精度的单通道逐次逼近型 A/D 转换器，采用单 5V 供电，采样频率达 250ksps，具有差分输入功能且兼容 SPI/MicroWire 串行接口，其引脚图如图 10-1（b）所示，各引脚功能如下所述：

1）V_{REF}：基准电压输入。

2）CONV：转换输入引脚，高电平时启动 A/D 转换，低电平时使能 SDO 输出。

3）V_{IN+}、V_{IN-}：模拟输入引脚。

4）SDO：串行数据输出。

5）SCK：串行移位时钟输入。

6）V_{CC}、GND：电源＋和电源－。

（3）74HC4051 是一款高速 8 通道模拟多路选择器/多路分配器，带有 3 个模拟通道选择控制端（A0-A2），1 个低电平有效的使能端（E），8 个独立输入端（Y0-Y7）和 1 个公共输出端（Z），其引脚图如图 10-1（c）所示。

74HC4051 的 V_{DD} 至 GND 的电压范围为 $2\sim10V$，模拟输入/输出端（Y0-Y7，Z）的电压范围在 V_{DD} 与 V_{EE} 之间摆动，V_{DD} 与 V_{EE} 间的差值不超过 10V，V_{EE} 一般被连接到 GND 上。当 E 为低电平时，8 个通道的其中之一将被 A0 至 A2 选中（低阻态），连接在该通道上的模拟信号被送入信号输出端 Z；当 E 为高电平时，所有通道都进入高阻态，与信号输出端 Z 断开。74HC4051 的功能表见表 10-1。

表 10-1   **74HC4051 的功能表**

输入				通道导通	输入				通道导通
E	A2	A1	A0		E	A2	A1	A0	
L	L	L	L	Y0—Z	L	H	L	H	Y5—Z
L	L	L	H	Y1—Z	L	H	H	L	Y6—Z
L	L	H	L	Y2—Z	L	H	H	H	Y7—Z
L	L	H	H	Y3—Z	H	×	×	×	—
L	H	L	L	Y4—Z					

注：1. H 是高电平状态（较高的正电压）；2. L 是低电平状态（较低的正电压）；3. × 是任意状态。

（4）LCD1602 是一种用来显示字母、数字、符号等的工业级点阵型液晶模块，显示内容为 16×2（即：可显示 2 行，每行 16 个字符），采用标准的 16 脚接口与单片机连接，其实物图和引脚图如图 10-2 所示，引脚功能见表 10-2。

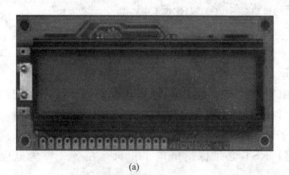
(a)

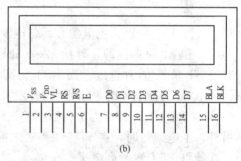
(b)

图 10-2   LCD1602 液晶模块实物图和引脚图

(a) 实物图；(b) 引脚图

表 10-2   **LCD1602 脚接引脚功能说明**

引脚号	标识	功能说明
1	V_{SS}	电源地
2	V_{DD}	5V 电源正极
3	VL	液晶显示器对比度调整端，接正电源时对比度最弱，接地时对比度最高（可通过接 10kΩ 电位器调整对比度以消除"鬼影"现象）
4	RS	寄存器选择，高电平 1 时选择数据寄存器、低电平 0 时选择指令寄存器
5	RW	读写信号线，高电平 1 时进行读操作，低电平 0 时进行写操作
6	E	使能（enable）端，高电平 1 时读取信息，负跳变时执行指令

续表

引脚号	标识	功能说明
7～14	D0～D7	8 位双向数据端
15	BLA	背光正极
16	BLK	背光负极

3. Proteus 仿真电路设计

如图 10-3 所示为仿真电路实现了多通道实时数据采集系统的功能。请扫描下方二维码查看该系统的单片机程序设计及其 Proteus 操作视频。

视频 10-1　　程序 10-1

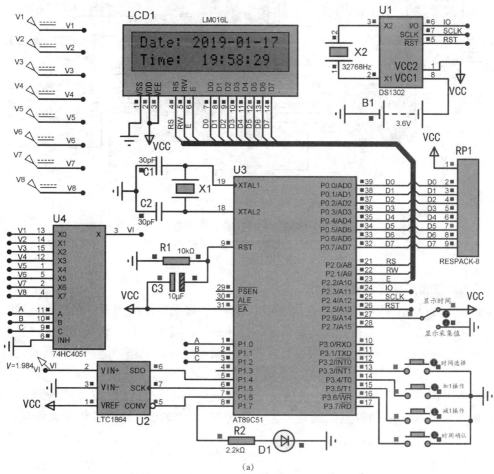

(a)

图 10-3　多通道实时数据采集系统（一）

(a) 实时时间显示界面

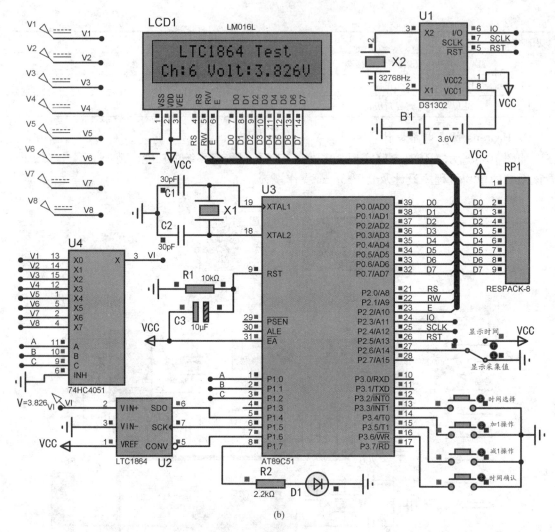

图 10-3　多通道实时数据采集系统（二）

（b）数据循环采集显示界面

二、多路温度采集控制系统设计

本案例是通过单总线通信协议将多路温度传感器连接至单片机的 I/O 端口，通过匹配传感器内部序列号的方式与多路温度传感器进行循环通信，实现了多个测点处温度数据的循环采集与处理，并通过驱动风机等降温设备对监测区域进行降温处理，是一个典型的工程应用案例。

该案例可应用于需要对监测环境内多个位置处的温度进行严格控制的场合，如：特殊办公区、食品和药品储藏室、温室大棚、发酵室、干燥箱及各种加热设备和反应炉设备等。

1. 设计要求与目标

采用单片机、温度传感器及必要的外围元器件设计一个室内多点温度采集控制系统。该系统需要实现以下功能和目标。

（1）实现室内 12 个不同测点处温度数据的循环采集，测量准确度不低于 0.1℃。

（2）实现按照"测点编号温度值"的格式将各测点处的温度值循环显示在数码管上。

（3）可通过按键设置温度阈值，并与采集到的各测点处的温度数据进行比较。

（4）可通过屏幕切换的方式实时查看设置的温度阈值和各测点处的温度值。

（5）当有一个测点处的温度值大于设置的阈值时，数码管相应位置显示"H"，并打开蜂鸣器报警，同时驱动电机转动以降低室内温度。

（6）当所有测点的温度值均不大于设置的阈值时，停止报警且电机停转，数码管不显示报警信息。

2. 设计分析与器件选择

由设计要求可知：该系统需要采用 12 路温度传感器实现测点温度的循环采集；需要通过按键完成温度阈值的设定；可采用 8 位 7 段数码管实现温度阈值和采集值等信息的切屏显示；需要采用 8 位锁存器实现数码管的动态显示过程；需要通过直流电机模拟室内降温系统。为了降低链路连接的复杂程度，系统将通过单总线连接方式将 12 路温度传感器连接至单片机的 I/O 端口。

所选主要器件及功能有如下：

（1）DS18B20 是一款单总线数字温度传感器，具有微型化、低功耗、高性能、抗干扰能力强、易配微处理器等优点，可直接将温度转化成数字信号，用它组成的温度测量系统线路非常简单，只需一个接口即可实现多通道温度数据采集；其温度测量范围为 $-55 \sim +125℃$，最大温度分辨率为 0.0625℃，测量误差 0.5℃。每个器件内部都有一个 8 字节（64 位）的光刻码，使得多个 DS18B20 传感器可以共用一条数据线构成多点温度测量网络。

DS18B20 温度传感器的内部结构与外部引脚及其常用电路连接方式分别如图 10-4 和 10-5 所示。

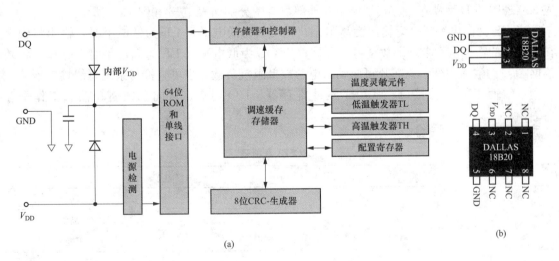

(a)

(b)

图 10-4　DS18B20 的内部结构与外部引脚图

(a) 内部结构图；(b) 外部引脚图

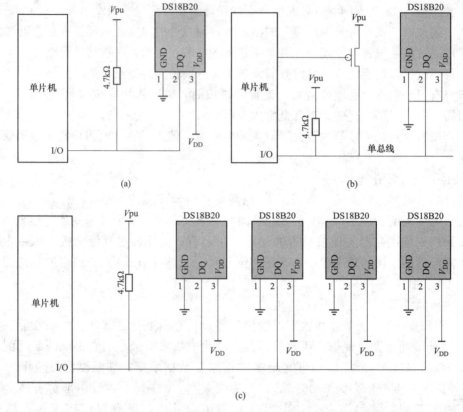

图 10-5　DS18B20 温度传感器的典型电路
(a) 单路通信（独立模式）；(b) 寄生模式连接；(c) 多路通信（独立模式）

（2）74HC573 八位数据锁存器是一种输出为三态门的高性能硅栅 CMOS 器件，内部集成 8 路透明的 D 型锁存器，其真值表及外部引脚图分别如表 10-3 和图 10-6 所示。

当 OE 为高电平时，Q 输出为高阻态；当 OE 为低电平且 LE 为低电平时，输出将锁存在已建立的数据电平上，即数据可以保持；当 OE 为低电平且 LE 为高电平时，Q 输出将随数据端 D 的输入而变。该芯片可驱动大电容或低阻抗负载，也可直接与系统总线接口连接并驱动总线而不需要外接口，常用于缓冲寄存器、I/O 通道、双向总线驱动器和工作寄存器等。

表 10-3　　　　　　　　　　　　　　　　　74HC573 真值表

输入		输出	
OE	LE	D_i	Q_i
H	X	X	Z（高阻）
L	L	X	不变
L	H	L	L
L	H	H	H

注　i 为 0～7 之间的任意值

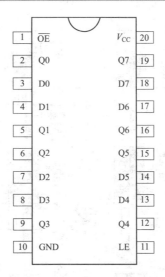

图 10-6　74HC573 外部引脚图

（3）8 位 7 段数码管由 8 个共阴极数码管组合而成，其引脚图如图 10-7 所示。

图 10-7　8 位 7 段数码管外部引脚图

引脚功能如下：

1）A～G：数字和字符数据输入端，可显示"0～9"和"A～F"之间的任意值。

2）DP：小数点显示控制端，高电平时数码管右下角的小数点位被点亮，低电平时小数点位熄灭。

3）1～8：数码管显示控制位，从左到右依次对 8 个数码管进行控制（如：1 引脚为高电平时，左侧第一个数码管可显示数据；1 引脚为低电平时，禁止左侧第一个数码管显示数据，依次类推）。

3. Proteus 仿真电路设计

图 10-8 所示仿真电路实现了多路温度采集控制系统的功能。请扫描右侧二维码查看该系统的单片机程序设计及其 Proteus 操作视频。

程序 10-2

视频 10-2

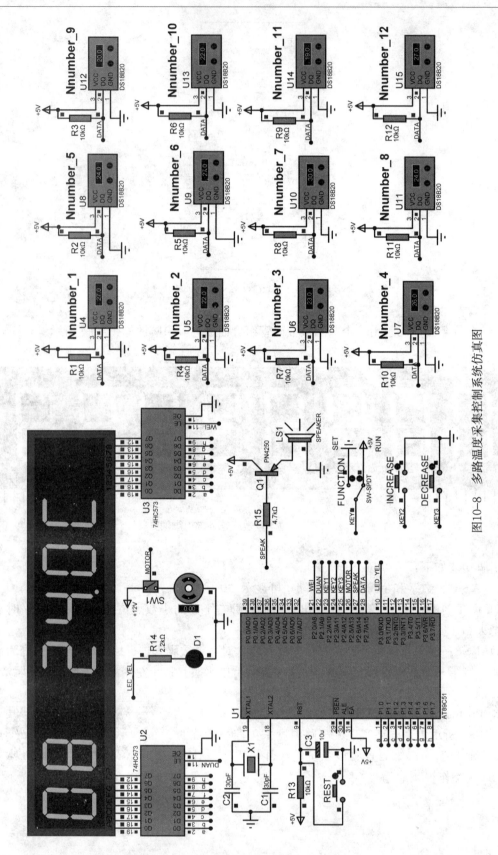

图10-8 多路温度采集控制系统仿真图

本章小结

本章详细介绍了单片机应用系统设计的基本要求、步骤以及提高系统可靠性的方法，并通过两个实用性较强的单片机应用系统综合设计案例，详细介绍了系统需求分析、元器件选择、硬件电路设计和软件程序编写等过程，并对所编写的程序进行了详细的注释，以引导读者通过实例初步掌握单片机应用系统的基本设计步骤与软、硬件开发方法，加强理论联系实践，培养学生利用所学基础知识解决实际生产问题的能力。

练 习 题

10-1　简述单片机应用系统设计的基本要求。

10-2　简述单片机应用系统设计的一般步骤。

10-3　简述单片机内部看门狗技术的工作原理。

10-4　DS1302 的输入电压是什么确定的？

10-5　简述 74HC4051 的工作原理。

10-6　LTC1864 采用什么接口与单片机通信？

10-7　LTC1864 的精度是多少位，采样频率是多少，参考电压怎么确定？

10-8　简述 LTC1864 和 74HC4051 实现 8 路数据循环采集的基本过程。

10-9　简述如何确定 AD 转换器的采样精度。

10-10　简述 74HC573 的工作原理并写出其真值表。

10-11　画出独立模式下 4 路 DS18B20 与单片机的通信电路。

10-12　简述多个 DS18B20 如何与单片机进行单总线数据通信。

10-13　简述 8 位 7 段数码管的动态显示原理。

附　　录

附录 A　80C51 单片机常用符号及指令速查表

表 A-1　　　　　　　　　　　　MCS-51 指令系统常用符号及含义

符号	含义
addr11	11 位地址
addr16	16 位地址
bit	内部 RAM 或专用寄存器中的直接寻址位
rel	补码形式的 8 位地址偏移量
direct	直接地址单元（RAM，SFR，I/O）
♯data	8 位立即数
♯data16	16 位立即数
Rn	当前寄存器区的 8 个通用工作寄存器 R0～R7(n=0～7)
Ri	当前寄存器区中可作间址寄存器的 2 个通用工作寄存器 R0、R1(i=0、1)
A	累加器
B	专用寄存器，用于 MUL 和 DIV 指令中
C	进位标志或进位位，或布尔处理机中的累加器
@	在间接寻址方式中，表示间接寄存器的符号
DPTR	数据指针寄存器
PC	程序计数器
SP	堆栈指针
/	位操作数的前缀，表示对该位操作数先取反再参与操作，但不影响该操作数

表 A-2　　　　　　　　　　　　MCS-51 汇编指令速查表

指令助记符	指令功能	字节数	周期数
数据传送类指令			
MOV A，♯data	将立即数♯data 送入累加器 A	2	1
MOV direct，♯data	将立即数♯data 送入片内 RAM　direct 地址单元内	3	2
MOV Rn，♯data	将立即数♯data 送入寄存器 Rn	2	1
MOV @Ri，♯data	将立即数♯data 送入 Ri 所指的 RAM 地址单元内	2	2
MOV direct2，direct1	将 direct1 地址单元内的数据送入 direct2 地址单元内	3	2
MOV direct，Rn	将 Rn 内的数据送入 direct 地址单元内	2	1
MOV Rn，direct	将 direct 地址单元内的数据送入 Rn 寄存器	2	2
MOV direct，@Ri	将 Ri 所指的 RAM 地址单元内的数据送入 direct 地址单元内	2	2
MOV @Ri，direct	将 direct 地址单元内的数据送入 Ri 所指的 RAM 地址单元内	2	1
MOV A，Rn	将寄存器 Rn 内的数据送入累加器 A	1	1

指令助记符	指令功能	字节数	周期数
MOV　Rn，A	将累加器 A 内的数据送入寄存器 Rn	1	1
MOV　A，direct	将 direct 地址单元内的数据送入累加器 A	2	1
MOV　direct，A	将累加器 A 内的数据送入 direct 地址单元内	2	1
MOV　A，@Ri	将 Ri 所指的 RAM 地址单元内的数据送入累加器 A	1	1
MOV　@Ri，A	将累加器 A 的数据送入 Ri 所指的 RAM 地址单元内	1	1
MOV　DPTR，#data16	将 16 位立即数送入数据指针 DPTR 寄存器中	3	1
SWAP　A	将累加器 A 的高低 4 位数据交换	1	1
XCH　A，Rn	将累加器 A 内的数据和寄存器 Rn 内的数据交换	1	1
XCH　A，direct	将累加器 A 内的数据和 direct 地址单元内的数据交换	2	1
XCH　A，@Ri	将 Ri 所指的 RAM 地址单元内的数据与累加器 A 内的数据交换	1	1
XCHD　A，@Ri	将 Ri 所指的 RAM 地址单元内的数据低 4 位与累加器 A 内数据的低 4 位交换	1	1
MOVX　@DPTR，A	将累加器 A 内的数据送入 DPTR 所指的外部 RAM 地址单元内	1	2
MOVX　A，@DPTR	将 DPTR 所指外部 RAM 地址单元内的数据送入累加器 A	1	2
MOVX　A，@Ri	将 Ri 所指的 RAM 地址单元内的数据送入累加器 A	1	2
MOVX　@Ri，A	将累加器 A 内的数据送入 Ri 所指的 RAM 地址单元内	1	2
MOVC　A，@A+DPTR	将 A+DPTR 构成的 ROM 地址内的数据送入累加器 A 内	1	2
MOVC　A，@A+PC	将 A+PC 构成 ROM 的地址内的数据送入累加器 A 内	1	2
PUSH　direct	堆栈指针 SP 自加 1 后，将 direct 地址单元的数据压进堆栈	2	2
POP　direct	堆栈的数据送 direct 地址单元中，然后堆栈指针减 1	2	2
算术运算类指令			
ADD　A，Rn	将寄存器 Rn 与累加器 A 的数据相加后结果保存到累加器 A 中	1	1
ADD　A，direct	将 direct 地址单元内的数据与累加器 A 内的数据相加后结果保存到累加器 A 中	2	1
ADD　A，@Ri	将 Ri 所指的 RAM 地址单元内的数据与累加器 A 内的数据相加后结果保存到累加器 A 中	1	1
ADD　A，#data	将立即数与累加器 A 内的数据相加后结果保存到累加器 A 中	2	1
ADDC　A，Rn	将寄存器 Rn 内的数据与累加器 A 内的数据相加，再加上进位标志内的值后，结果保存到累加器 A 中	1	1
ADDC　A，direct	将 direct 地址单元内的数据与累加器 A 内的数据相加，再加上进位标志内的值后，结果保存到累加器 A 中	2	1
ADDC　A，@Ri	将 Ri 所指的 RAM 地址单元内的数据与累加器 A 内的数据相加，再加上进位标志内的值后，结果保存到累加器 A 中	1	1
ADDC　A，#data	将立即数与累加器 A 内的数据相加，再加上进位标志内的值后，结果保存到累加器 A 中	2	1
SUBB　A，Rn	将累加器 A 内的数据减去寄存器 Rn 内的数据后，再减去进位标志内的值，结果保存到累加器 A 中	1	1
SUBB　A，direct	将累加器 A 内的数据减去 direct 地址单元内的数据后，再减去进位标志内的值，结果保存到累加器 A 中	2	1
SUBB　A，@Ri	将累加器 A 内的数据减去 Ri 所指的 RAM 地址单元内的数据后，再减去进位标志内的值，结果保存到累加器 A 中	1	1
SUBB　A，#data	将累加器 A 内的数据减去立即数后，再减去进位标志内的值，结果保存到累加器 A 中	2	1

指令助记符	指令功能	字节数	周期数
INC　A	将累加器 A 内的值自加 1	1	1
INC　Rn	将寄存器 Rn 内的值自加 1	1	1
INC　direct	将 direct 地址单元内的值自加 1	2	1
INC　@Ri	将 Ri 所指的 RAM 地址单元内的值自加 1	1	1
INC　DPTR	数据指针寄存器 DPTR 内的值自加 1	1	2
DEC　A	累加器 A 内的值自减 1	1	1
DEC　Rn	寄存器 Rn 内的值自减 1	1	1
DEC　direct	direct 地址单元内的值自减 1	2	1
DEC　@Ri	Ri 所指的 RAM 地址单元内的值自减 1	1	1
MUL　AB	将累加器 A 与寄存器 B 内的值相乘，乘积的高 8 位保存在 B 寄存器中，低 8 位保存在累加器 A 中	1	4
DIV　AB	将累加器 A 的值除以寄存器 B 内的值，商保存在累加器 A 中，余数保存在 B 寄存器中	1	4
DA　A	对累加器 A 的结果进行十进制调整	1	1
逻辑运算类指令			
ANL　A，Rn	将累加器 A 内的值和寄存器 Rn 内的值进行与操作，结果保存到累加器 A 中	1	1
ANL　A，direct	将累加器 A 内的值和 direct 地址单元内的值进行与操作，结果保存到累加器 A 中	2	1
ANL　A，@Ri	将累加器 A 内的值和寄存器 Ri 所指的 RAM 地址单元内的值进行与操作，结果保存到累加器 A 中	1	1
ANL　A，♯data	将累加器 A 内的值和立即数进行与操作，结果保存到累加器 A 中	2	1
ANL　direct，A	将累加器 A 内的值和 direct 地址单元内的值进行与操作，结果保存到 direct 地址单元内	2	1
ANL　direct，♯data	将立即数和 direct 地址单元内的值进行与操作，结果保存到 direct 地址单元内	3	2
ORL　A，Rn	将累加器 A 内的值和寄存器 Rn 内的值进行或操作，结果保存到累加器 A 中	1	2
ORL　A，direct	将累加器 A 内的值和 direct 地址单元内的值进行或操作，结果保存到累加器 A 中	2	1
ORL　A，@Ri	将累加器 A 的值和寄存器 Ri 所指的 RAM 地址单元内的值进行或操作，结果保存到累加器 A 中	1	1
ORL　A，♯data	将累加器 A 内的值和立即数进行或操作，结果保存到累加器 A 中	2	1
ORL　direct，A	将累加器 A 内的值和 direct 地址单元内的值进行或操作，结果保存到 direct 地址单元内	2	1
ORL　direct，♯data	将立即数和 direct 地址单元内的值进行或操作，结果保存到 direct 地址单元内	3	1
XRL　A，Rn	将累加器 A 内的值和寄存器 Rn 的值进行异或操作，结果保存到累加器 A 中	1	2

续表

指令助记符	指令功能	字节数	周期数
XRL A，direct	将累加器 A 内的值和 direct 地址单元内的值进行异或操作，结果保存到累加器 A 中	2	1
XRL A，@Ri	将累加器 A 内的值和寄存器 Ri 所指的 RAM 地址单元内的值进行异或操作，结果保存到累加器 A 中	1	1
XRL A，#data	将累加器 A 内的值和立即数进行异或操作，结果保存到累加器 A 中	2	1
XRL direct，A	将累加器 A 内的值和 direct 地址单元内的值进行异或操作，结果保存到 direct 地址单元内	2	1
XRL direct，#data	将立即数和 direct 地址单元内的值进行异或操作，结果保存到 direct 地址单元内	3	1
CPL A	将累加器 A 的值按位取反	1	1
CLR A	将累加器 A 清 0	1	2
RR A	将累加器 A 的值循环右移 1 位	1	1
RL A	将累加器 A 的值循环左移 1 位	1	1
RRC A	将累加器 A 的值带进位循环右移 1 位	1	1
RLC A	将累加器 A 的值带进位循环左移 1 位	1	1
控制转移类指令			
SJMP rel	rel 为地址偏移量，PC 加 2 后的地址再加上 rel 作为目标地址，程序跳到该目标地址继续运行	2	2
AJMP addr11	addr11 为 11 位地址，PC 加 2 后的地址高 5 位与指令中的低 11 位地址构成目标地址，程序跳到该目标地址继续运行	2	2
LJMP addr16	将 addr16 的 16 位地址送入程序计数器 PC 内，使单片机执行下一条指令时无条件转移到 addr16 处执行程序	3	2
JMP @A+DPTR	目标地址的基地址放在 DPTR 中，目标地址对基地址的偏移量放在累加器 A 中，它们相加构成跳转的目标地址	1	2
JZ rel	如果累加器 A 的值为 0，则 PC 加 2 再加 rel 后作为跳转的目标地址	2	2
JNZ rel	如果累加器 A 的值不为 0，则 PC 加 2 再加 rel 后作为跳转的目标地址	2	2
CJNE A，direct，rel	如果累加器 A 的值不等于 direct 地址单元的值，则 PC 加 2 再加上 rel 后作为跳转的目标地址	3	2
CJNE A，#data，rel	如果累加器 A 的值不等于立即数，则 PC 加 2 再加上 rel 后作为跳转的目标地址	3	2
CJNE Rn，#data，rel	如果寄存器 Rn 的值不等于立即数，则 PC 加 2 再加上 rel 后作为跳转的目标地址	2	2
CJNE @Ri，#data，rel	寄存器 Ri 内为 RAM 地址，如果该地址单元内的值不等于立即数，则 PC 加 2 再加 rel 后作为跳转的目标地址	3	2
DJNZ Rn，rel	寄存器 Rn 的值减 1 后，如果寄存器 Rn 的值不等于 0，则 PC 加 2 再加 rel 后作为跳转的目标地址	3	2
DJNZ direct，rel	Direct 地址单元的值减 1 后，如果该值不等于 0，则 PC 加 3 再加 rel 作为跳转的目标地址	3	2
JC rel	如果 CY 等于 1，则 PC 加 2 再加 rel 作为跳转的目标地址	2	2

续表

指令助记符	指令功能	字节数	周期数
JNC　rel	如果 CY 等于 0，则 PC 加 2 再加 rel 作为跳转的目标地址	2	2
JB　bit，rel	如果 bit 位等于 1，则 PC 加 3 再加 rel 作为跳转的目标地址	3	2
JNB　bit，rel	如果 bit 位等于 0，则 PC 加 3 再加 rel 作为跳转的目标地址	3	2
JBC　bit，rel	如果 bit 位等于 1，则 PC 加 3 再加 rel 作为跳转的目标地址，且 bit 位清 0	2	2
ACALL addr11	addr11 为 11 位地址，PC 加 2 后的地址压入堆栈，再将 PC 的地址高 5 位与指令中的低 11 位地址构成目标地址，程序跳到目标地址继续运行	2	2
LCALL　addr16	addr16 为 16 位地址，将 PC 加 3 后的地址压入堆栈，再将 16 位地址送 PC 内作为目标地址，程序跳到该目标地址继续运行	3	2
RET	子程序返回指令，把堆栈中的地址恢复到 PC 中使程序回到调用处	1	2
RETI	中断程序返回指令，把堆栈中的地址恢复到 PC 中使程序回到调用处	1	2
NOP	空操作	1	1
位操作类指令			
MOV　C，bit	将 bit 位地址中的值送入 PSW 中的进位标志位 CY 中	2	2
MOV　bit，C	将 PSW 中的进位标志位 CY 的值送入 bit 位地址中	2	2
CLR　C	将进位标志位 CY 清 0	3	2
CLR　bit	将 bit 位地址内的值清 0	1	2
SETB　C	将进位标志位 CY 置 1	2	2
SETB　bit	将 bit 位地址内的值置 1	2	2
ANL　C，bit	将 CY 和 bit 位地址中的值进行与操作，结果送入 CY 中	3	2
ANL　C，/bit	bit 位地址中的值取反后与 CY 进行与操作，结果送入 CY 中	3	2
ORL　C，bit	将 CY 和 bit 位地址中的值进行或操作，结果送入 CY 中	2	2
ORL　C，/bit	bit 位地址中的值取反后与 CY 进行或操作，结果送入 CY 中	3	2
CPL　C	将 CY 内的值取反	3	2
CPL　bit	将 bit 位地址内的值取反	3	2
伪指令			
SEGMENT	声明一个再定位段和一个可选的再定位类型		
EQU	将一个数值或寄存器名赋给一个指定符号名		
SET	类似 EQU，但对定义过的符号可重新用 SET 指令再定义		
BIT	将一个位地址赋给指定的符号名		
DATA	将一个内部 RAM 的地址赋给指定的符号名		
XDATA	将一个外部 RAM 的地址赋给指定的符号名		
IDATA	将一个间接寻址的内部 RAM 地址赋给指定的符号名		
CODE	将程序存储器 ROM 地址赋给指定的符号名		
DS	以字节为单位在内部和外部存储器内保留存储空间		
DBIT	以位为单位在内部和外部存储器内保留存储空间		
DB	以给定表达式的值的字节形式初始化代码空间		
DW	以给定表达式的值的双字节形式初始化代码空间		

指令助记符	指令功能
PUBLIC	声明可被其他模块使用的公共函数名
EXTRN	声明当前模块要访问的符号或函数在其他模块中定义
NAME	用来给当前程序模块命名
END	声明汇编程序到此结束
ORG	规定一段程序或数据块的起始地址
INCLUDE	将一个源文件插入到当前源文件中一起汇编，最终成为一个完整的源程序

附录 B C 语言编程相关资源

表 B-1   **C51 常用关键字汇总**

关键字	用途	说明
ANSIC 标准关键字		
auto	存储种类说明	用于说明定义的变量为局部变量，缺省时为此值
break	程序语句	执行该语句可跳出最内层循环
case	程序语句	switch 语句中的选择项
char	数据类型说明	用于定义单字节整型数据或字符型数据
const	存储类型说明	用于定义常量，在程序执行过程中不可更改
continue	程序语句	执行该语句可终止当前循环，直接进行下一次循环
default	程序语句	switch 语句中的默认选择项
do	程序语句	用于构成 do..while 循环结构
double	数据类型说明	用于定义双精度浮点型变量
else	程序语句	用于构成 if..else 选择结构
enum	数据类型说明	用于定义枚举类型变量
extern	存储种类说明	用于说明定义的变量为全局变量
float	数据类型说明	用于定义单精度浮点型变量
for	程序语句	用于构成 for 循环结构
goto	程序语句	无条件转移语句，直接跳转到指定的标号
if	程序语句	用于构成 if..else 选择结构
int	数据类型说明	用于定义整型变量
long	数据类型说明	用于定义长整型变量
register	存储种类说明	用于定义 CPU 内部的寄存器变量
return	程序语句	从被调函数中返回到主调函数，可附带一个返回值
short	数据类型说明	用于定义短整型变量
signed	数据类型说明	用于表示定义的变量为有符号数（最高位为符号位）
sizeof	运算符	用于计算表达式或数据类型的字节数
static	存储种类说明	用于说明定义的变量为静态变量，始终占用存储空间
struct	数据类型说明	用于定义结构体类型变量
switch	程序语句	用于构成 switch 选择结构
typedef	数据类型说明	用于对已定义的数据类型进行重新定义
union	数据类型说明	用于定义联合体类型变量
unsigned	数据类型说明	用于表示定义的变量为无符号数
void	数据类型说明	用于定义无类型变量
volatile	数据类型说明	用于说明定义的变量在程序执行中可被隐含地改变
while	程序语句	用于构成 while 和 do..while 循环结构
C51 编译器的扩展关键字		
bit	位变量声明	用于声明一个位变量或位类型的函数
sbit	位变量声明	用于声明一个可位寻址的变量
sfr	特殊功能寄存器声明	用于声明一个特殊功能寄存器

关键字	用途	说明
sfr16	特殊功能寄存器声明	用于声明一个 16 位的特殊功能寄存器
data	存储器类型说明	用于声明变量存储在可直接寻址的内部数据存储器中
bdata	存储器类型说明	用于声明变量存储在可位寻址的内部数据存储器中
idata	存储器类型说明	用于声明变量存储在间接寻址的内部数据存储器中
pdata	存储器类型说明	用于声明变量存储在分页寻址的外部数据存储器中
xdata	存储器类型说明	用于声明变量存储在外部数据存储器中
code	存储器类型说明	用于声明变量存储在程序存储器中
interrupt	中断函数说明	用于定义一个中断函数
reentrant	可重入函数说明	用于定义一个可重入函数
using	寄存器组定义	用于定义芯片的工作寄存器组

表 B-2   **C51 常用运算符优先级与结合性**

级别	类别	名称	运算符	结合性
1	强制转换、数组、结构体、联合体	强制类型转换	( )	自左向右结合
		下标	[ ]	
		存取结构或联合成员	−>或 .	
2	逻辑	逻辑非	!	自右向左结合
	字位	按位取反	~	
	增量	加一	++	
	减量	减一	−−	
	指针	取地址	&	
		取内容	*	
	算术	单目减	−	
	长度计算	长度计算	sizeof	
3	算术运算	乘	×	自左向右结合
		除	/	
		取模	%	
4	算术和指针运算	加	+	
		减	−	
5	字位	左移	<<	自左向右结合
		右移	>>	
6	关系	大于等于	>=	自左向右结合
		大于	>	
		小于等于	<=	
		小于	<	
7		恒等于	==	
		不等于	! =	
8	字位	按位与	&	
9		按位异或	^	
10		按位或			
11	逻辑	逻辑与	&&	
12		逻辑或	||	

级别	类别	名称	运算符	结合性
13	条件	条件运算	?:	自右向左结合
14	赋值	赋值	=	
		复合赋值	Op=	
15	逗号	逗号运算	,	自左向右结合

附录 C C51 常用库函数汇总

C51 因其具有较丰富的可直接调用的库函数而使程序设计更加灵活简单、高效整洁,使用库函数可使程序代码简单易读、结构清晰、易于调试和维护。下面对 C51 的库函数系统进行详细介绍。

一、51 单片机头文件<reg51. h 或 reg52. h>

reg51. h 是 Keil 编译软件自带的 MCS-51 单片机特殊功能寄存器声明文件,包含了对 I/O 口、定时器、串口、中断系统等几乎所有特殊功能寄存器的声明。当使用♯include<reg51. h>语句将该头文件包含到程序当中后,编写程序时就可以直接对已经声明了的特殊功能寄存器和相应位进行操作。

例如:单片机串口初始化函数

```
♯include<reg51. h>                //51 单片机头文件-必须包含
voidinint_serial()               //初始化串口,波特率 9600
{
    TMOD = 0x20;                  //设定定时器 1 为 8 位自动重装方式
    TH1 = 0xFD;                   //设定定时初值
    TL1 = 0xFD;                   //设定定时器重装值
    TR1 = 1;                      //启动定时器 1
    ES = 1;                       //允许串行中断
    EA = 1;                       //开总中断
    SM0 = 0;
    SM1 = 1;                      //SCON:模式 1,8-bit UART,使能接收
    PCON = 0x00;                  //波特率不加倍
}
```

另外,不同类型的单片机其头文件的内容也不同,Keil 编译软件自带的头文件在其安装目录下的 INC 文件夹中。

二、绝对地址访问<absacc. h>

absacc. h 包含了允许直接访问 8051 不同存储区域的宏。在该头文件中定义了 8 个宏,但仅能以无符号数的方式访问,其函数原型如下。

```
♯define CBYTE((unsigned char volatile code   * )0)
♯define DBYTE((unsigned char volatile data   * )0)
♯define PBYTE((unsigned char volatile pdata  * )0)
♯define XBYTE((unsigned char volatile xdata  * )0)
♯define CWORD((unsigned int volatile code    * )0)
♯define DWORD((unsigned int volatile data    * )0)
♯define PWORD((unsignedint volatile pdata    * )0)
♯define XWORD((unsigned int volatile xdata   * )0)
```

其中，CBYTE 以字节形式对程序存储器（code）区寻址，DBYTE 以字节形式对可直接寻址的内部数据存储器（data）区寻址，PBYTE 以字节形式对可分页寻址的外部数据存储器（pdata）区寻址，XBYTE 以字节形式对外部数据存储器（xdata）区寻址；CWORD 以字形式对程序存储器（code）区寻址，DWORD 以字形式对可直接寻址的内部数据存储器（data）区寻址，PWORD 以字形式对可分页寻址的外部数据存储器（pdata）区寻址，XWORD 以字形式对外部数据存储器（xdata）区寻址。

三、数学函数库＜math. h＞

math. h 包含了算术运算函数和浮点运算处理函数，其库函数的原型及功能见表 C-1。

表 C-1　　　　　　　　　　数 学 库 函 数 功 能 表

编号	函数原型	功能说明	参数	返回值
1	extern char cabs （char val）	求 val 的绝对值	val 为字节数值	返回 val 的绝对值
2	extern int cabs （int val）	求 val 的绝对值	val 为整型数值	返回 val 的绝对值
3	extern long labs （long val）	求 val 的绝对值	val 为长整型数值	返回 val 的绝对值
4	extern float fabs （float val）	求 val 的绝对	val 为浮点型数值	返回 val 的绝对值
5	extern float sprt （float x）	求 x 的平方根	x 为浮点型数值	返回 x 的正平方根
6	extern float exp （float x）	求自然对数中 e 的 x 次幂	x 为浮点型数值	返回 e^x 的值
7	xtern float log （float val）	求浮点数 val 的自然对数，基数为 e	val 为浮点型数值	返回 val 的浮点自然对数值
8	extern float log10 （float val）	浮点数 val 的常用对数，基数为 10	val 为浮点型数值	返回 val 的浮点常用对数值
9	extern float sin （float x）	求浮点数 x 的正弦值	x 必须在 $-65535\sim65535$ 之间	返回 x 的正弦值
10	extern float cos （float x）	求浮点数 x 的余弦	x 必须在 $-65535\sim65535$ 之间	返回 x 的余弦值
11	extern float tan （float x）	求浮点数 x 的正切值	x 必须在 $-65535\sim65535$ 之间	返回 x 的正切值
12	extern float asin （float x）	求浮点数 x 的反正弦	x 必须在 $-1\sim1$ 之间	返回 x 的反正弦值，在 $-\pi/2\sim\pi/2$ 间
13	extern float acos （float x）	求浮点数 x 的反余弦	x 必须在 $-1\sim1$ 之间	返回 x 的反余弦值，在 $0\sim\pi$ 间
14	extern float atan （float x）	求浮点数 x 的反余弦	x 必须在 $-1\sim1$ 之间	返回 x 的反正弦值，在 $-\pi/2\sim\pi/2$ 间
15	extern float sinh （float x）	求浮点数 x 的双曲正弦	x 为 R	返回 x 的双曲正弦值
16	extern float cosh （float x）	求浮点数 x 的双曲余弦	x 必须在 $-65535\sim65535$ 之。	返回 x 的双曲余弦值，在 $1\sim+\infty$ 间
17	extern float tanh （float x）	求浮点数 x 的双曲正切	x 为 R	返回 x 的双曲正切，在 $-1\sim1$ 间
18	extern float atan2 （float y, float x）	求浮点数 y/x 的反正切	x，y 为浮点型数值	y/x 反正切值，在 $-\pi\sim\pi$ 间
19	externfloat ceil （float val）	求大于或等于 val 的最小整数值	val 为浮点型数值	返回不小于 val 的最小整数值

续表

编号	函数原型	功能说明	参数	返回值
20	extern float floor (float val)	求不大于或等于 val 的最小整数值	val 为浮点型数值	返回不大于 val 的最大整数值
21	extern float fmod (float x，float y)	求 x/y 的浮点余数	x，y 为浮点型数值	返回 x/y 的浮点余数
22	extern float modf (float val，float * ip)	将浮点数 val 分成整数和小数部分	val 为浮点型数值，ip 为指针类型数值	返回带符号小数部分 val，整数部分保存在 ip 中
23	extern float pow (float x，float y)	求 x 的 y 次幂	x，y 为浮点型数值	返回 x^y 的值

四、常用本征函数库＜intrins. h＞

intrins. h 包含了常用本征函数（内部函数），一共有 11 个函数。这些函数不采用调用形式，编译时直接将代码插入当前行，其库函数的原型及功能见表 C-2。

表 C-2   本 征 函 数 功 能 表

编号	函数原型	功能说明	参数	返回值
		循环左移函数		
1	extern unsigned char _ crol _ (unsigned char c, unsigned char b)	将字符型数值 c 循环左移 b 位	c 为要左移的字符型数值，b 为左移次数	返回 c 的左移结果
2	extern unsigned int _ irol_(unsigned int i, unsigned char b)	将整型数值 i 循环左移 b 位	i 为要左移的整型数值，b 为左移次数	返回 i 的左移结果
3	extern unsigned long _ lrol _ (unsigned long l, unsigned char b)	将长整型数值 l 循环左移 b 位	l 为要左移的长整型数值，b 为要左移次数	返回 l 的左移结果
		循环右移函数		
4	extern unsigned char _ cror _ (unsigned char c, unsigned char b)	将字符型数值 c 循环右移 b 位	c 为要右移的字符型数值，b 为右移次数	返回 c 的右移结果
5	extern unsigned int _ iror_(unsigned int i, unsigned char b)	将整型数值 i 循环右移 b 位	i 为要右移的整型数值，b 为右移次数	返回 i 的右移结果
6	extern unsigned long _ lror _ (unsigned long l, unsigned char b)	将长整型数值 l 循环右移 b 位	l 为要右移的长整型数值，b 为要右移次数	返回 l 的右移结果
		其他函数		
7	extern void _ nop _ (void)	插入一个空操作指令，使 CPU 延时 1 个周期	无类型	无

续表

编号	函数原型	功能说明	参数	返回值
8	extern bit _ testbit_(bit b)	产生一条 JBC 指令，用于测试位 b，并清零	B 为直接寻址位变量	若 b＝1，则清 0 且返回 1，否则返回 0
9	extern unsigned char _ chkfloat _ (float val)	检查浮点数 val 的状态	val 为浮点型数值	返回无符号字符型数据 *
10	extern void _ push_(unsigned char _ sfr)	将特殊功能寄存器 _ sfr 压入堆栈	sfr 为特殊功能寄存器	无
11	extern void _ pop_(unsigned char _ sfr)	将堆栈中的数据弹出到特殊功能寄存器 _ sfr	sfr 为特殊功能寄存器	无

注　*代表返回值可为 0、1、2、3、4；返回值的意义为：0—标准浮点数，1—浮点数 0，2—正溢出，3—负溢出，4—NaN 不是一个数的错误状态。

五、标准函数库<stdlib. h>

stdlib. h 包含了字符串转数字、随机数、存储池管理等函数，其库函数的原型及功能见表 C-3。

表 C-3　　　　　　　　　　标 准 库 函 数 功 能 表

编号	函数原型	功能说明	参数	返回值
1	extern float atof（void * string）	将浮点数格式的字符串 string 转换为浮点数	string 为浮点数格式的字符串	返回 string 的浮点值
2	extern int atoi（void * string）	将整型字符串数据转换成整数值	string 为整型字符串	返回 string 的整数值
3	extern long atol（void * string）	将整型字符串数据转换成长整数值	string 为整型字符串	返回 string 的长整数值
4	extern int rand（void）	产生一个 0～32767 之间的虚拟随机数	无	返回一个虚拟随机数
5	extern void srand（int seed）	设置随机数发生器的初始值为 seed	seed 为整型数值	无
6	extern unsigned long strtod（const char * string，char * * ptr）	将一个浮点数格式的字符串 string 转换为一个浮点数	string 为浮点数格式的字符串，ptr 指向 string 的第一个转换字符	返回由 string 生成的浮点数
7	extern long strtol（const char * string，char * * ptr，unsigned char base）	将一个字符串 string 转换为一个 long 型数值	string 为字节型字符串，base 为输出类型	返回 string 生成的有符号长整型数值
8	extern unsigned long strtoul（const char * string，char * * ptr，unsigned char base）	将一个数字字符串 string 转换为一个 unsigned long 型数值	string 为字节型字符串，base 为输出类型	返回 string 生成的无符号长整型数值
9	extern void inti _ mempool（void xdata * p，unsigned int size）	初始化存储管理程序，提供存储池的开始地址和大小	p 参数指向一个 xdata 的存储区，size 参数指定存储池的字节数	无

续表

编号	函数原型	功能说明	参数	返回值
10	extern void xdata * malloc（unsigned int size）	从存储池分配 size 字节的存储块	size 为无符号整型数值	返回指向所分配的存储块的指针，若没有足够空间，则返回 NULL 指针
11	extern void free（void xdata * p）	返回一个存储块到存储池	p 为指针类型数据，指向函数分配的存储块	无
12	extern void xdata * realloc（void xdata * p, unsigned int size）	改变已分配的存储块的大小	p 为指针类型数据，指向已分配的存储块，size 为新块的大小	返回指向所分配的存储块的指针，若没有足够空间，则返回 NULL 指针
13	extern void xdata * calloc（unsigned int num, unsigned int len）	从一个数组分配 num 个元素的存储区，每个元素占用 len 字节，并清 0	num 和 len 均为无符号整型数值，分别为元素数目和每个元素的长度	返回指向所分配的存储块的指针，若没有足够空间，则返回 NULL 指针

六、标准流输入输出函数库＜stdio. h＞

stdio. h 包含了单片机串口字符数据的输入输出、数值或字符串的格式输入输出等函数，其库函数的原型及功能见表 C-4。

表 C-4 标准流输入输出库函数功能表

编号	函数原型	功能说明	参数	返回值
1	extern char _ getkey（void）	等待从串口接收字符	无	如果成功，返回接收到的字符
2	extern char getchar（void）	用 _ getkey 函数从输入流读一个字符	无	如果成功，返回所读的字符
3	extern char ungetchar（char c）	把字符 c 放回到输入流	c 为字符型数值	如果成功，返回字符 c
4	extern char putchr（char c）	串口输出字符 c	c 为字符型数值	返回输出的字符 c
5	extern int printf（const char * fmtstr［, arguments］…）	格式化一系列的字符串和数值，生成一个字符串，用 putchar 写到输出流中	fmtstr 参数是一个格式化字符串，可能是字符、转义系列和格式标识符	如果成功，返回实际写到输出流的字符数
6	extern int sprintf（char * buffer, const char * fmtstr［, arguments］…）	格式化一系列的字符串和数值，并将结果字符串保存在 buffer fintstr 中	fmtstr 参数同 printf，buffer 为字节类型指针	返回实际写到 buffer 的字符数
7	extern void vprintf（const char * fmtstr, char * argptr）	格式化一系列字符串和数字值，并建立一个用 puschar 函数写到输出流的字符串	fmtstr 参数是指向一个格式字符串的指针，argptr 参数指向一系列参数	返回 string 生成的有符号长整型数值
8	extern void vsprintf（char * buffer, const char * fmtstr, char * argptr）	格式化一系列字符串和数字值，并将字符串保存到 Buffer 中	fmtstr 参数是指向一个格式字符串的指针，argptr 参数指向一系列参数	返回实际写到输出流的字符数

续表

编号	函数原型	功能说明	参数	返回值
9	extern char * gets（char * string，int len）	调用 getchar 函数读一行字符到 string	string 为要读的字符串，len 最多字符数	返回要读取的字符串 string
10	extern int scanf（sonst char * fmtstr［，argument］…）	用 getchar 程序读数据，输入的数据保存在由 argument 根据格式字符串 fmtstr 指定的位置	每个 argument 必须是一个指针，指向一个变量	返回成功转换的输入域的数目，如果有错误则返回 EOF
11	extern int sscanf（char * buffer，const char * fmtstr［，argument］…）	从 buffer 中读字符串	输入数据保存在字符串 fmtstr 指定的位置，每个 argument 必须是指向变量的指针	返回成功转换的输入域的数目，如果有错误则返回 EOF
12	extern int puts（const char * string）	用 putchar 函数写 string 和换行符 \ n 到输出流	输入数据保存在字符串 fmtstr 指定的位置，每个 argument 必须是指向变量的指针	如果出现错误，返回 EOF，否则返回 0

七、字符测试函数库＜ctype. h＞

ctype. h 包含了对字符数据进行类型测试、数据类型转换和大小写转换等操作的函数，其库函数的原型及功能见表 C-5。

表 C-5　　　　　　　　　　　字符测试库函数功能表

编号	函数原型	功能说明	参数	返回值
1	extern bit isalpha（char c）	测试参数 c，确定是否是一个字母（'A'～'Z'，'a'～'z'）	c 为字符型数值	如果 c 是字母，返回 1，否则返回 0
2	extern bit isalnum（char c）	测试参数 c，确定是否是一个字母或数字字符（'A'～'Z'，'a'～'z'，'0'～'9'）	c 为字符型数值	如果 c 是字母或数字字符，返回 1，否则返回 0
3	extern bit iscntrl（char c）	测试参数 c，确定是否是一个控制字符（0x00～0x1F 或 0x7F）	c 为字符型数值	如果 c 是控制字符，返回 1，否则返回 0
4	extern bit isdigit（char c）	测试参数 c，确定是否是十进制数（'0'～'9'）	c 为字符型数值	如果 c 是十进制数，返回 1，否则返回 0
5	extern bit isgraph（char c）	测试参数 c，确定是否是一个可打印字符（0x21～0x7E，不包括空格）	c 为字符型数值	如果 c 是可打印字符，返回 1，否则返回 0
6	extern bit isprint（char c）	测试参数 c，确定是否是一个可打印字符（0x20～0x7E）	c 为字符型数值	如果 c 是可打印字符，返回 1，否则返回 0
7	extern bit ispunct（char c）	测试参数 c，确定是否是一个标点符号字符（！，．：；？" # $ % & '`（）＜＞［］{} * +-=／｜ \ @ ^ _ ~）	c 为字符型数值	如果 c 是标点符号字符，返回 1，否则返回 0

编号	函数原型	功能说明	参数	返回值
8	extern bit islower（char c）	测试参数 c，确定是否是一个小写字母字符（'a'～'z'）	c 为字符型数值	如果 c 是小写字母字符，返回 1，否则返回 0
9	extern bit isupper（char c）	测试参数 c，确定是否是一个大写字母字符（'A'～'Z'）	c 为字符型数值	如果 c 是大写字母字符，返回 1，否则返回 0
10	extern bit isspace（char c）	测试参数 c，确定是否是一个空白字符（0x09～0x0D 或 0x20）	c 为字符型数值	如果 c 是空白字符，返回 1，否则返回 0
11	extern bit isalnum（char c）	测试参数 c，确定是否是一个十六进制数（'A'～'F'，'a'～'f'，'0'～'9'）	c 为字符型数值	如果 c 是十六进制数，返回 1，否则返回 0
12	extern char tolower（char c）	转换 c 为一个小写字符。如果 c 不是一个字母，转换无效	c 为字符型数值	返回 c 的小写
13	extern char toupper（char c）	转换 c 为一个大写字符。如果 c 不是一个字母，转换无效	c 为字符型数值	返回 c 的大写
14	extern char toint（char c）	转换 c 为十六进制值，ASCⅡ字符'0'～'9'生成值 0～9，ASCⅡ字符'A'～'F'和'a'～'f'生成值 10～15	c 为字符型数值	如果 c 表示十六进制数，返回−1，否则返回 c 的十六进制 ASCⅡ值
15	#define _ tolower（c）((c)−'A'+'a')	在已知 c 是大写字符的情况下将其转换为小写字符	c 为字符型数值	返回 c 的小写
16	#define _ toupper（c）((c)−'a'+'A')	在已知 c 是小写字符的情况下将其转换为大写字符	c 为字符型数值	返回 c 的大写
17	#define toascii（c）((c)&0x7F)	将 c 的低 7 位转换为一个 7 位 ASCⅡ字	c 为字符型数值	返回 c 的 7 位 ASCⅡ字符

八、字符串操作函数库<string. h>

string. h 包含了对字符串数据进行连接、复制、比较、搜索等操作的函数，其库函数的原型及功能见表 C-6。

表 C-6　　　　　　　　　　字符串操作库函数功能表

编号	函数原型	功能说明	参数	返回值
1	extern char * strcat（char * s1, char * s2）	将 s2 连接到 s1 的尾部，并用 NULL 字符终止	s1 为目标字符串；s2 为源字符串	返回连接后的字符串 s1
2	extern char * strncat（char * s1, char * s2, int len）	从 s2 添加最多 len 个字符到 s1，并用 NULL 结束	s1 为目标字符串；s2 为源字符串；len 为连接的字符数	返回添加后的字符串 s1

续表

编号	函数原型	功能说明	参数	返回值
3	extern char strcmp (char * s1，char * s2)	比较字符串 s1 和 s2 的内容	s1 和 s2 为字符串型数值	若 s1<s2 返回负数； 若 s1=s2 返回 0； 若 s1>s2 返回正数
4	extern char * strncmp (char * s1，char * s2，int len)	将 s1 的前 len 字节与 s2 进行比较	s1、s2 为字符串型数值； len 为比较的长度	若 s1<s2 返回负数； 若 s1=s2 返回 0； 若 s1>s2 返回正数
5	extern char * strcpy (char * s1，char * s2)	复制字符串 s2 到字符串 s1，并用 NULL 字符结束	s1 为目标字符串； s2 为源字符串	返回复制后的 字符串 s1
6	extern char * strncpy (char * s1，char * s2，int len)	将字符串 s2 的前 len 个 字符复制到字符串 s1 的尾部	s1 为目标字符串； s2 为源字符串；len 为 连接的字符数	返回复制后的字符 串 s1
7	extern int strlen（char * s）	计算字符串 s 的字节 数，不包括 NULL 结束符	s 为待测试长度的 字符串	返回字符串 s 的 长度值
8	extern char * strchr (const char * s，char c)	在字符串 s 中搜索字符 c 首次出现的位置指针， 并以 NULL 字符终止搜索	s 为被搜索的字符串； c 为要查找的字符	返回字符串 s 中指向 c 的指针，如没有则 返回 NULL 指针
9	extern int strpos (const char * s，char c)	在字符串 s 中搜索字符 c 首次出现的位置索引， 包括 NULL 结束符	s 为被搜索的字符串； c 为要查找的字符	返回与 c 匹配的字符 首次出现的索引， 如没匹配则返回-1
10	extern char * strrchr (const char * s，char c)	在字符串 s 中搜索字符 c 最后出现的位置指针， 包括 NULL 结束符	s 为被搜索的字符串； c 为要查找的字符	返回字符串 s 中指向 c 的指针，如没匹配则 返回 NULL
11	extern int strrpos (const char * s，char c)	在字符串 s 中搜索字符 c 最后出现的索引位置， 包括 NULL 结束符	s 为被搜索的字符串； c 为要查找的字符	返回与 c 匹配的字符 最后出现的索引，如 没匹配则返回-1
12	extern int strcspn (char * s，char * set)	在字符串 s 中搜索首个 包括在字符串 set 中的字符	s 为源字符串；set 为 待匹配的字符串	返回 s 中第一个包含 在 set 中的字符索引
13	extern char * strpbrk (char * s，char * set)	在字符串 s 中搜索首个 包括在字符串 set 中的 字符，不包括 NULL 结束符	s 为源字符串；set 为 待匹配的字串	返回匹配的字符的 指针，如没匹配则 返回 NULL
14	extern char * strrpbrk （char * s，char * set)	在字符串 s 中搜索最后 出现在字符串 set 中的 字符，不包括 NULL 结束符	s 为源字符串；set 为 待匹配的字符串	返回 s 中最后匹配的 字符的指针，如 没匹配则返回 NULL
15	int strspn（char * s，char * set)	在字符串 s 中搜索首个 不包括在字符串 set 中的字符	s 为源字符串；set 为 待匹配的字符串	返回 s 中首个不包括 在 set 中的字符索引

编号	函数原型	功能说明	参数	返回值
16	char * strst r(const char * s，char * sub)	在字符串 s 中搜索子串 sub	s 为搜索字符串；sub 为目标字符串	返回子字符串 sub 在字符串 s 中第一次出现的位置指针
17	char memcmp （void * s1，void * s2，int n)	逐个字符比较 s1 和 s2 的前 n 个字符	s1 和 s2 为字符串；n 为待比较的字符数	若 s1=s2 返回 0，若 s1<s2 返回负数，若 s1>s2 返回正数
18	void * memcpy （void * s1，void * s2，int n)	从字符串 s2 中复制 n 个字节到字符串 s1 中	s1 为目标字符串；s2 为源字符串；n 为待复制的字节数	返回字符串 s1 的值
19	void * memchr （void * s，char val，int n)	顺序搜索字符串 s 的 n 个字符以查找字符 val	s 为目标字符串；val 为待搜索字符；n 为要搜索的字符数	返回字符 val 在 s 中的位置指针
20	void * memccpy （void * s1，void * s2，char val，int n)	从字符串 s2 中复制 n 个字节到字符串 s1 中，直到字符 val 被复制或 n 个字节被复制	s1 为目标字符串；s2 为源字符串；val 为待匹配的字符；n 为待复制的字符数	返回指向 s1 最后复制的字符的后一字节的指针，若最后一个字符是 val，则返回 NULL 指针
21	void * memmove （void * s1，void * s2，int n)	将字符串 s2 中的前 n 个字节复制到字符串 s1 中	s1 为目标字符串；s2 为源字符串；n 为要复制的字节数	返回字符串 s1 的值
22	void * memset （void * s，charval，int n)	将字符串 s 中的前 n 个字节初始化为 val	s 为要初始化的字符串，val 为初始值，n 为初始化长度	返回字符串 s1 的值

附录 D   Proteus 软件操作概览

表 D-1 Proteus 专用工具功能简介

名称	图标	功能介绍
编辑工具		
选择模式		选择元件、编辑对象及取消左键的放置功能
元件模式		显示元件列表，并选择元件，在编辑窗口中移动鼠标，单击左键放置元件
节点模式		在两条导线相互交叉的位置上放置连接节点，表示两条线相互连通
连线标号模式		在导线上放置网络标号，网络标号相同的导线表示在电气规则上是相互连通的
文字脚本模式		在电路原理图上放置文字说明，对电路的功能、输入输出及参数设置等进行解释说明，与电路仿真无关
总线模式		在电路原理图上放置总线，以简化形式代替多条并行导线
子电路模式		将部分功能完整的电路以子电路的形式画在另一张电路图上
终端模式		放置图纸内部终端，有普通、输入、输出、双向、电源、接地与总线等
元件管脚模式		放置器件引脚，有普通、反相、正时钟、反时钟、短引脚和总线等
调试工具		
图表模式		放置电路仿真时用到的各类图表，有模拟、数字、混合、频率特性、传输特性、噪声分析、扭矩分析、傅里叶分析、声音分析、交互作用分析、一致性分析、直流扫描分析和交流扫描分析等
激励源模式		放置电路仿真时需要的各类激励信号，有直流信号发生器、正弦信号发生器、模拟脉冲信号发生器、指数脉冲信号发生器、单频率调频波信号发生器、任意分段线性脉冲信号发生器、file 信号发生器、音频发生器、稳态逻辑电平发生器、单边沿信号发生器、单周期数字脉冲发生器、数字时钟发生器和模拟信号发生器等
探针模式		放置电路仿真时需要的电压、电流和录音机等信号采集器
虚拟仪器模式		放置电路仿真时需要的各类测试仪表，有虚拟示波器、逻辑分析仪、计数/计时器、串口虚拟终端、SPI 调试器、IIC 调试器、信号发生器、模式发生器、直流电压表、直流电流表、交流电压表、交流电流表和功率表等
图形工具		
二维直线模式		在原理图中绘制各类直线，有器件、引脚、端口、标记、图形线和总线等
方框图形模式		在原理图中绘制各类方框图形
圆形图形模式		在原理图中绘制各类圆形图形
弧形图形模式		在原理图中绘制各类弧形图形
闭合图形模式		在原理图中绘制各类闭合图形
文本图形模式		在原理图中放置说明文字标签
图形符号模式		在原理图中绘制各类图形符号，可在图形库中选择各类图形
图形标记模式		在原理图中绘制各类图形标记，有原点、节点、总线节点、标签、引脚名、引脚号、上升箭头、下降箭头和双向箭头等

表 D-2   **Proteus 元器件分类及子类速查表**

元器件主类名	元器件子类名	
模拟芯片 （Analogy Ics）	放大器（Amplifiers） 比较器（Comparators） 显示驱动器（Display Drivers） 过滤器（Filters） 数据选择器（Multiplexers）	稳压器（Regulators） 定时器（Timers） 基准电压（Voltage References） 杂类（Miscellaneous）
电容 （Capacitors）	可动态显示充放电电容（Animated） 陶瓷圆片电容（Ceramic Disc） 去耦片状电容（Decoupling Disc） 普通电容（Generic） 高温径线电容（High Temp Radial） 聚酯膜电容（Mylar Film） 镍栅电容（Nickel Barrier） 音响专用轴线电容（Audio Grade Axial） 轴线聚苯烯电容（Axial Lead Polypropene） 轴线聚苯乙烯电容（Axial Lead Polystyrene） 高温轴线电解电容（High Temperature Axis Electrolytic） 金属化聚酯膜电容（Metallised Polyester Film） 金属化聚烯电容（Metallised Polypropene） 金属化聚烯膜电容（Metallised Polypropene Film） 小型电解电容（Miniture Electrolytic） 多层金属化聚酯膜电容（Multilayer Metallised Polyester Film） VX 轴线电解电容（VX Axis Electrolytic）	无极电容（Non Polarized） 聚酯层电容（Polyester Layer） 径线电解电容（Radial Electrolytic） 树脂蚀刻电容（Resin Dipped） 钽珠电容（Tantalum Bead） 可变电容（Variable）
连接器 （Connectors）	音频接口（Audio） D 型接口（D-Type） 双排插座（DIL） 插头（Header Blocks） PCB 转接器（PCB Transfer）	带线（Ribbon Cable） 单排插座（SIL） 连接端子（Terminal Blocks） 杂类（Miscellaneous）
数据传换器 （Data Converters）	模数转换器（A/D Converters） 数模转换器（D/A Converters）	采样保持器（Sample&-Hold） 温度传感器（Temperature Sensors）
调试工具 （Debugging Tools）	断点触发器（Breakpoint Triggers） 逻辑探针（Logic Probes）	逻辑激励源（Logic Stimuli）
二极管（Diodes）	整流桥（Breakpoint Triggers） 普通二极管（Generic） 整流管（Rectifiers） 肖特基二极管（Schottky）	开关管（Switching） 隧道二极管（Tunnel） 变容二极管（Varicap） 齐纳击穿二极管（Zener）
ECL 10000 系列 （ECL 10000 Series）	常用集成电路	

元器件主类名	元器件子类名	
电机 (Electromechanical)	各类直流电机与步进电机	
电感 (Inductors)	普通电感（Generic） 贴片式电感（STM Inductors）	变压器（Transformers）
拉普拉斯变换 (Laplace transformation)	一阶模型（1st Order） 二阶模型（2st Order） 控制器（Controllers） 非线性模式（Non-Linear）	算子（Operators） 极点/零点（Poles/Zones） 符号（Symbols）
存储芯片 (Memory Ics)	动态数据存储器（Dynamic RAM） 电可擦除可编程存储器（EEPROM） 可擦除可编程存储器（EPROM） I^2C 总线存储器（I^2C Memories）	SPI 总线存储器（SPI Memories） 存储卡（Memory Cards） 静态数据存储器（Static Memories）
微处理器芯片 (Microprocessor Ics)	6800 系列（6800 Family） 8051 系列（8051 Family） ARM 系列（ARM Family） AVR 系列（AVR Family） Parallax 系列（Parallax Family） HCF11 系列（HCF11 Family）	PIC10 系列（PIC10 Family） PIC12 系列（PIC12 Family） PIC16 系列（PIC16 Family） PIC18 系列（PIC18 Family） Z80 系列（Z80 Family） CPU 外设（CPU Peripherals）
杂项 (Miscellaneous)	包括天线、ATA/IDE 硬盘驱动模型、单节与多节电池、串行物理接口模型、晶振、静态与通用保险、模拟电压与电流符号、交通信号灯	
建模源 (Modeling Primitives)	模拟（仿真分析）［Analogy（SPICE）］ 数字（缓冲区与门电路）［Digital（Buffers&Gates）］ 数字（杂类）［Digital（Miscellaneous）］ 数字（组合电路）［Digital（Combinational）］ 数字（时序电路）［Digital（Sequential）］ 混合模式（Mixed Mode） 可编程逻辑器件单元（PLD Elementd） 实时激励源［Realtime（Actuators）］ 实时指示器［Realtime（Indictors）］	
运算放大器 (Operational Amplifiers)	单路运放（Single） 二路运放（Dual） 三路运放（Triple） 四路运放（Quad）	八路运放（Octal） 理想运放（Ideal） 大量使用的运放（Macromodel）
光电子类器件 (Optoelectronic)	7 段数码管（7-Segment Displays） 液晶显示器（Alphanumeric LCDs） 条形显示器（Bargraph Displays） 点阵显示器（Dot Matrix Displays） 图形液晶（Graphical LCDs） 灯泡（Lamp）	液晶控制器（LCD Controllers） 液晶面板显示器（LCD Panels Displays） 发光二极管（LEDs） 光耦元件（Optocouplers） 串行液晶（Serial LCDs）

续表

元器件主类名	元器件子类名	
可编程逻辑电路与现场可编程门阵列（PLD&FPGA）	无子类	
电阻（Resistors）	0.6W 金属膜电阻（0.6W Metal Film）	负温度系数热敏电阻（NTC）
	10W 绕线电阻（10W Wirewound）	正温度系数热敏电阻（PTC）
	2W 金属膜电阻（2W Metal Film）	网络电阻（resistor network）
	3W 绕线电阻（3W Wirewound）	排阻（Resistor Packs）
	7W 绕线电阻（7W Wirewound）	滑动变阻器（Variable）
	通用电阻符号（Generic）	可变电阻（Varistor）
	高压电阻（High Voltage）	
仿真源（Simulator Primitives）	触发器（Flip-Flops）	电源（Sources）
	门电路（Gares）	
扬声器与音响设备（Speakers&Sounders）	无子类	
开关与继电器（Switchers&Relays）	键盘（Keypads）	专业继电器（Specific Relays）
	普通继电器（Generic Relays）	按键与拨码开关（Switchs）
开关器件（Switching Devices）	双端交流开关元件（DIACs）	晶闸管（SCRs）
	普通开关元件（Generic）	三端可控硅（TRIACs）
热阴极电子管（Thermionic Valves）	二极真空管（Diodes）	四极真空管（Tetrodes）
	三极真空管（Triodes）	五极真空管（Pentodes）
转换器（Transducers）	压力传感器（Pressure）	温度传感器（Temperature）
晶体管（Transistors）	双极性晶体管（Bipolar）	绝缘栅场效应管（IGBT）
	普通晶体管（Generic）	结型场效应晶体管（JFET）
	单结晶体管（Unijunction）	
	金属-氧化物半导体场效应晶体管（MOSFET）	
	射频功率 LDMOS 晶体管（RE Power LDMOS）	
	射频功率 VDMOS 晶体管（RE Power VDMOS）	
CMOS 4000 Series TTL 74 Series TTL 74HC Series TTL 74HCT Series TTL 74ALS Series TTL 74AS Series TTL 74F Series TTL 74LS Series TTL 74S Series	加法器（Adders）	数据选择器（Multiplexers）
	缓冲器/驱动器（Buffer/Driver）	多谐振荡器（Multivibrators）
	比较器（Comparators）	振荡器（Oscillators）
	计数器（Counters）	锁相环（PLL）
	解码器（Decoders）	寄存器（Registers）
	编码器（Encoders）	信号开关（Signal Switches）
	触发器/锁存器（Flip-Flop/Latches）	收发器（Transceivers）
	分频器/定时器（Frequency Dividers/Timers）	杂类逻辑芯片（Misc. Logic）
	门电路/反相器（Gates/Inverters）	

附录 E　常用元器件引脚图

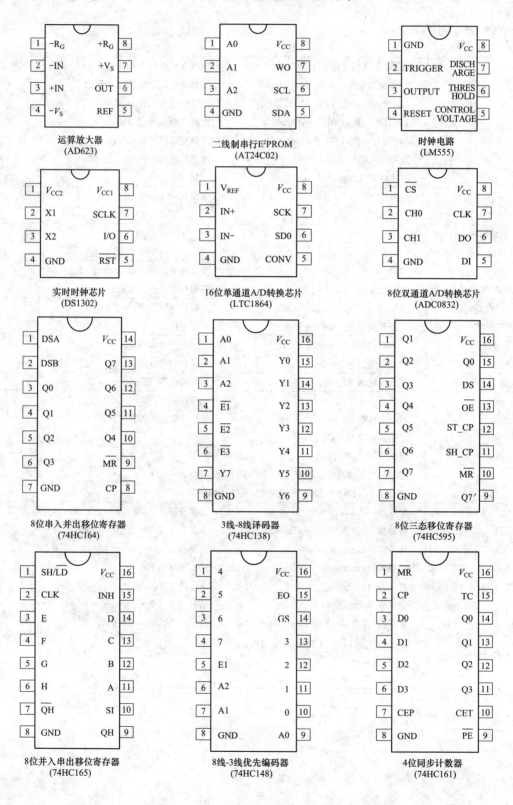

运算放大器
(AD623)

二线制串行E²PROM
(AT24C02)

时钟电路
(LM555)

实时时钟芯片
(DS1302)

16位单通道A/D转换芯片
(LTC1864)

8位双通道A/D转换芯片
(ADC0832)

8位串入并出移位寄存器
(74HC164)

3线-8线译码器
(74HC138)

8位三态移位寄存器
(74HC595)

8位并入串出移位寄存器
(74HC165)

8线-3线优先编码器
(74HC148)

4位同步计数器
(74HC161)

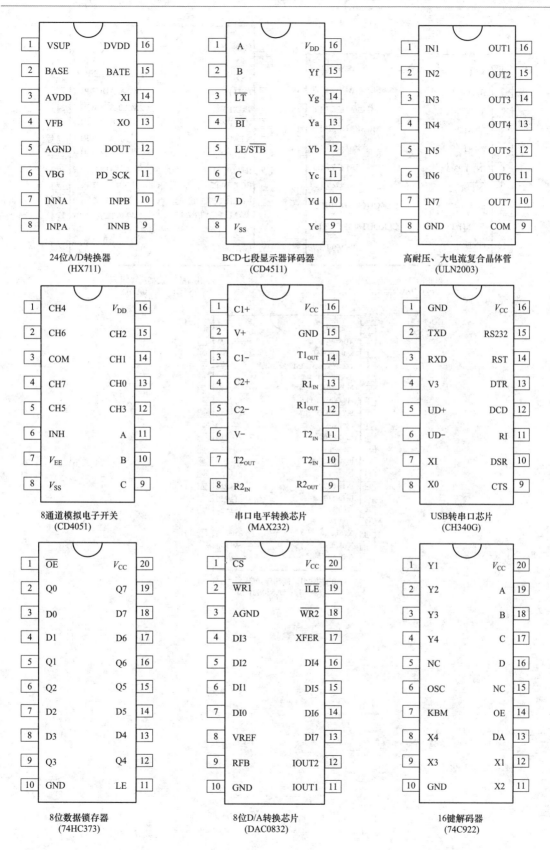

1	VSUP	DVDD	16
2	BASE	BATE	15
3	AVDD	XI	14
4	VFB	XO	13
5	AGND	DOUT	12
6	VBG	PD_SCK	11
7	INNA	INPB	10
8	INPA	INNB	9

24位A/D转换器
(HX711)

1	A	V_{DD}	16
2	B	Yf	15
3	$\overline{LT}$	Yg	14
4	$\overline{BI}$	Ya	13
5	LE/$\overline{STB}$	Yb	12
6	C	Yc	11
7	D	Yd	10
8	V_{SS}	Ye	9

BCD七段显示器译码器
(CD4511)

1	IN1	OUT1	16
2	IN2	OUT2	15
3	IN3	OUT3	14
4	IN4	OUT4	13
5	IN5	OUT5	12
6	IN6	OUT6	11
7	IN7	OUT7	10
8	GND	COM	9

高耐压、大电流复合晶体管
(ULN2003)

1	CH4	V_{DD}	16
2	CH6	CH2	15
3	COM	CH1	14
4	CH7	CH0	13
5	CH5	CH3	12
6	INH	A	11
7	V_{EE}	B	10
8	V_{SS}	C	9

8通道模拟电子开关
(CD4051)

1	C1+	V_{CC}	16
2	V+	GND	15
3	C1-	T1$_{OUT}$	14
4	C2+	R1$_{IN}$	13
5	C2-	R1$_{OUT}$	12
6	V-	T2$_{IN}$	11
7	T2$_{OUT}$	T2$_{IN}$	10
8	R2$_{IN}$	R2$_{OUT}$	9

串口电平转换芯片
(MAX232)

1	GND	V_{CC}	16
2	TXD	RS232	15
3	RXD	RST	14
4	V3	DTR	13
5	UD+	DCD	12
6	UD-	RI	11
7	XI	DSR	10
8	X0	CTS	9

USB转串口芯片
(CH340G)

1	$\overline{OE}$	V_{CC}	20
2	Q0	Q7	19
3	D0	D7	18
4	D1	D6	17
5	Q1	Q6	16
6	Q2	Q5	15
7	D2	D5	14
8	D3	D4	13
9	Q3	Q4	12
10	GND	LE	11

8位数据锁存器
(74HC373)

1	$\overline{CS}$	V_{CC}	20
2	$\overline{WR1}$	$\overline{ILE}$	19
3	AGND	$\overline{WR2}$	18
4	DI3	XFER	17
5	DI2	DI4	16
6	DI1	DI5	15
7	DI0	DI6	14
8	VREF	DI7	13
9	RFB	IOUT2	12
10	GND	IOUT1	11

8位D/A转换芯片
(DAC0832)

1	Y1	V_{CC}	20
2	Y2	A	19
3	Y3	B	18
4	Y4	C	17
5	NC	D	16
6	OSC	NC	15
7	KBM	OE	14
8	X4	DA	13
9	X3	X1	12
10	GND	X2	11

16键解码器
(74C922)

20引脚贴片(或插座)单片机

#	左	右	#
1	RST	V_{CC}	20
2	RxD/P3.0	SCLK/ADC7/P1.7	19
3	TxD/P3.1	MIS0/ADC6/P1.6	18
4	XTAL2	MOSI/ADC5/P1.5	17
5	XTAL1	SS/ADC4/P1.4	16
6	$\overline{INT0}$/P3.2	ADC3/P1.3	15
7	$\overline{INT1}$/P3.3	ADC2/P1.2	14
8	ECT/T0/P3.4	CLKOUT1/ADC1/P1.1	13
9	PWM1/T1/P3.5	CLKOUT0/ADC0/P1.0	12
10	GND	PWM0/P3.7	11

20引脚贴片(或插座)单片机
(STC15W408AS)

28引脚贴片(或插座)单片机

#	左	右	#
1	P2.2	V_{CC}	28
2	P2.3	P2.1	27
3	RST	PMW2/PCA2/P2.0	26
4	RxD/P3.0	SCLK/ADC7/P1.7	25
5	TxD/P3.1	MIS0/ADC6/P1.6	24
6	XTAL2	MOSI/ADC5/P1.5	23
7	XTAL1	SS/ADC4/P1.4	22
8	$\overline{INT0}$/P3.2	ADC3/P1.3	21
9	INT1/P3.3	ADC2/P1.2	20
10	ECT/T0/P3.4	CLKOUT1/ADC1/P1.1	19
11	PWM1/PCA1/T1/P3.5	CLKOUT0/ADC0/P1.0	18
12	PWM3/PCA3/P2.4	PWM0/PCA0/P3.7	17
13	P2.5	P2.7	16
14	GND	P2.6	15

28引脚贴片(或插座)单片机
(STC12C5630AD)

40引脚贴片(或插座)单片机

#	左	右	#
1	ADC0/P1.0	V_{CC}	40
2	ADC1/P1.1	P0.0	39
3	RxD2/ECI/ADC2/P1.2	P0.1	38
4	TxD2/CPP0/ADC3/P1.3	P0.2	37
5	SS/CPP1/ADC4/P1.4	P0.3	36
6	MOSI/ADC5/P1.5	P0.4	35
7	MISO/ADC6/P1.6	P0.5	34
8	SCLK/ADC7/P1.7	P0.6	33
9	PST/P4.7	P0.7	32
10	RXD/P3.0	EX_LVD/RST2/P4.6	31
11	TXD/P3.1	ALE/P4.5	30
12	$\overline{INT0}$/P3.2	NA/P4.4	29
13	$\overline{INT1}$/P3.3	A15/P2.7	28
14	INT2/T0/P3.4	A14/P2.6	27
15	INT3/T1/P3.5	A13/P2.5	26
16	$\overline{WR}$/P3.6	A12/P2.4	25
17	$\overline{RD}$/P3.7	A11/P2.3	24
18	XTAL2	A10/P2.2	23
19	XTAL1	A9/P2.1	22
20	GND	A8/P2.0	21

40引脚贴片(或插座)单片机
(STC12C5A660S2)

参 考 文 献

[1] 李全利. 单片机原理及应用 [M]. 2 版. 北京：清华大学出版社，2014.
[2] 张志良. 80C51 单片机实用教程——基于 Keil C 和 Proteus [M]. 北京：高等教育出版社，2016.
[3] 张毅刚. 单片机原理及应用 [M]. 3 版. 北京：高等教育出版社，2016.
[4] 牟琦. 微机原理与接口技术 [M]. 2 版. 北京：清华大学出版社，2013.
[5] 钱珊珠. 微型计算机原理及应用 [M]. 北京：国防工业出版社，2008.
[6] 李萍. 51 单片机 C 语言及汇编语言实用程序设计 [M]. 北京：中国电力出版社，2010.
[7] 彭伟. 单片机 C 语言程序设计实训 100 例——基于 8051＋Proteus 仿真 [M]. 2 版. 北京：电子工业出版社，2012.
[8] 徐爱钧. 单片机原理与应用——基于 Proteus 虚拟仿真技术 [M]. 北京：机械工业出版社，2010.
[9] 高玉芹. 单片机原理及应用及 C51 编程技术 [M]. 北京：机械工业出版社，2016.
[10] 张兰红，邹华. 单片机原理及应用 [M]. 北京：机械工业出版社，2012.
[11] 何斌，姚永平. STC 单片机原理及应用 [M]. 北京：清华大学出版社，2015.
[12] 张欣，张金君. 单片机原理与 C51 程序设计教程 [M]. 2 版. 北京：清华大学出版社，2014.
[13] 牛军. MCS—51 单片机技术项目驱动教程（C 语言）[M]. 北京：清华大学出版社，2015.
[14] 姜志海，赵艳雷. 单片机的 C 语言 [M]. 北京：电子工业出版社，2008.
[15] 郭天祥. 新概念 51 单片机 C 语言教程 [M]. 北京：电子工业出版社，2009.
[16] 王东峰. 单片机 C 语言应用 100 例 [M]. 北京：电子工业出版社，2009.
[17] 陈海宴. 51 单片机原理及应用 [M]. 北京：北京航空航天大学出版社，2010.
[18] 钟富昭. 8051 单片机典型模块设计与应用 [M]. 北京：人民邮电出版社，2007.
[19] 王君. 单片机原理及控制技术 [M]. 北京：机械工业出版社，2010.
[20] 蒋辉平，周国雄. 基于 Proteus 的单片机系统设计与仿真实例 [M]. 北京：机械工业出版社，2009.
[21] 张毅刚，赵光权，张京超. 单片机原理及应用——C51 编程＋Proteus 仿真 [M]. 2 版. 北京：高等教育出版社，2016.
[22] 张毅刚. 基于 Proteus 的单片机课程的基础实验与课程设计 [M]. 北京：人民邮电出版社，2012.
[23] 侯玉宝. 基于 Proteus 的 51 系列单片机设计与仿真 [M]. 北京：电子工业出版社，2008.
[24] 康华光. 电子技术基础·数字部分 [M]. 5 版. 北京：高等教育出版社，2006.
[25] 康华光. 电子技术基础·模拟部分 [M]. 5 版. 北京：高等教育出版社，2006.